Uetrecht
Steuer- und Logik-Relais
in der modernen Elektrotechnik

Jens Uetrecht

Steuer- und Logik-Relais in der modernen Elektrotechnik

Logisch verbinden anstatt zu verdrahten

Funktion, Programmierung und Einsatzgebiete einer
neuen Schaltgerätegeneration

Mit 325 Abbildungen

Franzis'

Die Deutsche Bibliothek – CIP-Einheitsaufnahme

Ein Titeldatensatz für diese Publikation ist bei
Der Deutschen Bibliothek erhältlich

© 2001 Franzis Verlag GmbH, 85586 Poing

Die meisten Produktbezeichnungen von Hard- und Software sowie Firmennamen und
Firmenlogos, die in diesem Werk genannt werden, sind in der Regel gleichzeitig auch
eingetragene Warenzeichen und sollten als solche betrachtet werden. Der Verlag folgt
bei den Produktbezeichnungen im wesentlichen den Schreibweisen der Hersteller.

Satz: FotoSatz Pfeifer, 82166 Gräfelfing
Druck: isarpost, 84051 Altheim
Printed in Germany - Imprimé en Allemagne.

ISBN 3-7723-5984-1

Vorwort

Bei den Recherchen für mein Buch „Das vernetzte Haus" beschäftigte ich mich unter Anderem mit der Gebäudesystemtechnik gesteuert durch SPS-Systeme eines namhaften deutschen Herstellers mit Sitz in unserer alten Bundeshauptstadt Bonn. Dabei fand ich eine Webseite mit Namen „EASY". Als ich dort weiter forschte, dachte ich mir: „Wie kommt ein Schütz-Hersteller auf die Idee, Schütze und Hilfsschütze durch ein programmierbares Relais zu ersetzen?" Nachdem ich mir die Demo-Software angeschaut hatte, wusste ich warum und als ich mein erstes EASY-Relais in Händen hielt und erste zaghafte Programmierversuche direkt am Gerät problemlos gelangen, war ich schlichtweg begeistert. Ich konnte einen Schaltplan, den ich als Zeichnung hatte, in dieses Gerät einprogrammieren, in den Run-Mode gehen und – *das Ding funktionierte!* Bei den weiteren Recherchen erfuhr ich, dass weitere renommierte Unternehmen in Europa und USA dieses System unter diesem oder anderem Namen übernommen hatten und nicht die Kontraprodukte aus Japan oder Deutschland. Der Siegeszug dieses Zwerges mit Goliath-Qualität ist unaufhaltsam und es macht keinen Unterschied, ob der Name dieses Alleskönners nun „**EASY**", „**logotron**" oder „**Pico**" ist, über alle Sprachbarrieren hinweg ist dieses System auf der ganzen Welt mit *einer* Software programmierbar und einsetzbar und das bedeutet einen Quantensprung in der Automation und der Gebäudesystemtechnik. Die Anwendung dieser Technik spart jedem Anwender viel ***Zeit, Geld und Platz im Schaltschrank.***

Bei der Erstellung meines Manuskripts musste ich mich logischerweise auf *einen* Namen für das beschriebene Produkt entscheiden. Was lag da näher, als den Namen zu wählen, den der Erfinder und Entwickler ihm gab. Haben Sie als Leser eines der oben genannten Relais in der Hand, ersetzen Sie gedanklich den Namen EASY gegen den, der auf Ihrem Gerät steht.

Mein Dank gilt den Ingenieuren und Produktmanagern in den Firmen, die mir mit Rat und Tat beiseite standen. Ohne ihre freundliche Mithilfe wäre dieses Buch nicht entstanden.
Das sind:
Jürgen Hoegener, Michael Brehm, Dieter Bauerfeindt, Ulrich Thiebes von der Firma Moeller, Matthias Eschle von der Firma entrelec schiele, Thomas Klatt

von der Firma Pepperl&Fuchs, die Herren Ruthkowski und Kröger von der Firma Schleicher sowie Max Zweifel von der Firma Rockwell Automation und last but not least mein Lektor Günter Wahl.

Gewidmet ist dieses Buch den Ärzten, die mir dabei helfen, den Krebs zu besiegen, meiner Frau Monika und meinen Freunden, die mir in dieser schweren Zeit zur Seite stehen und mir immer wieder Mut machen *weiterzumachen*.

Bremen im Oktober 2000

Jens Uetrecht VDE

Inhalt

1 Historie

1.1 Auszug aus der Messezeitung April 1998

Schwerpunktthema: easy
Spätestens seit der Hannover Messe dreht sich bei Klöckner-Moeller alles um easy. Das neue Steuerrelais wurde zum Blickfang der Messe und zum shootingstar des deutschen und, kurz darauf, des internationalen Vertriebs. Die ersten Verkaufszahlen deuten darauf hin, dass die hohen Erwartungen an das neue Gerät übertroffen werden.

Abb. 1.1: Die EASY-Familie

Das neue Steuerrelais: von der Idee bis zum Erfolg von Hannover
Das Durchatmen war fast hörbar als sich die Menschentrauben in der easy-Ecke auf dem Messestand von Hannover nicht mehr auflösten, machte sich allgemeine Zufriedenheit breit. Besonders die Entwickler und die Marketingexperten fühlten sich in mehrfacher Hinsicht bestätigt; das neue und ungewöhnliche Gerät hatte viele Interessenten gefunden. Ein Flop wurde immer unwahrscheinlicher. Im Gegenteil: Bereits eine Woche nach der Präsentation waren mehr Geräte bestellt als erwartet.
Natürlich hatten die Experten mit dem Erfolg gerechnet. Und natürlich gab es tausend Gründe dafür. Es konnte aber erst der Kunde, der Markt sein, der ein endgültiges Urteil über die Güte von Marketing, Entwicklung und Werbung fällen durfte.

Gründe für den Erfolg
Um nun diesem Erfolg auf die Spur zu kommen, reicht der Blick auf Siemens und dessen Kleinststeuerung Logo nicht aus. Easy spielt zwar in derselben Klasse und hat eine ähnliche Größe, aber hierauf beschränken sich schon fast

die Gemeinsamkeiten. Nein: Der Erfolg von Hannover fand nicht im Windschatten der Konkurrenz statt. Easy ist in den selbstbewussten Köpfen der Moeller-Mitarbeiter entstanden. Erste Konzepte lagen schon seit langem in den Schubladen.

Der eigene Weg von easy hat mindestens drei hervorragende Wegmarken. Da ist zuallererst die Positionierung des Geräts, Bereits im Oktober 1997, als das Lastenheft geschrieben wurde, war klar, dass easy nicht als kleines Automatisierungsgerät auftreten darf. Trotz aller Elektronik und trotz der Fertigung in Werk Bonn galt und gilt easy als *Steuerrelais*. Diese interne Entscheidung fußte auf intensiven Marktstudien – und hat weitreichende Auswirkungen auf den Kundenkreis. Easy spricht eben nicht nur den SPS-Techniker im Industriebetrieb, sondern vor allem den klassischen selbständigen Elektrohandwerker an. Dessen Kunden bietet easy weitaus mehr als normale Zeitrelais. Klassisches Einsatzgebiet ist z. B. die Hausinstallation. Es kommen aber immer neue Anwendungsgebiete hinzu; erst neulich erkundigte sich jemand nach der Anwendung bei der Steuerung von Krankenhausbetten. Eine völlig neue, aber natürlich mögliche Aufgabe für easy.

Nomen est omen

Misst man nur mit diesen Maßen, dann verfügt easy über die Funktionen von vier Zeitschaltuhren – ist aber zum Preis von nur zweien zu haben. Nicht gerechnet ist dabei das Neue: etwa und vor allem die logische Verknüpfung dieser Funktionen. Oder die Platzersparnis, die höhere Flexibilität, die schnellere Montage.

Für den so ausgewählten Kundenkreis hat easy aber noch mehr zu bieten. Im Unterschied zur Konkurrenz und zu den komplizierteren Automatisierungsgeräten lässt sich easy – nomen est omen! – problemlos von jedem Elektriker bedienen. Die Eingabe wird nämlich in Schaltplantechnik vorgenommen – und die gehört zum grundlegenden Handwerkszeug eines jeden Elektrikers. Genau das ist auch der Grund dafür, dass easy in Hannover erfolgreich von zwei Auszubildenden vorgestellt werden konnte.

Nimmt alleine das schon viel von der Scheu vor dem neuen Gerät, so tut die Sprache ein übriges. Trotz des englischen Namens und trotz der berechtigt globalen Vermarktung des Geräts tritt easy in nationalen Kleidern auf. Hierzu Jürgen Högener, Leiter der Entwicklung der Befehls- und Steuergeräte: „Der Wunsch, das easy-Menu in fünf Sprachen anzubieten, kam aus dem Vertrieb. Hinter ihm stehen Emotionen. Negativ formuliert: Die ganz normalen Handwerker haben die Nase voll vom ewigen .push'. .enter' oder .pull down'. Positiv gewendet: Sie wollen verständliche Erklärungen in ihrer Sprache. Und genau das leistet unser Gerät." Högener fügt hinzu; „Ein Weltmarkgerät muss nicht überall gleich aussehen oder gleich auftreten. Im Gegenteil: easy wird beweisen, dass gerade die Berücksichtigung nationaler Eigenarten der Weg in die Welt ist."

Im Eiltempo zum Erfolg

Und dieser Weg war kürzer als gedacht. Nachdem im Oktober das Lastenheft, also die Definition der Eigenschaften des künftigen Produkts, verabschiedet worden war, vollzogen sich die weiteren Schritte im Eiltempo. Innerhalb des Unternehmens öffneten sich alle Türen – die zwölf Mitarbeiter des Kernteams konnten schneller sein als geplant. Das Gerät war bereits im Juni lieferfähig, ab Juli wird es weltweit vertrieben.

Trotz der Einmaligkeit dieses Projektverlaufs ist easy kein Exot bei Klöckner-Moeller. Das Steuerrelais paßt ins System. Mehr noch: Es schafft ein neues, ein größeres Geräte-System. Indem es die Lücke zwischen der kleinsten speicherprogrammierbaren Steuerung und den Zeitrelais schließt, verbindet es zwei Systeme zu einem größeren..

Kurzum und abschließend: *easy hat das Zeug zu einem Renner*. Der Erfolg von Hannover wird nicht zuletzt zum Vater weiterer Erfolge. Jürgen Högener: „Es macht einfach Spaß, den Kunden mit einem in jeder Hinsicht überzeugenden Produkt zu besuchen."   esi

Die Welt erobern, einfach easy: Ein paar Stationen

Hannover Messe 98: EASY wird vorgestellt.

Frühjahr 98: EASY bekommt eine eigene Webseite.

September 98: Dänemark.

September 98: Swiss Automation Week.

Oktober 98: Spanien.

Hannover Messe 99: EASY600 wird vorgestellt.

April 99: China.

Frühjahr 99: Messe Elecrama Indien.

August 99: Messe Namibia.

Die Firma Pepperl & Fuchs entwickelt und designt das Erweiterungsmodul für den Asi-Bus („Aktor Sensor Interface").

P&F vertreibt die 621-DC-TC und Asi in eigener Farbgebung.

Gleichzeitig kommt ein Erweiterungsmodul hinzu, für den „Profibus DP".

Hannover Messe 2000: Die Erweiterungsmodule für AS-i und Profibus DP Netzwerke werden vorgestellt.

Frühjahr 2000: Die Firma Entrelec-Schiele / Frankreich/Deutschland, brandlabelt EASY mit dem Namen **LOGOTRON.**

Die Firma Schleicher Berlin übernimmt **EASY** unter gleichem Produkt-Namen in den Vertrieb.

Die Firma Allen-Bradley Rockwell vertreibt EASY als **PICO** in den USA. Damit hat EASY die Marktführerschaft nach gerade einmal zwei „Lebens-Jahren" errungen.

Sommer 2000: Neue Typen kommen ins Programm:

Die 412 DA-RC Automotive mit 12 Volt E / A auch als X-type.

Und die Typen 618 und 619 als DC-RC-Version mit Relaisausgängen.

1.2 EASY im web: http://www.moeller.net/easy

Zusätzlich zu den klassischen werblichen Aktivitäten wird easy auch über das moeller.net bekannt gemacht. Seit der Hannover Messe finden Interessenten auf der eigens für easy eingerichtete Homepage sämtliche wissenswerten Informationen auf einen Blick. Weiterhin sind PDF-Dateien der gedruckten Kurzanleitung. Katalogergänzung und Montageanleitung zum „Download" verfügbar. Sie können aber auch im Original-Layout am Bildschirm betrachtet werden Eine Demoversion der Programmier- und Simulations- Software Easysoft kann ebenfalls auf den eigenen Rechner heruntergeladen werden. Bei Fragen zum neuen Steuerrelais bietet Klöckner-Moeller neben den Adressen der Vertriebsbüros eine Hotline via **E-Mail** an.

Im EASY-Shop können Steuerrelais, EASY-Zubehör, Handbücher und Werbeartikel per Internet geordert werden.

Weitere Sites:

ftp://ftp.moeller.net

http://www.schleicher-de.com

http://www.entrelec.com

http://www.ab.com

http://www.profibus.com

1.3 Fachaufsätze

Thema: Automatisieren mit dem Steuerrelais „EASY"

Textanzeige und Steuerung in einem Gerät

Zusammenfassung: Anwendertexte darstellen, gleichzeitig eine Maschine steuern und gleichzeitig dezentrale Informationen verarbeiten, das geht nicht. Mit dem Steuerrelais EASY geht es doch. Wie das funktioniert und das zum Preis von nur einem Gerät, beschreibt der folgende Beitrag.

Einleitung:

Das Steuerrelais easy wurde zur Hannover Messe 1998 erstmalig ausgestellt. Das Sortiment umfasste vier Geräte und zusätzlich die PC-Software easysoft. Bei den vier Geräten handelt es sich um die easy 400 Serie. Eine einfache Bedienung und trotzdem eine hohe Funktionalität zeichnet das Steuerrelais easy aus. Der Beweis sind viele tausende Applikationen. Eine eindeutige saubere Menüführung und die Schaltplaneingabe in Stromlauftechnik mit der aktiven Stromflussanzeige ist der Schlüssel zum Erfolg. Der Begriff der Stromlauftechnik ist jedem, der elektrische Geräte zu einem Schaltplan verbunden hat klar, aber was ist eine aktive Stromflussanzeige? Das spezielle, für das Steuerrelais easy entwickelte Display zeigt mit Sonderzeichen wo und wieweit der Strom fließt. Ob ein angeschlossener Schalter betätigt wurde, oder eine Zeit in einem in easy integrierten Zeitrelais abgelaufen ist, wird sofort im Display sichtbar. Man kann sagen, im Steuerrelais easy ist ein Voltmeter eingebaut worden. Einfache Bedienung bedeutet auch, die Sprache des Anwenders zu sprechen. Alle Sprachen der Welt zu sprechen, das geht nicht. Mit easy geht es doch. Die Menütexte im easy sind in der Sprache, wie bei einem Geldautomaten, wählbar. Heute spricht easy die zehn wichtigsten Sprachen der Welt mit Englisch, Amerikanisch, Deutsch, Französisch, Spanisch, Italienisch, Portugiesisch, Brasilianisch, Polnisch, Schwedisch, Türkisch und Niederländisch. Das Sprachtalent easy lernt weiter. Mit diesen Eigenschaften im Gepäck wurde das Steuerrelais easy 600 entwickelt. Das Steuerrelais easy 600 kann alles was das Steuerrelais easy 400 kann. Die Schaltpläne, die in easy 400 erstellt wurden, erfüllen ihre Funktion in easy 600 sofort ohne eine Änderung. Die Schaltpläne, die in easy 600 erstellt wurden, erfüllen ihre Funktion in easy 400 ebenso, solange keine Funktionen benutzt werden, die nur die easy 600 Serie kann.

Mit mehr Funktionen an die Spitze, EASY 600

Das Steuerrelais easy 600 ist in der Lage eine Maschine oder Anlage zu steuern, gleichzeitig Anwendertexte im easy Spezialdisplay anzuzeigen und gleichzeitig dezentrale Informationen zu verarbeiten. Easy ist nicht nur ein Sprachtalent, sondern auch ein Multifunktionstalent. Das integrierte Display dient im offline Modus zur Schaltplaneingabe und zur Eingabe der Parameter. Wird das Steuerrelais easy aktiv geschaltet, so kann der Schaltplan nicht mehr verändert werden. Mit dem Display bleibt der Eingriff auf die Parameter erhalten. In der Inbetriebnahme dient das Display im Aktivmodus zur Darstellung des aktiven Stromflusses. Im Normalbetrieb zeigt das Display den easy-Status an. Die Uhrzeit, der Status der Ein-und Ausgänge und der Run/Halt-Zustand werden angezeigt. In dieser Betriebsart können zusätzlich anwenderspezifische Texte dargestellt werden. Die Funktionsweise dieser Textanzeige wird deutlich, wenn die grundsätzliche Funktionsweise der gesamten easy Serie deutlich geworden ist. Der Schaltplan verbindet Operanden miteinander. Diese Operanden sind boolsche Operanden mit zwei Zuständen „null" oder „eins", wahr, oder nicht wahr, oder in der Kontaktsprache: der Kontakt ist geschlossen oder der Kontakt ist offen. Der Schaltplan hat dann Möglichkeit, diese Kontakte in einer Reihenschaltung oder in einer Parallelschaltung anzuordnen. Das Ergebnis der Verknüpfung zwei boolschen Operanden ist wieder ein boolscher Wert. Der Zuweisungsoperand ist „null" oder „eins", oder in der Kontaktsprache hat die Spule geschaltet oder hat die Spule nicht geschaltet. In dieser Schaltplanebene gibt es nur boolsche Werte „null" oder „eins", oder in der Kontaktsprache ist der Kontakt geschlossen oder offen. Die Parameter zu den Operanden oder zu den Kontakten werden in der Parameterebene definiert.

Ein Kontakt der zeitgesteuert ist hat zwei Parameter: den Sollwert und den Istwert. Der Sollwert wird vom Anwender vorgegeben, zum Beispiel 20 Sekunden. Der Istwert wird von einem Signal gestartet und solange der Istwert kleiner ist als der Sollwert bleibt der Kontakt geöffnet. Erreicht der Istwert den Wert des Sollwerts, die 20 Sekunden, so schließt der Kontakt nach 20 Sekunden. Dieses Prinzip gilt für alle Kontakte, ob zeitgesteuert, wie in dem kleinen Beispiel, oder zählwertgesteuert oder uhrgesteuert oder von Analogwerten gesteuert. Dieses Prinzip findet auch bei der Anzeige von Texten seine Anwendung. In der Schaltplanebene ist die Textanzeige nur ein boolscher Wert. Dies bedeutet, dass in der Schaltplanebene nur darüber entschieden wird, unter welchen Bedingungen und zu welchem Zeitpunkt der anwenderspezifische Text angezeigt wird. Der dargestellte Text wird in der Parameterebene definiert. In dieser Parameterebene könnte zu unserem kleinen Beispiel folgender Text definiert werden:

V	o	r	l	a	u	f	z	e	i	t	-
-	-	-	-	X	X	X	X	s	e	c	-
L	a	u	f	z	e	i	t	-	-	-	-
-	-	-	-	Y	Y	Y	Y	s	e	c	-

Die Struktur des Anwendertextes wird an diesem kleinen Beispiel deutlich. Der Anwendertext kann maximal aus vier Zeilen mit jeweils zwölf Zeichen bestehen. Die Buchstaben X und Y kennzeichnen die beiden Positionen, die der Anwender zur Darstellung von Parameterwerten nutzen kann. In unserem Beispiel würden die vier X Positionen durch die Werte 0020 ersetzt. Die vier Y Positionen würden durch die Werte zum Beispiel 0012 ersetzt. Der Sollwert ist mit 20 Sekunden definiert und der Istwert hat den Wert 12 Sekunden erreicht. Von diesen anwenderspezifischen Texten kann die easy 600 Serie acht verschiedene darstellen. Ein Text benötigt das gesamte easy Display. Damit acht verschiedene Texte darstellbar werden, können diese Texte nur nacheinander gezeigt werden. Jeder Text hat eine Anzeigedauer von vier Sekunden. Voraussetzung, dass ein Text angezeigt wird ist, dass seine Bedingung im Schaltplan erfüllt ist. Von dieser Regel gibt es eine Ausnahme: Der Text eins. Dieser Text hat eine höhere Priorität als alle anderen Texte. Wird im Schaltplan die Bedingung für diesen Text erfüllt, so bleibt dieser auf Dauer in der Darstellung. Der Text wird erst wieder aus der Darstellung entfernt, wenn die Bedingung im Schaltplan nicht mehr erfüllt wird. Ein typischer Anwendungsfall ist die Darstellung einer Fehlermeldung. Die Fehlermeldung bleibt solange erhalten, bis die Fehlerursache behoben wurde. Mit dieser Funktion ist das Steuerrelais easy einzigartig.

Labels

In der easy 600 Serie kann der Schaltplan durch Sprünge auf Labels strukturiert werden. Mit dieser Struktur ist es möglich, Teile des Schaltplans zu überspringen und nicht auszuführen. Als Zuweisungsoperand wird am Ende jedes Strompfads dargestellt. Ein Zuweisungsoperand ist der bedingte Sprung. Der Sprung wird ausgeführt, wenn die drei Operanden im Strompfad gesetzt sind. Das Sprungziel wird am Anfang eines Strompfads definiert. Der Schaltplan ab dem nächsten Strompfad nach dem Sprungziel wird dann wieder ausgeführt. Im gesamten Schaltplan können acht verschiedene bedingte Sprünge auf acht verschiedene Sprungziele oder Labels verwendet werden. In der Funktion der Stromflussanzeige werden die übersprungenen Bereiche gekennzeichnet. Die Verfolgung des Stromflusses wird mit dieser Funktion sehr einfach. In der Praxis kann mit diesem Hilfsmittel die Inbetriebnahme in kleinen überschaubaren Stufen vorgenommen werden.

Dezentrale Informationen

Das Multifunktionstalent easy hat mehr als nur die bisher beschriebenen Eigenschaften. Das Steuerrelais kann gleichzeitig dezentrale Informationen verarbeiten. In der easy 600 Serie können über einen seitlichen Stecker verschiedene Erweiterungsgeräte angeschlossen werden. Das Erweiterungsgerät wird mit dem Grundgerät zusammengesteckt und fertig. Welches Erweitungsgerät angekoppelt wurde, wie der Schaltplan erweitert wird, welche Operanden hinzugefügt wurden, alles wird automatisch erkannt und richtig eingestellt. Die Bedienung und Handhabung von easy-Geräten bleibt einfach und eindeutig. Mit den beiden Ein- und Ausgangserweiterungsgeräten für den AC- oder DC-Betrieb können in der Summe mit den Ein- und Ausgängen im Grundgerät 24 Eingänge und 16 Ausgänge angeschlossen werden. Eine beachtliche Zahl, die die Leistungsfähigkeit der Steuerrelais easy unterstreicht. Dezentrale Ein- und

Ausgänge verarbeiten, das geht doch nicht. Mit easy geht das doch. Eine weitere Besonderheit ist das Gerät „easy 200 easy". Das Gerät „easy 200 easy" wird mit dem Grundgerät easy 600 verbunden. Mit einem einfachen zweiadrigen Kabel wird eine dezentrale Verbindung von „easy 200 easy" zu einem easy 600 Erweiterungsgerät ermöglicht. Die bekannten Vorteile einer dezentralen Struktur sind auch mit dem Steuerrelais easy nutzbar.

Elektromagnetische Verträglichkeit EMV
Die Kennzeichnung mit dem CE-Zeichen erfordert die Einhaltung der Norm für die elektromagnetische Verträglichkeit. Das Steuerrelais easy wurde auch hier für den Wohnbereich, wie für den Indutriebereich, entwickelt, geprüft und zugelassen. Im Wohnbereich gelten verschärfte Anforderungen bezüglich der Aussendung elektromagnetischer Störungen. Die gleichen Forderungen werden an das Gerät oder System gestellt in Bezug auf die elektromagnetische Beeinflussung. Die Zulassung von easy im Industriegebiet erfordert zusätzlich eine verschärfte elektromagnetische Verträglichkeit gegen Störungen von außen. Das Steuerrelais arbeitet störungsfrei auch in der rauhsten Industrieumgebung. Mit der Gebrauchstauglichkeit wird dem Anwender mehr gegeben, als Vorschriften und Normen vorschreiben. Die Grenzwerte für die Gebrauchstauglichkeit sind von Moeller in jahrelanger Arbeit ermittelt worden. Hier ist auch der Grund für die besonders hohe Produktqualität bei Moeller zu sehen.

Beispielhafte Anwendung für das Steuerrelais EASY

Rolltorsteuerung
(Auszug aus dem Anwendungshandbuch „Einfach easy" von Volker Jakobi)
Das Rolltor einer Tiefgaragenzufahrt soll automatisch gesteuert werden: Das Tor öffnet sich auf Anforderung und schließt nach einer bestimmten Zeit automatisch. Ein Schließen auf Anforderung soll ebenfalls möglich sein. Das Tor wird abhängig von Tageszeit und Wochentag verriegelt. Die Endschalter und die mechanische Funktion des Tors werden ständig überwacht.

Funktionsbeschreibung

Öffnen des Rolltors
Das Rolltor kann über einen Magnetkartenleser und oder den Schlüsselschalter S6 von außen geöffnet werden. Nach Kontrolle der Magnetkarte wird kurzzeitig der Kontakt K1 geschlossen. Die Zufahrt soll zu bestimmten einstellbaren Uhrzeiten und Wochentagen verriegelbar sein. Über den Schlüsselschalter S5 ist das Öffnen des Tors immer möglich. Um die Garage verlassen zu können, muss das Tor über den Seilschalter S7 geöffnet werden.

Schließen des Rolltors

Nachdem ein Auto in die Garage eingefahren ist, kann der Fahrer das Tor über S7 manuell schließen. Betätigt der Fahrer den Seilschalter nicht, schließt sich das Tor nach einer einstellbaren Zeit (T3) selbständig. Über die Taster S4 und S3 des Steuergehäuses kann das Tor von Hand geöffnet und geschlossen werden.

„Sicherheit"

Der Schließvorgang soll durch ein kurzzeitiges akustisches Signal (H3) angekündigt werden. Gleichzeitig leuchten die roten Warnleuchten H1 und H2 in der Ein- und Ausfahrt. Befindet sich während des Schließvorgangs eine Person, ein Fahrzeug oder ein anderer Gegenstand unter dem Tor, wird der Vorgang über den Kontakt der Sicherheitsleiste (K2) und/ oder der Lichtschranke (K3) gestoppt oder verhindert. Das Tor wird sofort ganz geöffnet oder es bleibt geöffnet. Bei Auslösung der Sicherheitsleiste erfolgt eine akustische Meldung und die Warnleuchten H1 und H2 leuchten. Um Einbrüchen und Vandalismus vorzubeugen, ist bei geschlossenem Tor (Endschalter betätigt) die Funktion „Tor öffnen" über die Sicherheitsleiste gesperrt. Die fehlerfreie Funktion der Kontaktleiste kann bei geöffnetem Tor durch Auslösen des Alarms geprüft werden. Die Betätigung des Not-Aus stoppt jede Bewegung des Tors. Eine Blinkmeldung der Warnleuchten H1 und H2 sowie das akustische Signal werden ausgelöst. Bei geschlossenem Tor ist die Alarmauslösung durch Not-Aus gesperrt. Erst der Befehl „Tor öffnen" löst die Blinkmeldung sowie das akustische Signal als Hinweis auf den betätigten Not-Aus-Schalter aus. Für die Funktionen Not-Aus, Sicherheitsleiste und Endschalter sind Öffnerkontakte zu verwenden. Die Verdrahtung der Not-Aus-Schalter und der Sicherheitsleiste muss gemäß dem nachfolgenden Schaltplan erfolgen. Damit ist gewährleistet, dass der Schließ- und Öffnungsvorgang bei Not-Aus, sowie der Schließvorgang bei Auslösen der Sicherheitsleiste unabhängig von der Elektronik funktioniert.

F1 Sicherungsautomat 16 A Char. B	S1 Endschalter Tor geschlossen
H1 Warnleuchte innen	S2 Endschalter Tor geöffnet
H2 Warnleuchte außen	S3 Taster Tor schließen
H3 akustisches Signal	S4 Taster Tor öffnen
K1 Kontakt Magnetkartenleser	S5 Schlüsselschalter Tor öffnen
K2 Kontakt Sicherheitsleiste	S6 Schlüsselschalter Tor öffnen
K3 Kontakt Lichtschranke	S7 Seilzugschalter
K4 Schütz Tor schließen	S8 Not-Aus-Schalter
K5 Schütz Tor öffnen	S9 Not-Aus-Schalter

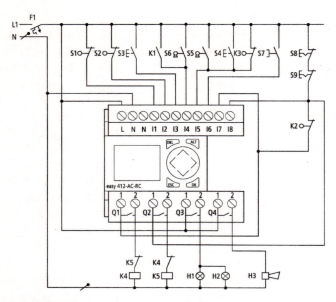

Abb. 1.2: Steuerrelais easy Schaltbild Rolltorsteuerung

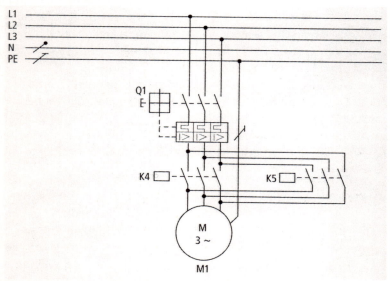

Abb. 1.3: Laststromkreis Rolltorsteuerung

Das EASY-Sortiment

Das EASY Sortiment setzt sich zusammen aus der easy 400 Serie, der easy 600 Serie sowie der PC Software easysoft. Die Grundgeräte der easy 400 Serie sind zwei Wechselspannungsgeräte mit acht Eingängen und vier Relaisausgängen, die sich durch die Funktion mit und ohne Uhr unterscheiden. Die beiden Gleichspannungsgeräte der easy 400 Serie haben zusätzlich zu den Wechselspannungsgeräten zwei analoge Eingänge. Die Gleichspannungsvariante mit vier Transistorausgängen hat das Sortiment erweitert. Für Serienanwendungen werden zwei easy 400 Geräte ohne Display eingeführt. Die easy X Typen (ohne Display) unterscheiden sich von den easy Standardtypen nur im geringen Preis. Die Schaltplaneingabe der easy X Typen wird mit der PC Software easysoft vorgenommen. Die große Bauform easy 600 mit der Größe von sechs Teilungseinheiten im Installationsverteiler hat in der AC Type zwölf Eingänge und sechs Relaisausgänge und in der DC Type zwölf Eingänge und acht Transistorausgänge. Die easy 600 Typen werden auch als X-Type (ohne Display) und zusätzlich als erweiterungsfähige Typen angeboten. Als Erweitungstypen werden eine easy 600 AC, sowie eine easy 600 DC Variante geliefert. Nicht zu vergessen ist die „easy 200 easy"-Type als Leitungstreiber für die Standard-Erweiterungsgeräte. Eine Anwendung der easy Serie im Außenbereich erlaubt der neue Temperaturbereich von -25 Grad Celsius bis zu 55 Grad Celsius. Die Steuerrelaisserie 400 sowie die easy 600 Serie haben eine Schnittstelle zur Übertragung des Schaltplans. Ein mit der PC Software easysoft erstellter Schaltplan oder ein im Speichermodul abgespeicherter Schaltplan kann in das easy übertragen werden. Der PC bietet neben der Dateiverwaltung noch die Möglichkeit den Schaltplan auszudrucken. Der Ausdruck des Programms wird mit einem kundenspezifischen Schriftfeld versehen. Weitere Funktionen der easysoft sind:

- Die Schaltplaneingabe mit drei verschiedenen Editoren.
- Die aktive Stromflussanzeige in onlinie Funktion.
- Darstellung aller Werte in onlinie Funktion.
- WIN 95, WIN 98, NT Funktionen werden unterstützt.
- Eingabeeditor für die Anwendertexte.

Die Speichermodule easy 8K für die easy 400 Serie und easy 16K für die easy 600 Serie dienen zum zusätzlichen abspeichern des Schaltplans. Eine Duplizierung des Schaltplans ist damit realisierbar.

Dipl.-Ing. Jürgen Högener
Geschäftsbereich Schalt- und Steuergeräte
Moeller GmbH
Hauptverwaltung Bonn

EASY, ein neues Schaltplanelement mit einem internen eigenen Schaltplan

Zusammenfassung:

Das Steuerrelais „EASY" von Moeller ist ein Schaltgerät mit einem internen eigenen Schaltplan. Der interne Schaltplan wird mit internen Geräten und internen Verbindungen realisiert.

Die Funktion nach außen wirkt nicht anders als ein Schaltplan mit normalen Geräten und Leitungen aus Kupfer. Mit der aktiven internen Stromflussanzeige wird ein Werkzeug zur Test- und Inbetriebnahme gleich mitgeliefert. Als universales Weltgerät bietet „EASY" in seinen Menütexten eine Sprachanpassung in Deutsch, Englisch, Französisch, Italienisch und Spanisch, die 600er Serie beherrscht weitere 5 Sprachen. Jeder Anwender bekommt das gleiche Gerät, das er selbst auf seine Sprache einstellen kann.

Der Schaltplan

Der Schaltplan ist der Bauplan oder die Kontruktionszeichnung für jeden Elektrotechniker. Die elektrotechnische Funktion wird mit dem Schaltplan beschrieben. Die für die Funktion notwendigen Geräte und deren Verschaltung bilden die Grundlage des Schaltplans. Das Wissen, wie ein Schaltplan erstellt wird oder wie ein Schaltplan zu lesen ist, gehört seit dem Beginn der Elektrotechnik zur Grundausbildung für viele technische Berufe. Der ambitionierte Heimwerker hat sich dieses Wissen angeeignet. Dieser Schaltplan ist die Grundlage für die Bestimmung der Funktion im Steuerrelais „EASY".

Das Steuerrelais „EASY" ist selbst ein Gerät in einem Schaltplan. Die Verdrahtung zu den Sensoren, zum Beispiel Taster oder Schalter, sowie die Verdrahtung zu den Aktroren, zum Beispiel Lampen oder Motoren, wird mit diesem Schaltplan festgeschrieben. Welche Funktion das Steuerreiais „easy" in diesem Schaltplan erfüllt, wird mit einem internen Schaltplan bestimmt. Der interne Schaltplan unterscheidet sich nicht vom Standardschaltplan. Der Schaltplan im Steuerrelais „EASY" hat ebenso Leitungen, die einzelne Geräte miteinander verbinden. Die Darstellung des internen Schaltplans ändert sich nicht zum Standardschaltplan. Ein schwarzer Kasten, der in seinem Inneren aus Kupferleitungen und Einzelgeräten besteht, hat die gleiche Funktion, wie ein schwarzer Kasten, der in seinem Inneren nur das Steuerrelais „EASY" beinhaltet. Das Steuerrelais „EASY" ersetzt diese Geräte mit ihrer Verdrahtung. Der Schaltplan, ob extern oder intern im Steuerrelais, bleibt der gleiche Schaltplan mit der gleichen Bedienung. Die Fragen, die sich stellen, sind folgende:

1. Welche Geräte stehen für den internen Schaltplan im „easy" zur Verfügung?
2. Wie wird die Verdrahtung der Geräte im „EASY" vorgenommen?
3. Wie groß kann der interne Schaltplan im „EASY" werden?

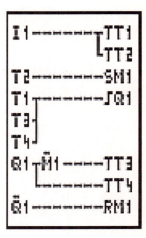

Abb. 1.4 Interner Schaltplan

Zur Frage 1: Welche Geräte stehen für den internen Schaltplan im Steuerrelais „easy" zur Verfügung?

Diese Frage wird mit folgender Liste eindeutig beantwortet:

- Der interne Schaltplan besitzt acht Eingänge, die auf den internen Schaltplan wirken. Diese Eingänge wirken digital. Das Steuerrelais „easy" fragt 1 00 mal in einer Sekunde diese Eingänge ab und stellt fest ob der Eingang high oder low ist.
  Wird ein Schalter an einen Eingang angeschlossen, so stellt das Steuerrelais „easy" fest ob der Schalter geschlossen (high) oder geöffnet (low) ist. Bei einer Abfragegeschwindigkeit von 100 mal in einer Sekunde werden auch schnelle Eingänge erfasst. Von diesen acht Eingängen sind zwei Eingänge in der Lage analoge Werte bei der DC-Variante zu verarbeiten. Eine Spannung von 0V bis 10V wird mit einer Auflösung von 0,1V an diesen beiden Eingängen gemessen. Je nach angeschlossenem Sensor können Temperaturen, Helligkeit, Druck oder andere physikalische Größen erfasst werden.

- Der interne Schaltplan hat vier Ausgänge, die in den externen Schaltplan wirken. Die Ausgänge sind Relaiskontakte, die eine Spannung von 230V und bis zu 10A schalten können. Eine Last von zum Beispiel 2000W kann direkt geschaltet werden. Für höhere Lasten sind Leistungsschütze nachzuschalten.

- Der interne Schaltplan kann bis zu 16 interne Hilfschütze verwenden. In der Regel werden diese Hilfschütze zum Speichern von Zwischenzuständen benützt. Diese Hilfsschütze werden mit Merker 1 bis Merker 16 bezeichnet.

- Der interne Schaltplan kann bis zu vier Schaltuhren verwenden. Die Schaltuhr realisiert als Schaltzeit einen Wochenzyklus. In einer Schaltuhr können wieder bis zu vier unterschiedliche Schaltpunkte für Ein und Aus eingestellt werden.

- Der interne Schaltplan kann bis zu acht Zeitrelais verwenden. Jeder dieser acht Zeitrelais kann in der Betriebsart, zum Beispiel anzugsverzögert, sowie in der Ablaufzeit eingestellt werden. Ein besonderes Zeitrelais wurde mit dem Zufallszeitrelais geschaffen. Die Ablaufzeit wird zufällig bei jedem Start des Zeitrelais neu ermittelt. Damit schaltet das Zeitrelais in einem Zeitbereich zufällig. Ein kleines Beispiel ist das Einschalten einer Lichtquelle in der Zeit zwischen 19 Uhr und 22 Uhr. An jedem Tag schaltet die Lichtquelle zu einem anderen Zeitpunkt in diesem Zeitbereich.

- Der interne Schaltplan kann bis zu acht Zähler verwenden. Der Zähler kann hoch oder runter zählen bis zu einem Wert von 10000 Ereignissen.

- Der interne Schaltplan kann bis zu acht Vergleicherbausteine oder Zweipunktregler verwenden. Die analogen Eingangswerte werden verglichen und je nach Ergebnis wird ein Kontakt geschlossen oder nicht geschlossen.

- Der interne Schaltplan kann beliebig viele Hilfskontakt von Eingängen, Ausgängen, Merkern, Zeitrelais, Schaltuhren und Vergleichern verwenden. Die gesamte Größe des Schaltplans bestimmt die Anzahl. Maximal können 120 Kontakte verwendet werden.

Zur Frage 2: Wie wird die Verdrahtung der Geräte im EASY vorgenommen?

Die Verdrahtung wird in der Regel mit Kupferleitungen, die mit den Schraubklemmen der Geräte verbunden werden, realisiert. Der interne Schaltplan im Steuerrelais „EASY" wird durch Ziehen einer Linie auf dem eingebauten Display vorgenommen. Der IVS-Verteiler bestimmt mit seiner Mechanik die mechanische Größe des Geräts.

Mit einer Ausdehnung von vier Teilungseinheiten oder dem Platz, den vier normalen Sicherungsautomaten einnehmen würden, ist die Größe festgeschrieben. Die Front beträgt somit 45 mm mal 72 mm. Auf dieser Front wird eine Schaltplananzeige von 12 Zeichen je Zeile und vier Zeilen eingebaut. Zur Eingabe des Schaltplans stehen vier Cursertasten (hoch, runter, links, rechts) und vier Funktionstasten (ok, esc, del, alt) bereit. Diese Tasten sind für die einfache Bedienung des Geräts auch nur einfach belegt. In jedem Menufenster

ist die „OK"-Taste immer die „OK"-Taste. Die Schaltplananzeige hat eine fe-
ste Zeilenanordnung. In einer Zeile wird ein Strompfad dargestellt. Die beiden
ersten Zeichen des Strompfads stellen den ersten Kontakt dar. Das Zeichen
drei ist ein Verdrahtungszeichen. Die Zeichen vier und fünf des Strompfads
zeigen den zweiten Kontakt. Das Zeichen sechs ist wieder ein Verdrahtungszeichen. Die Zeichen sieben und acht des Strompfads zeigen den dritten Kontakt. Das Zeichen neun ist wieder ein Verdrahtungszeichen. Die Zeichen zehn,
elf und zwölf des Strompfads beschreiben die Spule. Mit Kontakten werden im
externen Schaltplan die Kontakte von Befehlsgeräten (Tasten, Schalter, Endschalter ...) oder die Hilfskontakte von Schützen oder die Steuerkontakte von
Zeitrelais, Zählern und Schaltuhren beschrieben. Der interne Schaltplan setzt
sich aus Strompfaden mit jeweils drei Kontakten und einer Spule zusammen.
Als Kontakte können Öffner und Schließer der acht Eingänge oder Kontakte
der eingebauten Zeitrelais, der eingebauten Hifsschütze, der eingebauten
Schaltuhren, der eingebauten Zähler oder der eingebauten Zweipunktregler
benutzt werden. Die Zeichen drei, sechs und neun eines Strompfads dienen der
Verdrahtung. Der Schaltplan erlaubt Reihenschaltungen und Parallelschaltun-
gen.

Zur Frage 3. Wie groß kann der interne Schaltplan im „EASY" werden?
Die gesamte Größe des Schaltplans wird mit folgenden Eigenschaften be-
schrieben:
Der Schaltplan kann maximal 41 Strompfade darstellen.
Drei Kontakte pro Strompfad ergeben 123 Kontakte.
Eine Spule pro Strompfad ergibt 41 Spulen.
Eine Einschränkung, wieviele Kontakte von welcher Art wieviel der Kapazität
des Steuerrelais „EASY" verbrauchen, gibt es nicht. Eine Berechnung der Ka-
pazitätsreserve von „EASY" ist somit überflüssig.

Stromflussanzeige
Nachdem der Schaltplan in das Steuerrelais „EASY" eingegeben wurde, muss
seine Richtigkeit überprüft werden. Bei der Überprüfung werden Eingabefeh-
ler, wie auch logische Fehler entdeckt. Entspricht der Schaltplan den Vorstel-
lungen des Anwenders, so ist zu überprüfen, ob sich das Steuerrelias „easy" in
dem externen Schaltplan und somit in der Applikation richtig verhält. Die
Funktion der Stromflussanzeige hilft dabei. Die Anzeige im Gerät zeigt den
Schaltplan mit seinen Kontakten, Spulen und verdrahtenden Leitungen an.
Wird nun ein Kontakt in einem Strompfad geschlossen, so fließt Strom durch
diese Leitung bis zum nächsten Kontakt. Diese stromdurchflossene Leitung
wird in der Anzeige verstärkt dargestellt. Erreicht eine stromdurchflossene

Leitung in einem Strompfad eine Spule, so wird diese aktiv und schließt ihren Kontakt. Wird als Spule das Triggersignal eines Zeitrelais verwendet, so wird das Zeitrelais aktiv, die Zeit läuft ab und der Zeitrelaiskontakt wird geschlossen. Dieser geschlossene Kontakt gibt den Strom frei für seine angeschlossene Leitung. Diese Leitung wird verstärkt dargestellt. Sind Fehler deutlich geworden, so werden diese durch Korrigieren des Schaltplans behoben. Auch zeitliche Fehler werden mit der Stromflussanzeige deutlich. Die zeitlichen Abläufe werden mit korrigierten Zeiten behoben. Neben der Funktion der Test- und Inbetriebnahme bietet die Stromflussanzeige einen wesentlichen Vorteil: Der aktuelle Zustand wird jederzeit angezeigt. Ob ein Schalter geschlossen wird, ob eine Zeit abgelaufen ist oder gerade abläuft, ob heute Freitag ist und gerade um 9 Uhr 13 das Licht eingeschaltet wird, die gesamte Logik wird mit der Stromflussanzeige deutlich.

Handebene

Eine Besonderheit des Steuerrelais „EASY" ist in diesem Zusammenhang erwähnenswert. Das Steuerrelais „easy" hat die Möglichkeit, die vier Cursortasten als Tasten mit in den Schaltplan einzubinden. Im Schaltplan werden die Cursortasten „hoch" zu Pl, „runter" zu P2, „links" zu P3 und die Taste „rechts" zu P4 umbenannt und als Kontakt verwendet. Das Steuerrelais „easy" zeigt in der Statusanzeige den Zustand des Steuerrelais an.

Die acht Eingänge werden im Display durch acht Felder gekennzeichnet. Die vier Ausgänge werden ebenso wie die Eingänge dargestellt. Ist ein Eingang „high", so wechselt das Anzeigefeld des entsprechenden Eingangs von weiß auf schwarz. In der Statusanzeige wird die aktuelle Uhrzeit des Steuerrelais angezeigt und der Status des Gesamtgeräts mit „run" oder „stop". Die Statusanzeige kann nur mit der Taste „ok" verlassen werden. Alle anderen Tasten sind nicht aktiv. In diesem Zustand wird den vier Cursortasten die Funktion von Simulationstasten Pl bis P4 zugewiesen. Die Simulationstasten Pl bis P4 können in einem weiteren Menüpunkt ein- oder ausgeschaltet werden. In einem kleinen Beispiel wird im internen Schaltplan zum Endschalter fünf, die Taste Pl parallel geschaltet. Mit dieser Pl Taste kann jetzt der Endschalter fünf simuliert werden. Mit diesen vier Tasten Pl bis P4 ist es möglich eine Handbedienung einzubinden. Diese Handbedienung kann den Tippbetrieb einer Maschine erfüllen. Ein Tor kann über eine P-Taste geöffnet werden. Diese Tasten können im Schaltplan an beliebigen Stellen eingebaut werden. Die Funktion der P-Tasten im Schaltplan wird vom Anwender festgelegt.

Bedienung

Das Steuerrelais ist einfach und spricht Deutsch, Englisch, Französisch, Italienisch und Spanisch. Die Verwendung des Schaltplans als Eingabeinstrument des Steuerrelais lässt das Steuerrelais für alle einfach erscheinen, die den Schaltplan in seiner Funktion kennen. Die Landessprache ist ein wichtiger Bestandteil für dieses einfache Gerät. Der deuschsprechende Anwender arbeitet mit deutschen Menütexten und hat keine Schwierigkeiten mehr mit englischen Fachbegriffen. Bei der Schaltuhr wird die „Uhrzeit eingestellt" und nicht das Wort „set clock" verwendet. Ist die Sprachauswahl getroffen, so wird das Gerät alle Texte in dieser Sprache darstellen. Diese Auswahl wird nur beim ersten Einschalten des Geräte automatisch aktiv und dann nur noch über ein Auswahlmenü. Der Vorgang der Sprachauswahl ist vergleichbar mit der Sprachauswahl eines Geldautomaten. Für Schaltgeräte ist die Möglichkeit der Sprachauswahl nach meiner Kenntnis einmalig. Neben der Anzeige befinden sich die acht Auswahltasten. Jede dieser Tasten hat eine eindeutige Funktion. Mit der „OK"-Taste wird die ausgewählte Aktion aktiv. Mit den vier Cursortasten „oben, unten, links, rechts" trifft der Anwender die Auswahl, welche Aktion ausgeführt werden soll. Mit der ESC-Taste wird die Aktion rückgängig gemacht. Die DEL-Taste dient zum Löschen. Die ALT-Taste wird für die Verbindungsleitungen im Schaltplan genutzt. Im Normalbetrieb ist die Statusanzeige aktiv. Mit der OK-Taste wird das erste Auswahlmenü aktiv. Der Anwender hat zur Auswahl:

Wird mit den Cursertasten der Schaltplan gewählt und mit der OK-Taste bestätigt, so wird das zweite Menü dargestellt. Die OK-Taste führt in der Menüstruktur eine Ebene tiefer. Die ESC-Taste führt im Menübaum eine Ebene höher. Wichtig ist die einfache Belegung aller Tasten in jedem Menü.

Technische Daten

Das Steuerrelais „EASY" besitzt acht digitale Eingänge. An diese Eingänge können Lichtschalter, Taster oder andere Schaltelemente angeschlossen werden. Das easy besitzt vier Ausgangsrelais. Diese Ausgangsrelais können Lasten, wie Lampen, Leuchtstoffröhren, elektrische Geräte, Motoren, Heizgeräte, Pumpen und viele andere Geräte bis zu einer Leistung von 2300 W schalten. Zur Absicherung dieser Lastkreise werden normale 16 A Sicherungsautomaten verwendet. Das Steuerrelais hat eine Schnittstelle zur Übertragung des Schaltplans. Dieser easy-Schaltplan kann in ein Speichermodul übertragen werden oder auch in einen PC. Ein im PC erstellter Schaltplan oder ein im Speichermodul abgespeicherter Schaltplan kann in das easy übertragen werden. Der PC bietet neben der Schaltplanverwaltung noch die Möglichkeit den Schaltplan auszudrucken. Der Ausdruck des Schaltplans wird mit einem kundenspezifischen Schriftfeld versehen. Der Temperaturbereich, in dem das Steuerrelais garantiert arbeitet, wird von 0 Grad bis zu 55 Grad Celsius definiert. Die Kennzeichnung mit dem CE-Zeichen erfordert die Einhaltung der Norm für die elektromagnetische Verträglichkeit. Das Steuerrelais easy wurde auch hier für den Wohnbereich entwickelt, geprüft und zugelassen. Im Wohnbereich gelten verschärfte Anforderungen, bezüglich der Aussendung elektromagnetischer Störungen. War es in der Vergangenheit eine besondere Eigenschaft eines Geräts oder eines Systems nicht auf elektromagnetische Beeinflussung zu reagieren, so wird dies heute gefordert. Die gleichen Forderungen werden an das Gerät oder System gestellt, in Bezug auf die elektromagnetischen Emissionen. Die Zulassung von easy im Industriegebiet erfordert zusätzlich eine verschärfte elektromagnetische Verträglichkeit gegen Störungen von außen. Das Steuerrelais arbeitet störungsfrei auch in der rauhsten Industrieumgebung. Die Werte von Bedeutung sind die Burstfestigkeit und die Surgefestigkeit. Neben den in den technischen Daten angegeben Spannungswerten von Burst 0,5kV 1 kV 2kV und 4kV ist die Beeinflussungsdauer, ob 1 0 Sekunden oder 1 Minute oder 10 Minuten, und die Ad der Spannnungseinkopplung, direkt oder indirekt, von großer Bedeutung. Sind diese Daten vergleichbar, so wird weiter differenziert nach den Ausfallklassen A, B, C und D. Die Klasse A bedeutet: Während der Störbeeinflussung tritt keine Störung in der Gerätefunktion auf. Klasse B bedeutet: Während der Störbeeinflussung tritt auch eine Beeinflussung der Gerätefunktion auf, die nach der Störbeinflussung nicht mehr wirkt. Die Klasse C bedeutet: Die Gerätstörung ist über die Dauer der Störbeeinflussung wirksam und kann durch eine Maßnahme am Gerät, zum Beispiel Neustart des Geräts, wieder aufgehoben werden. Die Klasse D bedeutet: Das Gerät ist nach der Störbeeinflussung zerstört. Die Forderungen werden in den entsprechenden Produktnormen festgeschrieben. Liegt keine gültige Produktnorm vor, so sind die Fachgrundnormen einzuhalten. Mit der Gebrauchstauglichkeit wird dem Anwender mehr gegeben als Vorschriften und Normen vorschreiben. Die Grenzwerte für die Gebrauchstauglichkeit sind von Klöckner Moeller in jahrelanger Arbeit ermittelt worden. Hier ist auch der Grund für die besonders hohe Produktqualität bei Klöckner Moeller zu sehen.

Anwendung

Das Steuerrelais „EASY" ist auch für den Hausinstallationsverteiler entwickelt worden. Mit seinen vielen Funktionen übernimmt es Standardaufgaben in der Elektroinstallation in einem Einfamilienhaus. Zusätzlich lassen sich Wünsche an die Elektroinstallation einfach und preiswert realisieren. Mit dem „EASY" ist auch der Hausherr in der Lage Einfluss auf die Funktionen und

Parameter in seiner Elektroinstallation zu nehmen. Ein wesentlicher Vorteil bei der Installation von easy ist die einfache Anpassung an räumlichen oder verhaltensbedingten Veränderungen.

Planung der Elektroinstallation

Der Bauherr bestimmt, mit welchen elektrischen Funktionen sein Haus ausgestattet wird. Der Elektroinstallateur setzt diese Funktionen in einen Schaltplan um. Das Material, die Geräte und Anschlussleitungen und die Arbeitszeit bestimmen die Kosten im ersten Angebot. Die Kosten, die in der Regel zu hoch sind, führen zu einem ersten Gespräch. Der Elektroinstallateur erläutert an Hand der verwendeten Geräte seine Möglichkeiten und der Bauherr unterscheidet zwischen notwendigen Funktionen und wünschenswerten Funktionen. Um die Kosten in den geplanten Grenzen zu halten, verzichtet der Bauherr auf viele wünschenswerte Dinge. Mit dem Einsatz des Steuerrelais „EASY" wird dieses Verhalten nicht geändert. Die EASY-Funktionen verändern die Kosten für Material und Arbeitszeit. Der Materialkosten werden reduziert, da easy viele Funktionen verschiedener Geräte besitzt. Die Kosten für die Arbeitszeit werden deutlich reduziert, da sich der Schaltplan mit Tasten in easy eingeben lässt und nicht mehr mit Leitungen verdrahtet werden muss. Die zusätzlichen Funktionen, die in jedem „EASY" stecken, erfüllen wünschenswerte Dinge, die die Kosten nicht mehr beeinflussen.
Welche Wünsche werden jetzt möglich?

- Im Urlaub das Haus als bewohnt erscheinen zu lassen.
- Die Schlafräume während des Schlafs stromlos zu schalten.
- Die Springbrunnenbeleuchtung und Pumpe in Abhängigkeit von dem Wochentag, der Uhrzeit, dem Einschalter, der Außentemperatur, der Außenhelligkeit, der Laufzeit und der Pausenzeit zu steuern.
- Den Wintergarten zu beschatten und zu belüften.
- Das Garagentor zu steuern.
- Die Rollläden zu steuern.
- Das Haus elektronisch zu verschließen und zu öffnen.
- Eine Alarmfunktion zu realisieren.
- Die Heizung zu steuern.
- Die Hundehütte zu heizen.
- Das Treppenhauslicht zu steuern.
- Das Badlicht und Belüftung zu regeln.
- Das Frühbeet zu belüften.
- Die Klingel, von der Uhrzeit abhängig, abzuschalten.
- Die Gartenbeleuchtung zu einem Erlebnis werden zu lassen.

- Die Musikanlage wird zum Wecker.
- Die Kaffeemaschine wird Montag bis Freitag um 6.30 Uhr eingeschaltet.
- Der Fernseher im Kinderzimmer wird um 20.00 ausgeschaltet.
- Die Lampe im Arbeitszimmer wird um 23.00 ausgeschaltet.

Diese Dinge und vieles mehr, was der Hausherr wünscht, wird mit „EASY" einfach realisierbar und bezahlbar.

EASY ist einfach
Der Hausherr steht heute vor der Situation, dass er seine Wünsche und Forderungen an die Elektroinstallation in der Bauphase festlegt. Der Elektroinstallateur setzt diese um, in dem er die logischen Abläufe mit Leitungen und Schaltern fest verdrahtet. Nach dem Einzug ins neue Heim stellen sich immer andere Wünsche als richtiger heraus. Wird das Haus in seiner Nutzung im Laufe der Jahre verändert, wird ein Kinderzimmer z.B. zum Arbeitszimmer, ändern sich die Wünsche wieder. Das Heim wandelt sich im Laufe der Zeit. In den Verdrahtungsplan nach Fertigstellung einzugreifen ist nur dem Elektroinstallateur bedingt möglich. Das Steuerrelais easy verändert diese Situation. Der Schaltplan wird ins „EASY" mit Tasten eingeben und kann jederzeit auch nur mit Tasten verändert werden. Der Hausherr spricht mit seinem Elektroinstallateur ab, inwieweit der Bauherr selbst in diesen Schaltplan eingreifen kann. Die Beeinflussung kann sich auf die Schaltzeiten der im easy vorhandenen Schaltuhren beschränken, oder zusätzlich auf die Ablaufzeiten, auf die Schwellwerte für die Heizung zum Beispiel oder auf den gesamten Schaltplan, der auch die logischen Abläufe steuert.
Mit einem Passwort wird das Steuerrelais vor unberechtigten Zugriffen geschützt. Dieses Passwort ist eine vierzeilige Ziffernfolge. Der Elektroinstallateur kann mit der Schaltplaneingabe bestimmen, welche Parameter für den Zugriff freigeben werden. Das Steuerrelais „EASY" kann sich einfach den veränderten Wünschen anpassen.

Dipl. Ing. Jürgen Högener
Geschäftsbereich Schalt- und Steuergeräte
Klöckner Moeller, Bonn

2 Die Hardware

2.1 Geräteübersicht

„easy" wird angeboten:

für 24 V Gleichstrom	**EASY...-DC-..**
für Wechselspannung	**EASY...-AC-..**
in zwei Gerätegrößen:	
mit 4 Teilungseinheiten	**EASY 412**
mit 6 Teilungseinheiten	**EASY 600**
mit Schaltuhr	**EASY...-..-..C..**
mit Relais-Ausgängen	**EASY...-..-R..**
mit Transistor-Ausgängen	**EASY...-DC-T..**
nur mit LED-Anzeige	**EASY...-..-..X**
als Erweiterung	**EASY...-...E**

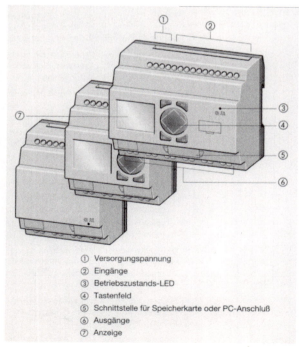

① Versorgungspannung
② Eingänge
③ Betriebszustands-LED
④ Tastenfeld
⑤ Schnittstelle für Speicherkarte oder PC-Anschluß
⑥ Ausgänge
⑦ Anzeige

Abb. 2.1: EASY auf einen Blick

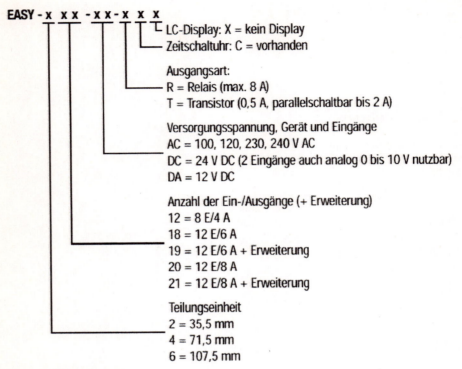

Abb. 2.2: EASY-Typenschlüssel

3 Montage und elektrische Anschlüsse

Hinweis: EASY darf nur von einer Elektrofachkraft oder einer Person, die mit elektrotechnischer Montage vertraut ist, montiert und angeschlossen werden !

Achtung Lebensgefahr!
Führen Sie bei eingeschalteter Stromversorgung keine elektrischen Arbeiten am Gerät aus.
Halten Sie die Sicherheitsregeln ein:

Freischalten der Anlage
Sichern gegen Wiedereinschalten
Spannungsfreiheit feststellen
Benachbarte spannungsführende Teile abdecken.

Die Installation von EASY sollte in folgender Reihenfolge ausgeführt werden:

Montage des/der Geräte
Eingänge verdrahten
Ausgänge verdrahten
Versorgungsspannung anschließen.

3.1 Montage

EASY wird in einen Schaltschrank, einen Installationsverteiler oder in ein Gehäuse eingebaut, sodass die Anschlüsse der Versorgungsspannung und die Klemmenanschlüsse im Betrieb gegen direktes Berühren geschützt sind.

EASY wird auf eine Hutschiene nach DIN EN 50 022 aufgeschnappt oder mit den als Zubehör erhältlichen Gerätefüßen befestigt.
EASY kann senkrecht oder waagerecht montiert werden.

Wird EASY mit Erweiterung eingesetzt, muss vor der Montage erst die Erweiterung mit dem Hauptgerät verbunden werden.

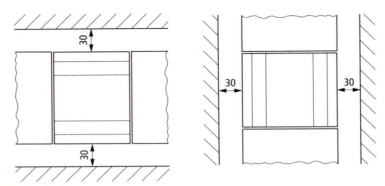

Abb. 3.1: Abstände

Für eine leichte Verdrahtung sollte auf den Klemmenseiten ein Mindestabstand von 3cm zu den Gehäusewänden oder benachbarten Geräten eingehalten
werden.

Montage auf Hutschiene
Setzen Sie EASY schräg auf die Oberkante der Hutschiene auf. Drücken Sie
das Gerät leicht nach unten und an die Hutschiene, bis es über die Unterkante
der Hutschiene schnappt. Durch den Federmechanismus rastet EASY automatisch ein.
Bei Montage mit Erweiterung müssen beide Geräte parallel und zeitgleich mit
der gleichen mechanischen Kraft in oben beschriebener Weise auf der Hutschiene befestigt werden.

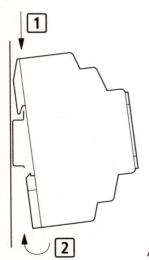

Abb. 3.2: Montage auf Hutschiene

Schraubmontage

Für die Schraubmontage benötigen Sie Gerätefüße, die Sie auf der Rückseite von EASY einsetzen können. Die Gerätefüße erhalten Sie als Zubehör.

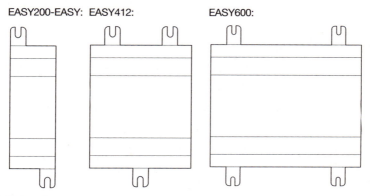

Abb. 3.3: Schraubmontage

Anschlussklemmen

Werkzeug: Schlitz-Schraubendreher 3,5 mm, Anzugsmoment 0,6 Nm

Anschlussquerschnitte der Leitungen:

eindrähtig: 0,2 bis 4 mm^2
feindrähtig mit Aderendhülse 0,2 bis 2,5 mm^2

3.2 Eingänge anschließen

Die Eingänge von EASY schalten elektronisch. Einen Kontakt, den Sie über eine Eingangsklemme einmal anschließen, können Sie als Schaltkontakt im EASY-Schaltplan beliebig oft wiederverwenden.
An die Eingangsklemmen können z.B. Schaltsensoren, Taster oder Schalter angeschlossen werden.

Verbinden Sie die Eingänge z.B. mit Tastern, Schaltern oder mit Relais- oder Schützkontakten.

AC-Varianten

Vorsicht!

Schließen Sie Eingänge bei EASY-AC entsprechend den Sicherheitsbestimmungen der VDE, IEC, UL und CSA an den gleichen Außenleiter an, an den

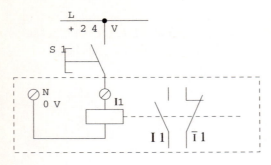

Abb. 3.4: Schaltbild Eingangsbeschaltung

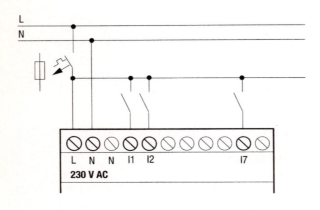

Abb. 3.5: Schaltbild Ein-
gänge EASY-AC

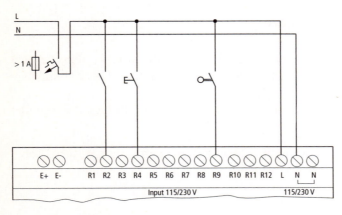

EASY...-AC-.E

Abb. 3.6: Schaltbild Ein-
gänge EASY-E

die Versorgungsspannung angeschlossen ist. EASY erkennt ansonsten die Schaltpegel nicht oder kann durch Überspannung zerstört werden.

Spannungsbereich der Eingangssignale
Signal „AUS": 0 V bis 40 V
Signal „EIN": 79 V bis 264 V

Eingangsstrom
R1 bis R12
I1 bis I6, I9 bis I12   0,5 mA/0,25 mA bei 230 V/115 V
I7, I8   6 mA/4 mA bei 230 V/115 V

Leitungslängen
Aufgrund von starker Störeinstrahlung auf Leitungen können die Eingänge ohne Anlegen eines Signals Zustand „1" signalisieren. Benutzen Sie daher folgende maximale Leitungslängen:

R1 bis R12
I1 bis I6, I9 bis I12   40 m ohne Zusatzschaltung
I7, I8   100 m ohne Zusatzschaltung

Bei längeren Leitungen können Sie eine Diode (z.B. 1N4007 mit z.B. 1 A, min. 1000 V Sperrspannung in Reihe zum EASY-Eingang schalten. Achten Sie darauf, dass die Diode wie im Schaltbild zum Eingang zeigt, sonst erkennt EASY nicht den Zustand „1"
An I7 und I8 können Sie Glimmlampen mit einem maximalen Reststrom von 2 mA/1 mA bei 230 V/115 V anschließen.

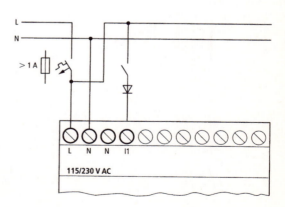

Abb. 3.7: Schaltbild EASY-AC mit
Störschutz-Diode

Hinweis:

Verwenden Sie Glimmlampen, die mit separatem N-Anschluss betrieben werden.

Zweidraht-Näherungsindikatoren besitzen einen Reststrom bei Zustand „0". Ist dieser Reststrom zu hoch, kann der Eingang von EASY nur den Zustand „1" erkennen. Benutzen Sie daher die Eingänge I7, I8. Werden mehr Eingänge benötigt, muss eine zusätzliche Eingangsbeschaltung erfolgen.

Erhöhung des Eingangsstroms

Um Störeinflüsse auszuschließen und um Zweidraht-Näherungsindikatoren zu benutzen, kann nachfolgende Eingangsbeschaltung angewandt werden.

Die Abfallzeit des Eingangs verlängert sich bei Beschaltung mit einem Kondensator von 100 nF um 80 (66,6) ms bei 50 (60) Hz.

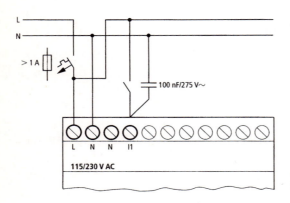

Abb. 3.8: Schaltbild EASY-AC mit Störschutz-Kondensator

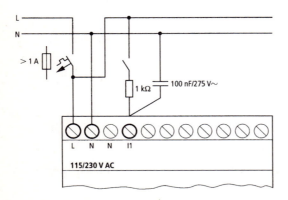

Abb. 3.9: Schaltbild Eingangs-strombegrenzung

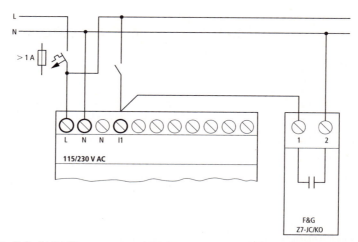

Abb. 3.10: Schaltbild Eingangsstromerhöhung mit F&G Z7-JC/KO-Baugruppe

Um den Einschaltstrom der zuvor gezeigten Schaltung zu begrenzen, können Sie einen Widerstand in Reihe schalten.

Fertige Geräte zur Erhöhung des Eingangsstroms können Sie z. B. von der Firma Felten & Guilleaume beziehen, TYP: Z7-JC/KO. Durch die große Kapazität erhöht sich die Abfallzeit um ca. 300 ms.

DC- und DA-Varianten
Schließen Sie Taster, Schalter, 3- oder 4-Draht-Näherungsindikatoren an den Eingangsklemmen I1 bis I12 an. Setzen Sie wegen des hohen Reststroms keine 2-Draht-Näherungsindikatoren ein.

Spannungsbereich der Eingangssignale
Signal „AUS": 0V bis 5 V
Signal „EIN": 15V bis 28,8V

Eingangsstrom
I1 bis I6, I9 bis I12   3,3 mA bei 24 V
R1 bis R12
I7, I8   2,2 mA bei 24 V

Analog-Eingänge anschließen
Über die Eingänge I7 und I8 können Sie auch analoge Spannungen im Bereich 0 V bis 10 V anschließen.

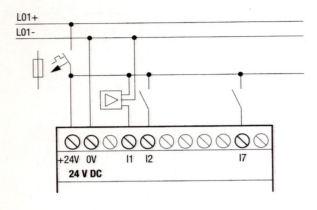

Abb. 3.11: Schaltbild Eingänge EASY-DC

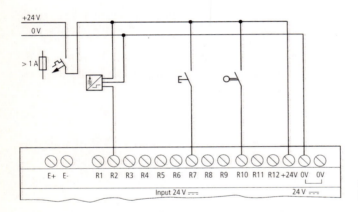

Abb. 3.12: Schaltbild Eingänge EASY-E

Vorsicht!

Analogsignale sind störempfindlicher als digitale Signale, sodass die Signalleitungen sorgfältiger verlegt und angeschlossen werden müssen. Unsachgemäßer Anschluss kann zu nicht gewollten Schaltzuständen führen.

Verwenden Sie geschirmte, paarweise verdrillte Leitungen, um Störeinkopplungen auf die Analogsignale zu vermeiden,

Erden Sie den Schirm der Leitungen bei kurzen Leitungslängen beidseitig und vollflächig. Ab einer Leitungslänge von ca. 30 m kann die beidseitige Erdung zu Ausgleichströmen zwischen beiden Erdungsstellen und damit wiederum zur Störung von Analogsignalen führen. Erden Sie die Leitung in diesem Fall nur einseitig.

Verlegen Sie Signalleitungen nicht parallel zu Energieleitungen.

Schließen Sie induktive Lasten, die Sie über die Ausgänge von EASY schalten, an eine separate Versorgungsspannung an oder verwenden Sie eine Schutzbeschaltung für Motoren, Magnetventile oder Schütze. Werden diese Lasten über die gleiche Versorgungsspannung wie EASY betrieben, kann das zu Störungen der analogen Eingangssignale führen.

Vier Beispielschaltungen für die Analogwerterfassung

Stellen Sie eine galvanische Verbindung des Bezugspotentials her. Verbinden Sie die 0 V des Netzteils der in den Beispielen dargestellten Sollwertgeber bzw. der verschiedenen Sensoren mit den 0 V der EASY-Versorgungsspannung.

Sollwertgeber (12V DC)

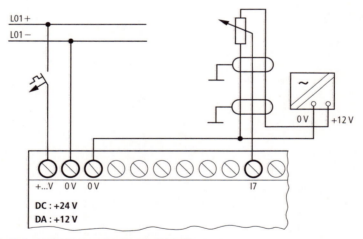

Abb. 3.13: Schaltbild Sollwertgeber (12V DC)

Setzen Sie ein Potentiometer mit dem Widerstandswert ≤ 1 kΩ, z.B. 1 kΩ, 0,25 W ein.

Sollwertgeber (24 V DC)

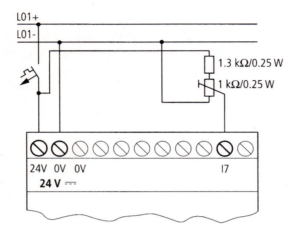

Abb. 3.14: Schaltbild Sollwertgeber (24 V DC)

Helligkeitssensor

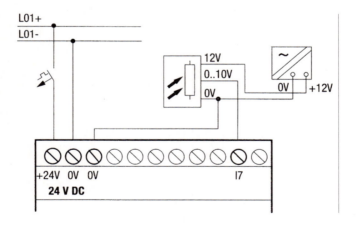

Abb. 3.15: Schaltbild Helligkeitssensor

Temperatursensor

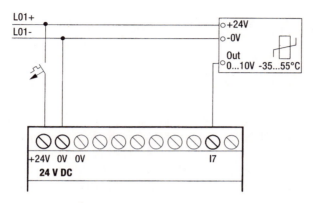

Abb. 3.16: Schaltbild Temperatursensor

20 mA-Sensor

Der Anschluss eines 4 bis 20 mA (0 bis 20 mA)-Sensoren ist mittels eines externen Widerstands von 500 Ω problemlos möglich.

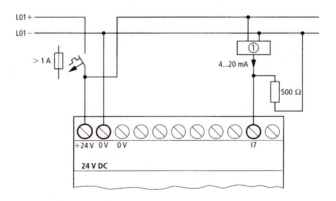

① Analog-Sensor

Abb. 3.17: Schaltbild 20 mA-Sensor

Nachfolgende Werte ergeben sich für den Analog-Sensor:

4 mA= 0,2 V

10 mA = 4,8 V

20 mA = 9,5 V

Nach dem Ohmschen Gesetz U=R x I = 478 Ω x 10 mA ~ 4,8 V

3.3 Ausgänge anschließen

Die Ausgänge „Q" arbeiten EASY-intern als potentialfreie Kontakte.

Die zugehörigen Relaisspulen werden im EASY-Schaltplan über die Ausgangsrelais „Q1" bis „Q4" bzw. „Q1" bis „Q8" (Q6) angesteuert. Die Signalzustände der Ausgangsrelais können Sie im EASY-Schaltplan als Schließer- oder Öffnerkontakt für weitere Schaltbedingungen einsetzen.

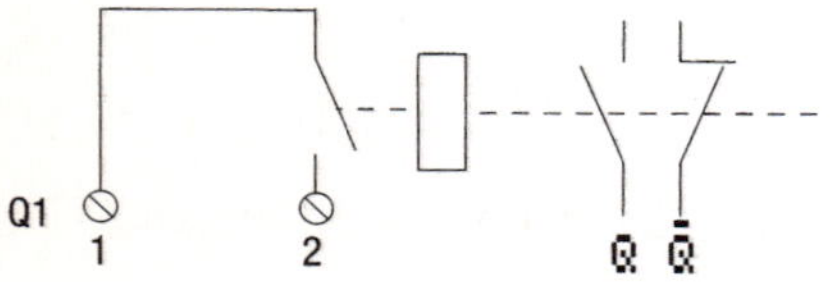

Abb. 3.18: Schaltbild Ausgangsbeschaltung

Mit den Relais- oder Transistor-Ausgängen schalten Sie Lasten wie z.B. Leuchtstofflampen, Glühlampen, Schütze, Relais oder Motoren.

Beachten Sie vor der Installation die technischen Grenzwerte und Daten der Ausgänge (siehe Kapitel 14: Technische Daten).

Relais-Ausgänge

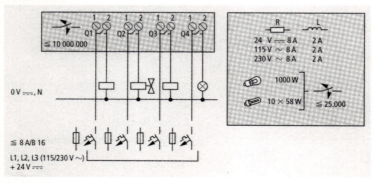

Abb. 3.19: Ausgangsbeschaltung EASY 412-AC, 412-DC-R

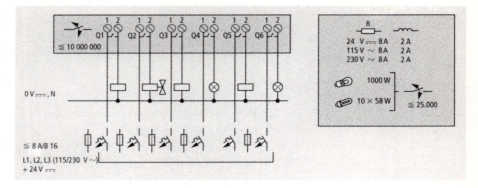

Abb. 3.20: Ausgangsbeschaltung EASY 618/619-AC-RC(X)

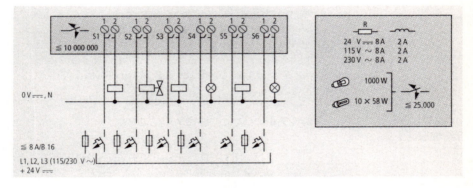

Abb. 3.21: Ausgangsbeschaltung EASY 618-AC-RE

Im Gegensatz zu den Eingängen können Sie an den Ausgängen verschiedene Außenleiter anschließen.

Vorsicht!

Halten Sie die obere Spannungsgrenze von 250 V AC am Kontakt eines Relais ein. Eine höhere Spannung kann zu Überschlägen am Kontakt führen und damit das Gerät oder eine angeschlossene Last zerstören.

Transistor-Ausgänge

Parallelschaltung:

Zur Leistungserhöhung können bis zu maximal vier Ausgänge parallelgeschaltet werden. Dabei addieren sich die vier Ausgangsströme auf maximal 2 A.

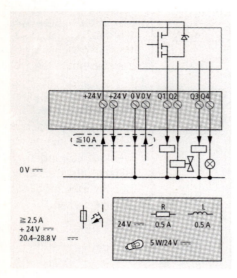

Abb. 3.22: Ausgangsbeschaltung EASY

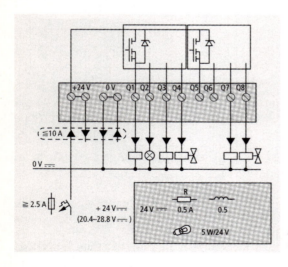

Abb. 3.23: Ausgangsbeschaltung
EASY 620/621-DC-TC

Vorsicht!

Innerhalb einer Gruppe (Q1 bis Q4 oder Q5 bis Q8, S1 bis S4 oder S5 bis S8) dürfen die Ausgänge parallelgeschaltet werden, z.B. Q1 und Q3 oder Q5, Q7 und Q8. Parallelgeschaltete Ausgänge müssen gleichzeitig angesteuert werden.

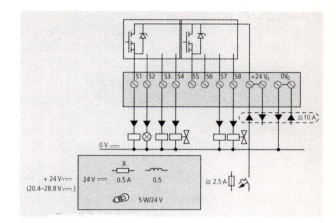

Abb. 3.24: Ausgangsbe-
schaltung EASY 620-DC-
TE

Vorsicht!

Beim Abschalten von induktiven Lasten ist Folgendes zu beachten: Schutzbe-
schaltete Induktivitäten verursachen weniger Störungen im gesamten elektrischen System. Es empfielt sich generell, die Schutzbeschaltung möglichst an
der Induktivität anzuschalten.

Werden Induktivitäten nicht schutzbeschaltet, gilt: Es dürfen nicht mehrere Induktivitäten gleichzeitig abgeschaltet werden, um die Treiberbausteine im un-
günstigsten Falle nicht zu überhitzen. Wird im Not-Aus-Fall die +24 V-DC-
Versorgung mittels Kontakt abgeschaltet und kann dabei mehr als ein ange-
steuerter Ausgang mit Induktivität abgeschaltet werden, müssen Sie die Induktivitäten mit einer Schutzbeschaltung versehen.

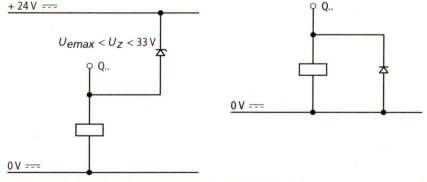

Abb. 3.25: Schaltbild Schutzbeschaltung von Induktivitäten

Verhalten bei Kurzschluss/Überlast

Tritt Kurzschluss oder Überlast an einem Transistor-Ausgang auf, schaltet dieser Ausgang aus. Nach einer von der Umgebungstemperatur und der Höhe des Stroms abhängigen Abkühlzeit schaltet der Ausgang erneut bis zur maximalen Temperatur ein. Besteht der Fehler weiterhin, schaltet der Ausgang so lange aus und ein, bis der Fehler behoben ist, bzw. die Versorgungsspannung ausgeschaltet wird.

Die Abfrage, ob ein Kurzschluss oder eine Überlast an einem Ausgang besteht, kann mittels der internen Eingänge I15, I16, R15, R16, je nach EASY-TYP erfolgen.

Ein/Ausgänge erweitern

Um die Anzahl der Ein/Ausgänge zu erhöhen, können an folgenden EASY-Typen Erweiterungsgeräte angeschlossen werden

Erweiterbare EASY-Basisgeräte	Erweiterungsgeräte	
EASY 619-AC-RC(X)	EASY 618-AC-RE	12 Eingänge AC
		6 Relais-Ausgänge
EASY 621-DC-TC(X)	EASY 620-DC-TE	12 Eingänge DC
		8 Transistor-Ausgänge

Lokale Erweiterung

Bei der lokalen Erweiterung sitzt das Erweiterungsgerät direkt neben dem Basisgerät, verbunden über den Verbindungsstecker EASY-LINK.

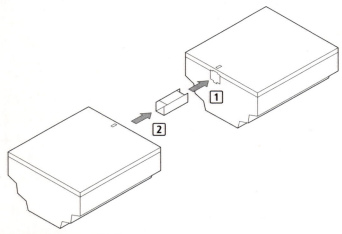

Abb. 3.26: Erweiterung anschließen

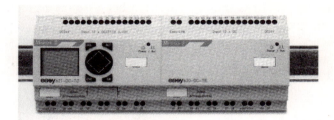

Abb. 3.27: lokale Erweiterung mit EASY-LINK

Dezentrale Erweiterung

Bei der dezentralen Erweiterung können die Erweiterungsgeräte bis zu 30 m entfernt vom Basisgerät installiert und betrieben werden.

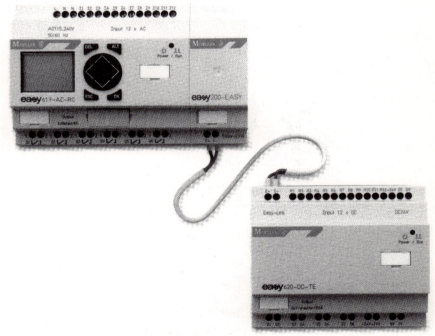

Abb. 3.28: Dezentrale Erweiterung mit EASY200-

Achtung!

Die 2-Draht- oder Mehrader-Leitung zwischen den Geräten muss die Isolationsspannung einhalten, die für die Installationsumgebung notwendig ist; andernfalls kann es im Fehlerfall (Erdschluss, Kurzschluss) zur Zerstörung der Geräte oder zu Personenschäden führen.

Eine Leitung z.B. NYM-O mit einer Betriebsbemessungsspannung von U_e = 300/500 V AC reicht im Normalfall aus.

Die Klemmen „E+" und „E-" des EASY 200-EASY sind kurzschluss- und verpolungssicher. Die Funktionsfähigkeit ist nur gegeben, wenn „E+" mit „E+" und „E-" mit „E-" verbunden ist.

3.4 Versorgungsspannung anschließen

Die erforderlichen Anschlussdaten für die beiden Gerätetypen EASY-DC mit 24V DC und EASY-AC finden Sie im Kapitel 14: Technische Daten.

Wechselspannung anschließen
Es ist dafür zu sorgen, dass der *Außenleiter L auf die mit L gekennzeichnete Klemme* und der *Neutralleiter N auf die mit N gekennzeichnete Klemme* gelegt wird.

Leitungsschutz
Schließen Sie bei EASY-AC und EASY-DC einen Leitungsschutz (F1) von mindestens 1A (T) an.

Die Geräte der EASY 600er Serie führen nach dem Anlegen der Versorgungsspannung 5 Sekunden lang einen Systemcheck durch. Nach diesen 5 Sekunden wird je nach Voreinstellung die Betriebsart „Run" oder „Stop" eingenommen.

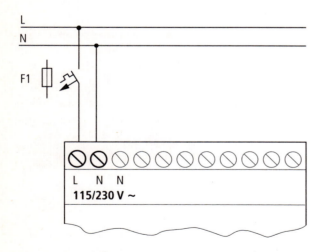

Abb. 3.29: Schaltbild Anschluss der Versorgungsspannung EASY-AC

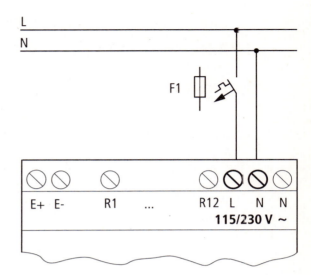

Abb. 3.30: Schaltbild An-
schluss der Versorgungs-
spannung EASY-E

Stromschlaggefahr bei EASY-AC-Geräten!

Sind die Spannungsanschlüsse für Außenleiter L und Neutralleiter N vertauscht, liegt die Anschlussspannung von 230V/115V an der EASY-Schnittstelle an. Bei unsachgemäßem Anschluss an den Erweiterungsstecker oder
durch Einführen leitender Gegenstände in den Schacht besteht die Gefahr eines Stromschlags

Reedkontakte und Näherungsindikatoren verboten!

Im ersten Einschaltmoment entsteht ein kurzer Stromstoß. Schalten Sie EASY
nicht mit Reedkontakten ein, diese würden verbrennen oder verkleben.
Beim ersten Einschalten verhält sich die EASY-Spannungsversorgung kapazi-
tiv. Das Schaltgerät zum Einschalten der Versorgungsspannung muss dafür
vorgesehen sein; das heißt keine Reedkontakte, keine Näherungsindikatoren
verwenden.

Gleichstromversorgung anschließen

Hinweis:

EASY-DC ist verpolungsgeschützt. Damit EASY funktioniert, achten Sie auf
die richtige Polarität der Anschlüsse.
L01+ wird bei EASY-DC an die linke Klemme mit der Bezeichnung +24 V
angeklemmt.
L01- wird auf die rechts daneben befindliche Klemme 0 V aufgelegt.

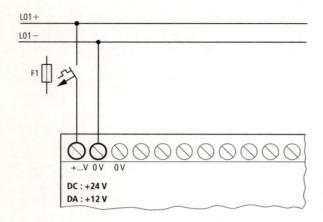

Abb. 3.31: Schaltbild Anschluss der Versorgungsspannung EASY-DC

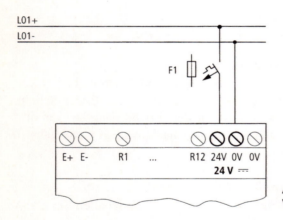

Abb. 3.32: Schaltbild Anschluss der Versorgungsspannung EASY-E

Bei EASY-E wird L01+ an die 3. Klemme von rechts mit der Bezeichnung 24 V angeklemmt
L01- wird auf die rechts daneben befindliche Klemme 0 V aufgelegt.
Beim Einsatz von Erweiterungsgeräten wird die ***Versorgungsspannung nicht über EASY-LINK weitergereicht,*** sondern jedes Gerät muss an 24 V DC angeschlossen sein.

4 Programmierung am Gerät

4.1 Inbetriebnahme

Sicherheitshinweise zum Einschalten
Prüfen Sie vor dem Einschalten, ob die Anschlüsse der Stromversorgung und der Eingänge richtig angeschlossen sind.:

24 V-DC-Version:
Klemme +24 V: Spannung +24 V
Klemme 0 V: Spannung 0 V
Klemme I1 bis I12, R1 bis R12: Ansteuerung über +24 V

230 V-AC-Version:
Klemme L: Außenleiter L
Klemme N: Neutralleiter N
Klemme I1 bis I12, R1 bis R12: Ansteuerung über Außenleiter L

Falls Sie EASY bereits in einer Anlage integriert haben, sichern Sie den Arbeitsbereich angeschlossener Anlagenteile gegen Zutritt, damit keine Personen durch z. B. unerwartetes Anlaufen von Motoren gefährdet werden.

Menüsprache einstellen
Wenn Sie EASY das erste Mal einschalten, wird die Auswahl der Benutzersprache angezeigt.
➜Wählen Sie Ihre gewünschte Sprache mit den Cursortasten ∧ oder ∨.
GB Englisch
D Deutsch
F Französisch
S Spanisch
I Italienisch
Zusätzlich besitzt EASY 600 folgende Sprachen:
Schwedisch
Niederländisch
Polnisch
Portugiesisch
Türkisch

→Bestätigen Sie Ihre Wahl mit **OK** oder verlassen Sie das Menü mit **ESC**. Die Anzeige wechselt zur Statusanzeige.

Betriebsarten

EASY kennt die Betriebsarten „Run" und „Stop".

Im „Run"-Betrieb arbeitet EASY einen gespeicherten Schaltplan kontinuierlich ab, bis die Betriebsart „Stop" gewählt wird oder die Versorgungsspannung abgeschaltet wird. Der Schaltplan, die Parameter und Einstellungen bleiben bei Spannungsausfall erhalten. Lediglich die Echtzeituhr muss nach Ablauf einer Pufferzeit neu gestellt werden. Nur in der Betriebsart „Stop" ist eine Schaltplaneingabe möglich.

Hinweis:

Nach Einschalten der Versorgungsspannung arbeitet EASY einen gespeicherten Schaltplan in der Betriebsart „Run" sofort ab. Es sei denn, das Anlaufverhalten wurde auf „Anlauf in die Betriebsart STOP" eingestellt. In der Betriebsart „Run" werden Ausgänge entsprechend den logischen Schaltverhältnissen angesteuert. Bei den EASY-Varianten mit LCD-Anzeige wird ein Schaltplan auf einer gesteckten Speicherkarte nicht automatisch ausgeführt. Dieser muss zuerst von der Speicherkarte in EASY übertragen werden.

Die EASY-X-Varianten laden den auf der Speicherkarte befindlichen Schaltplan automatisch und arbeiten den Schaltplan im „Run" sofort ab.

4.2 EASY-Bediensystematik

Tastenfeld

DEL:	Löschen im Schaltplan
ALT	Sonderfunktion im Schaltplan
Cursor △▽◁▷	Cursor bewegen
	Menüpunkte wählen
	Zahlen, Kontakte und Werte einstellen
OK	Weiterschalten, Speichern
ESC	Zurück wechseln, Abb.rechen

Menüführung und Eingabe von Werten

DEL und **ALT**	Sondermenü aufrufen
OK	Zur nächsten Menüebene wechseln
	Menüpunkt aufrufen
	Eingabe aktivieren, ändern, speichern
ESC	Zur vorherigen Menüebene wechseln
	Eingabe ab letztem OK zurücknehmen

Abb. 4.1: Tastenfeld

Cursor △▽	Menüpunkt wechseln
	Wert ändern
Cursor◁ ▷	Stelle wechseln

P-Tasten-Funktion:

Cursortaste ◁	**Eingang P1**
Cursortaste ▷	**Eingang P3**
Cursortaste △	**Eingang P2**
Cursortaste ▽	**Eingang P4**

Tasten Schaltplaneingabe

DEL	Verbindung, Kontakt, Relais löschen
	leeren Strompfad löschen
ALT	Öffner und Schließer umschalten
	Kontakte, Relais und Stromfade verdrahten
	Strompfade einfügen
Cursortasten △▽	
	Wert ändern
	Cursor nach oben, unten
Cursortasten◁ ▷	Stelle ändern
	Cursor nach links, rechts
	Cursortasten als P-Tasten:
Cursortaste ◁	Eingang P1
Cursortaste △	Eingang P2
Cursortaste ▷	Eingang P3
Cursortaste ▽	Eingang P4
ESC	Einstellung ab letztem OK zurücknehmen
	Aktuelle Anzeige verlassen
OK	Kontakt, Relais ändern, neu einfügen
	Einstellung verlassen.

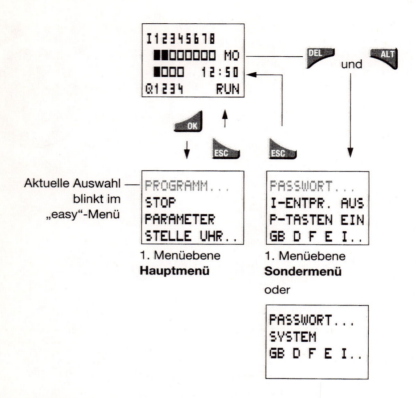

Aktuelle Auswahl — blinkt im „easy"-Menü

1. Menüebene
Hauptmenü

1. Menüebene
Sondermenü

oder

Abb. 4.2: Haupt- und Sondermenü wählen

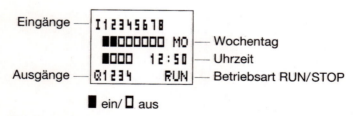

Eingänge

Ausgänge

Wochentag
Uhrzeit
Betriebsart RUN/STOP

■ ein/ ☐ aus

Abb. 4.3: Statusanzeige EASY 412

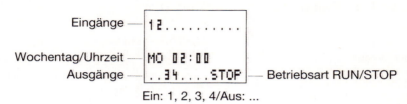

Abb. 4.4: Statusanzeige EASY 600

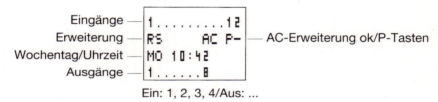

RS = Erweiterung arbeitet korrekt

Abb. 4.5: Statusanzeige für Erweiterung

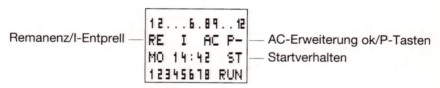

RE = Remanenz eingeschaltet
I   = Eingangsentsprellung ausgeschaltet
AC = AC-Erweiterung arbeitet korrekt
DC = DC-Erweiterung arbeitet korrekt
GW= Buskoppelbaugruppe
ST = EASY startet beim Einschalten der Versorgungsspannung in die
       Betriebsart „Stop"

Abb. 4.6: Erweiterte Statusanzeige EASY 600

EASY-LED-Anzeige

EASY 412-..-..X, EASY 600 und EASY-E besitzen auf der Frontseite eine
LED, die den Zustand der Versorgungsspannung sowie die Betriebsart „Run"
oder „Stop" anzeigt.

LED AUS	Keine Versorgungsspannung
LED Dauerlicht	Spannungsversorgung vorhanden Betriebsart „STOP"
LED blinkt	Spannungsversorgung vorhanden Betriebsart „RUN"

Menüstruktur Hauptmenü ohne Passwortschutz

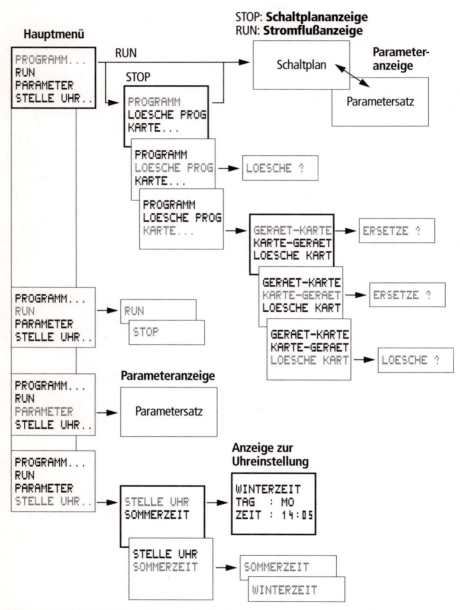

Abb. 4.7: Hauptmenü ohne Passwortschutz

Menüstruktur Hauptmenü mit Passwortschutz

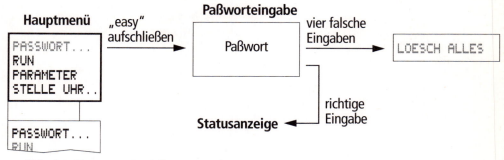

Abb. 4.8: Hauptmenü mit Passwortschutz

Sondermenü EASY 412 Betriebssystem V 1.0

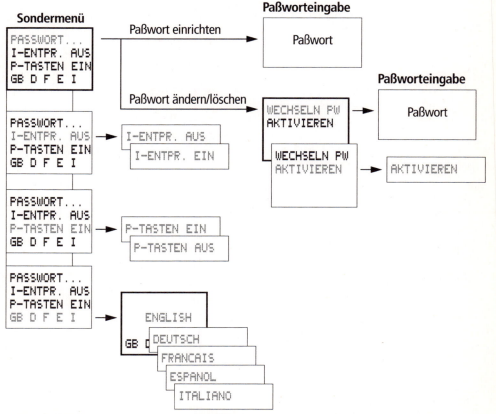

Abb. 4.9: Sondermenü EASY 412 Betriebssystem V 1.0

Sondermenü EASY 412 ab Betriebssystem V 1.2 und EASY 600

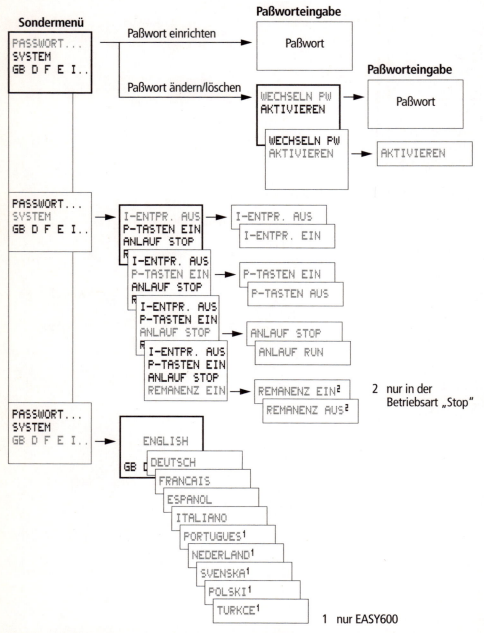

Abb. 4.10: Sondermenü EASY 412 ab Betriebssystem V 1.2 und EASY 600

Menüpunkte wählen und umschalten

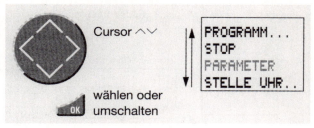

Abb. 4.11: Menüpunkte wählen und umschalten

Cursor-Anzeige

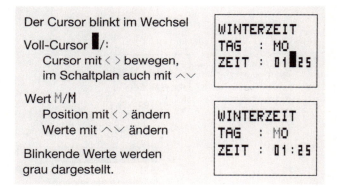

Abb. 4.12: Cursor blinkt und blinkender Wert

Wert einstellen

Abb. 4.13: Wert einstellen

Parameteranzeige aufrufen

Wenn Sie im Modus „Eingeben" den Kontakt eines Funktionsrelais bestimmen, wechselt EASY mit OK automatisch von der Kontaktnummer zur Parameteranzeige.

5 Mit EASY verdrahten

Wie bei der herkömmlichen Verdrahtung benutzen Sie im EASY-Schaltplan Kontakte und Relais. Mit EASY müssen Sie die Komponenten aber nicht mehr einzeln verbinden. Der EASY Schaltplan übernimmt mit wenigen Tastendrücken die komplette Verdrahtung. Lediglich Schalter, Sensoren, Lampen oder Schütze müssen Sie noch anschließen.

5.1 Den ersten Schaltplan eingeben

Im folgenden Stromlaufplan werden Sie Schritt für Schritt für Schritt Ihren ersten EASY-Schaltplan verdrahten. Dabei lernen Sie alle Regeln kennen, um EASY bereits nach kurzer Zeit für Ihre Projekte einzusetzen.

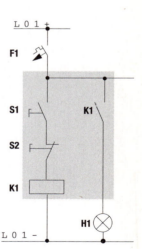

Abb. 5.1: Stromlaufplan der zu programmierenden Schaltung

Im folgenden Beispiel übernimmt EASY die Verdrahtung und die Aufgaben der in der vorstehenden Abbildung unterlegten Schaltung.

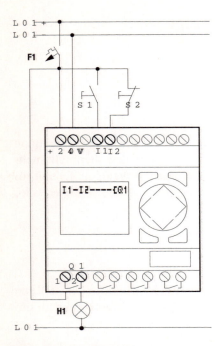

Abb. 5.2: Elektrischer Schaltplan mit EASY

Von der Statusanzeige ...

EASY blendet nach dem Einschalten die Statusanzeige ein. Die Statusanzeige informiert über den Schaltzustand der Ein- und Ausgänge und zeigt an, ob EASY gerade einen Schaltplan bearbeitet oder stoppt.

EASY412:   EASY600:

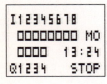   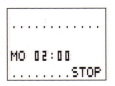   Abb. 5.3: Statusanzeigen 412 und 600

→Wechseln Sie mit **OK** ins Hauptmenü.

Mit **OK** blättern Sie zur nächsten Menüebene, mit **ESC** eine Ebene zurück.

OK hat noch zwei weitere Funktionen:

Mit **OK** speichern Sie geänderte Einstellwerte. Im Schaltplan können mit OK Kontakte und Relaisspulen eingefügt und geändert werden.

EASY befindet sich in der Betriebsart „Stop"

→Drücken Sie 2 X **OK**, um über die Menüpunkte „PROGRAMM..." → „PROGRAMM" in die Schaltplananzeige zu gelangen, in der Sie den Schaltplan erstellen.

...In die Schaltplananzeige

Die Schaltplananzeige ist im Augenblick noch leer. Oben links blinkt der Cursor; dort starten Sie die Verdrahtung.

Den Cursor bewegen Sie mit den Cursortasten △ ▽ ◁ ▷ über das unsichtbare Schaltplanraster.

 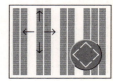

Abb. 5.4: Schaltplananzeige und Schaltplanraster

Die ersten drei Doppelspalten sind die Kontaktfelder, die rechten Spalten bilden das Spulenfeld. Jede Zeile ist ein Strompfad. EASY legt den ersten Kontakt automatisch an Spannung.

Verdrahten Sie nun den ersten Schaltplan.

Abb. 5.5: Schaltplananzeige mit erstem Strompfad

Am Eingang liegen die Schalter S1 und S2. „**I1**" und „**I2**" sind die Schaltkontakte zu den Eingangsklemmen. Das Relais K1 wird durch die Relaisspule „**{Q1**" abgebildet. Das Zeichen „{" kennzeichnet die Funktion der Spule, hier eine Relaisspule mit Schützfunktion. „Q1" ist eines von bis zu acht EASY-Ausgangsrelais.

Vom ersten Kontakt zur Ausgangsspule

Mit EASY verdrahten Sie vom Eingang zum Ausgang. Der erste Eingangskontakt ist „I1".
➜Drücken Sie **OK**.
EASY gibt den ersten Kontakt „I1" an der Cursorposition vor.

Abb. 5.6: Schaltplananzeige erster Eingangskontakt

"I" blinkt und kann mit den Cursortasten △ und ▽ geändert werden, beispielsweise in ein „P" für einen Tastereingang. An der Einstellung muss jedoch nichts geändert werden, deshalb:

➔drücken Sie 2 X **OK**, damit der Cursor über die „1" in das zweite Kontaktfeld wechselt.

Alternativ können Sie den Cursor auch mit der Cursortaste ▷ in das nächste Kontaktfeld bewegen.

➔Drücken Sie **OK**.

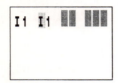

Abb. 5.7: Schaltplananzeige zweites Kontaktfeld

Wieder baut EASY einen Kontakt „I1" in der Cursorposition ein. Ändern Sie den Kontakt in „I2", da der Öffner „S" an der Eingangsklemme „I2" angeschlossen ist.

➔Drücken Sie **OK**, damit der Cursor auf die nächste Stelle springt.

➔Stellen Sie mit den Cursortasten △ oder ▽ die Zahl „2" ein.

Mit **DEL** können Sie einen Kontakt an der Cursorposition löschen.

➔Drücken Sie **OK**, damit der Cursor auf das dritte Kontaktfeld springt. Da kein dritter Schaltkontakt benötigt wird, können Sie die Kontakte nun direkt bis zum Spulenfeld verdrahten.

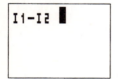

Abb. 5.8: Schaltplananzeige drittes Kontaktfeld

Verdrahten

Für das Verdrahten stellt EASY im Schaltplan ein eigenes Werkzeug bereit, den Verdrahtungsstift.

ALT aktiviert den Stift und mit den Cursortasten △▽◁▷ wird er bewegt.

Hinweis:

ALT hat je nach Cursorposition noch zwei weitere Funktionen:

Aus dem linken Kontaktfeld fügen Sie mit **ALT** einen neuen leeren Strompfad ein.

Der Schaltkontakt unter dem Cursor wechselt mit **ALT** zwischen Schließer und Öffner.

Der Verdrahtungsstift funktioniert zwischen Kontakten und Relais. Wird der Stift auf einen Kontakt oder eine Relaisspule bewegt, wechselt er zum Cursor zurück und kann neu eingeschaltet werden.

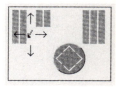

Abb. 5.9: Der Cursor bewegt den Verdrahtungsstift

Benachbarte Kontakte in einem Strompfad verdrahtet EASY bis zur Spule automatisch.

➔Drücken Sie **ALT**, um den Cursor von „I2" bis zum Spulenfeld zu verdrahten.

Der Cursor ändert sich in einen blinkenden Stift und springt automatisch an die nächste sinnvolle Verdrahtungsposition.

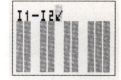

Abb. 5.10: Der Cursor springt an die nächste sinnvolle Verdrahtungsposition.

➔Drücken Sie die Cursortaste ▷. Der Kontakt „I2" wird bis zum Spulenfeld verdrahtet.

Mit **DEL** löschen Sie eine Verdrahtung an der Cursor- oder Stiftposition. Bei kreuzenden Verbindungen werden zuerst die senkrechten Verbindungen gelöscht, bei erneutem **DEL** die waagerechten.

➔Drücken Sie nochmals die Cursortaste ▷. Der Cursor wechselt auf das Spulenfeld.

➔Drücken Sie **OK**. EASY gibt die Relaisspule „Q1" vor.

Die vorgegebene Spulenfunktion „{" und das Ausgangsrelais „Q1" sind richtig und brauchen nicht geändert zu werden.

Abb. 5.11: EASY gibt die Relaisspule „Q1" vor

Fertig verdrahtet sieht Ihr erster funktionierender EASY-Schaltplan so aus:

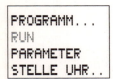

Abb. 5.12: Ihr erster funktionierender EASY-Schaltplan

Mie ESC verlassen Sie die Schaltplananzeige. Der Schaltplan wird automatisch gespeichert. Wenn Sie die Taster S1 und S2 angeschlossen haben, können Sie den Schaltplan sofort testen.

Schaltplan testen

➔ Wechseln Sie ins Hauptmenü und wählen Sie den Menüpunkt „**RUN**".
Mit „RUN" und „STOP" schalten Sie in die Betriebsarten „Run" und „Stop".

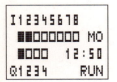

Abb. 5.13: Menüpunkt „**RUN**" wählen

EASY steht in der Betriebsart „Run", wenn der Menüpunkt „STOP" angezeigt wird, denn *umschaltbare Menüpunkte zeigen immer die nächste mögliche Einstellung an.*

Die eingestellte Betriebsart und die Schaltzustände der Ein- und Ausgänge können Sie in der Statusanzeige ablesen.

➔ Wechseln Sie in die Statusanzeige.
➔ Betätigen Sie den Taster S1.

EASY412:   EASY600:

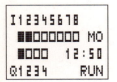   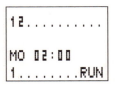

Abb. 5.14: Statusanzeige nach Betätigen von S1

Die Kontakte der Eingänge „I1", „I2" sind eingeschaltet, das Relais „Q1" zieht an.

Stromflussanzeige

EASY bietet Ihnen die Möglichkeit, Strompfade im „Run"-Betrieb zu kontrollieren. Während EASY den Schaltplan abarbeitet, kontrollieren Sie den Schaltplan über die integrierte Stromflussanzeige.
➜Wechseln Sie in die Schaltplananzeige und betätigen Sie den Taster S1.
Das Relais „Q1" zieht an. EASY zeigt den Stromfluss an.

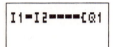

Abb. 5.15: Schaltplananzeige nach Betätigen von S1

➜Betätigen Sie Taster S2, der als Öffner angeschlossen ist.
Der Stromfluss wird unterbrochen und das Relais „Q1" fällt ab.

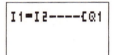

Abb. 5.16: Schaltplananzeige nach Betätigen von S2

Mit **ESC** wechseln Sie zurück zur Statusanzeige.
Um Teile eines Schaltplans mit EASY zu testen, muss dieser nicht fertiggestellt sein. EASY ignoriert offene, noch nicht funktionierende Verdrahtungen und führt nur die fertigen Verdrahtungen aus.

Schaltplan löschen

➜Schalten Sie EASY in die Betriebsart „Stop".
Um den Schaltplan zu erweitern, zu löschen oder zu änden, muss EASY sich in der Betriebsart „Stop" befinden
➜Wechseln Sie aus dem Hauptmenü über „PROGRAMM..." in die nächste Menüebene.
➜Wählen Sie „LOESCHE PROG". EASY blendet die Rückfrage „LOESCHE?" ein.
➜Bestätigen Sie **OK**, um das Programm zu löschen oder **ESC**, um den Löschvorgang abzubrechen. Mit **ESC** wechsen Sie zurück zur Statusanzeige.

Schnelleingabe eines Schaltplans

Einen Schaltplan können Sie auf mehrere Arten erstellen:
Entweder tragen Sie erst die Elemente in den Schaltplan ein und verdrahten anschließend alle Elemente miteinander. Oder Sie nutzen die optimierte Be-

Abb. 5.17: Programm löschen

dienerführung von EASY und erstellen den Schaltplan vom ersten Kontakt bis
zur letzten Spule in einem durch. Bei der ersten Möglichkeit müssen Sie einige
Eingabepositionen für das Erstellen und für das Verdrahten anwählen. Die
zweite, schnellere Eingabemöglichkeit haben Sie im Beispiel kennengelernt.
Sie bearbeiten den Strompfad komplett von links nach rechts.

Mit dem Beispiel des Musterschaltplans haben Sie einen ersten Eindruck be-
kommen, wie leicht ein Schaltplan direkt ins Gerät eingegeben werden kann.
In der weiteren Folge soll nun der gesamte Funktionsumfang von EASY beschrieben und an einigen Beispielen erklärt werden.

5.2 Beschreibung der Schaltplanelemente

Schaltkontakte

Mit Schaltkontakten verändern Sie den Stromfluss im EASY-Schaltplan.
Schaltkontakte, z. B. Schließer, haben den Signalzustand „1", wenn sie geschlossen sind und „0", wenn sie geöffnet sind. Im EASY-Schaltplan verdrahten Sie Kontakte als Schließer- oder Öffnerkontakt.

Kontakt	„easy"-Darstellung
Schließerkontakt, im Ruhezustand geöffnet	I,Q,M,A,Q,C,T,P,D,S,:,R
Öffnerkontakt, im Ruhezustand geschlossen	Ī,Q̄,M̄,Ā,Q̄,C̄,T̄,P̄,,,

Abb. 5.18: Schließer und Öffner

EASY arbeitet mit verschiedenen Schaltkontakten, die Sie in beliebiger Reihenfolge und Anzahl in den Kontaktfeldern des Schaltplans verwenden können.

Beachten Sie bitte, dass nicht alle Gerätetypen die Gesamtheit der Kontakte
unterstützt. Wenn Kontakte nur von bestimmten Geräten genutzt werden können, so ist dies in der Tabelle gekennzeichnet.

Schaltkontakt	Schließer	Öffner	EASY412	EASY600
„easy"-Eingangsklemme	I	Ī	I1...I8	I1...I12
Zustand „0"				I13
Status Erweiterung				I14
Kurzschluß/Überlast			I16	I15...I16
Cursortaste	P	P̄	P1...P4	P1...P4
„easy"-Ausgang	Q	Q̄	Q1...Q4	Q1...Q8
Hilfsrelais (Merker)	M	M̄	M1...M16	M1...M16
Funktionsrelais Zähler	C	C̄	C1...C8	C1...C8
Funktionsrelais Zeit	T	T̄	T1...T8	T1...T8
Funktionsrelais Zeitschaltuhr	Ö	Ȫ	Ö1...Ö4	Ö1...Ö4
Funktionsrelais Analogwertverarbeitung	A	Ā	A1...A8	A1...A8
Funktionsrelais (Textmerker)	D	–	–	D1...D8
„easy"-Ausgang (Erweiterung oder Hilfsmerker „S")	S		–	S1...S8
Sprunglabel	:	–	–	:1...:8
Eingangsklemme Erweiterung	R	–	–	R1...R12
Kurzschluß/Überlast bei Erweiterung	R	–	–	R15...R16

Abb. 5.19: Verfügbare Schaltkontakte

Relais

EASY stellt neun verschiedene Relaistypen für die Verdrahtung in einem Schaltplan zur Verfügung.

Relaistyp	„easy"-Anzeige	EASY412	EASY600	Spulen-funktion	Para-meter
„easy"-Ausgangsrelais	Q	Q1...Q4	EASY618/619: Q1...Q6 EASY620/621: Q1...Q8	X	–
Hilfsrelais (Merker)	M	M1...M16	M1...M16	X	–
Funktionsrelais Zeit	T	T1...T8	T1...T8	X	X
Funktionsrelais Zähler	C	C1...C8	C1...C8	X	X
Funktionsrelais Zeitschaltuhr	Ö	Ö1...Ö4	Ö1...Ö4	–	X
Funktionsrelais zur Analogwertverarbeitung	A	A1...A8	A1...A8	–	X
Funktionsrelais (Text)	D	–	D1...D8	X	X
„easy"-Ausgangsrelais Erweiterung, Hilfsrelais „S"	S	–	S1...S8	X	–
Bedingter Sprung	:	–	:1...:8	X	–

Abb. 5.20: Relaistypen

Mit Kontakten und Relais arbeiten

Schalter, Taster und Relais aus dem herkömmlichen Schaltplan verdrahten Sie im EASY-Schaltplan über Eingangskontakte und Relaisspulen.

Legen Sie zuerst fest, welche Eingangs- und Ausgangsklemmen Sie für Ihre Schaltung benutzen.

EASY hat je nach Typ 8 bzw. 12 Eingangsklemmen und 4, 6 bzw. 8 Ausgänge. Die Signalzustände an den Eingangsklemmen erfassen Sie im Schaltplan mit den Eingangskontakten „I1" bis „I12" bzw. „R1" bis „R12". Die Ausgänge werden im Schaltplan mit den Ausgangsrelais „Q1" bis „Q8" bzw. „S1" bis „S8" geschaltet.

Kontakt und Relaisspule eingeben/ändern

Einen Schaltkontakt wählen Sie über den Kontaktnamen und die Kontaktnummer z.B. **I2**

Bei einer Relaisspule wählen Sie Spulenfunktion, Relaisnamen und Relaisnummer z.B. **{Q1.**

Werte für Kontakt- und Spulenfelder ändern Sie im Modus „Eingeben". Der Wert der geändert wird, blinkt.

➔Bewegen Sie den Cursor mit ◁ ▷ △▽ auf ein Kontakt- oder Spulenfeld.

➔Wechseln Sie mit **OK** in den Modus „Eingeben".

➔Wählen Sie mit ◁ ▷ die Stelle, die Sie änden möchten oder wechseln Sie mit **OK** zur nächsten Stelle.

➔Ändern Sie mit △▽ den Wert an der Stelle.

EASY beendet den Eingabemodus, sobald Sie ein Kontakt- oder Spulenfeld mit ◁ ▷ oder **OK** verlassen.

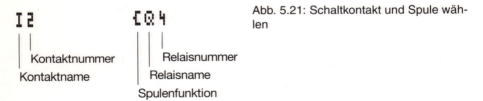

Abb. 5.21: Schaltkontakt und Spule wählen

Kontakte und Relaisspulen löschen

➔Bewegen Sie den Cursor mit ◁ ▷ △▽ auf ein Kontakt- oder Spulenfeld.

➔Drücken Sie **DEL**.

Der Kontakt oder die Relaisspule werden mit den Verbindungen gelöscht.

Schließer- in Öffnerkontakt ändern

Jeden Schaltkontakt im EASY-Schaltplan können Sie als Schließer oder Öffner festlegen.

➔Wechseln Sie in den Modus „Eingeben" und stellen Sie den Cursor auf den Kontaktnamen.

➔Drücken Sie ALT. Der Schließer ändert sich in einen Öffner.

➔Drücken Sie 2 x OK, um die Änderung zu bestätigen.

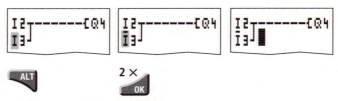

Abb. 5.22: Schließer- in Öffnerkontakt ändern

Verbindungen erstellen/ändern

Schaltkontakte und Relaisspulen verbinden Sie mit dem Verdrahtungsstift im Modus „Verbinden". **EASY** *stellt den Cursor in diesem Modus als* **Stift** *dar*.

➔Bewegen Sie den Cursor mit ◁ ▷ △▽ auf das Kontakt- oder Spulenfeld, von dem aus Sie eine Verbindung erstellen möchten.

Stellen Sie den Cursor nicht auf das erste Kontaktfeld. Die **ALT**-Taste hat dort eine andere Funktion (Strompfad einfügen).

➔Wechseln Sie mit **ALT** in den Modus „Verbinden".

➔Bewegen Sie den Stift mit ◁ ▷ zwischen den Kontakt- und Spulenfeldern und mit △▽ zwischen Strompfaden.

➔Beenden Sie den Modus „Verbinden" mit **ALT**.

EASY beendet den Modus automatisch, sobald Sie den Stift auf ein belegtes Kontakt- oder Spulenfeld bewegen.

In einem Strompfad verbindet EASY Schaltkontakte mit dem Anschluss zur Relaisspule automatisch, wenn keine Leerfelder dazwischen liegen.

Verbinden Sie nicht rückwärts! (siehe auch Kapitel EASY intern).

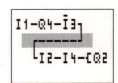

Abb. 5.23: Verbinden Sie nicht rückwärts!

Benutzen Sie bei mehr als drei Kontakten in Reihe eines von 16 Hilfsrelais „M"!

(siehe auch Kapitel EASY intern).

```
I1-Q4-Ī3-[M1
I2-I4-M1-[Q2
```

Abb. 5.24: Hilfsrelais einsetzen

Verbindungen löschen

➔Bewegen Sie den Cursor auf das Kontakt- oder Spulenfeld rechts von der Verbindung, die Sie löschen möchten.

➔Drücken Sie **ALT.** Damit schalten Sie in den Modus „Verbinden".

➔Drücken Sie **DEL.**

EASY löscht einen Verbindungszweig. Benachbarte geschlossene Verbindungen bleiben erhalten. Sind mehrere Strompfade miteinander verbunden, löscht EASY erst die senkrechte Verbindung. Drücken Sie ein zweites Mal **DEL**, wird auch die waagerechte Verbindung gelöscht. Verbindungen, die EASY automatisch erstellt hat, können nicht gelöscht werden.

Beenden Sie die Löschfunktion mit **ALT** oder indem Sie den Cursor auf ein Kontakt- oder Spulenfeld bewegen.

Strompfad einfügen/löschen

Die EASY-Schaltplananzeige stellt vier der 41 bzw. 121 Strompfade gleichzeitig in der Anzeige dar. Strompfade außerhalb der Anzeige – auch leere – rollt EASY automatisch in die Anzeige, wenn Sie den Cursor über die obere oder untere Anzeigegrenze bewegen.

Einen neuen Strompfad hängen Sie unterhalb des letzten an. Oder Sie fügen ihn oberhalb der Cursorposition ein.

➔Stellen Sie den Cursor auf das erste Kontaktfeld eines Strompads.

➔Drücken Sie ALT.

Der vorhandene Strompfad wird mit allen Verbindungen nach unten verschoben. Der Cursor steht direkt im neuen Strompfad.

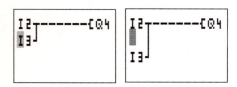

Abb. 5.25: Strompfad einfügen/löschen

Strompfad löschen

EASY entfernt nur leere Strompfade (ohne Kontakte oder Spulen).

➔Löschen Sie alle Kontakte und Relaisspulen aus dem Strompfad.

➡️Stellen Sie den Cursor auf das erste Kontaktfeld des leeren Strompfads.
➡️Drücken Sie **DEL**.
Der folgende bzw. die folgenden Strompfade werden hochgezogen. Bestehende Verbindungen zwischen Strompfaden bleiben erhalten.

Mit Cursortasten schalten.
EASY bietet die Möglichkeit, die vier Cursortasten zusätzlich als fest verdrahtete Eingänge im Schaltplan zu nutzen. Die Tasten werden im Schaltplan als Kontakte „P1" bis „P4" verdrahtet. Die P-Tasten können im Sondermenü aktiviert und deaktiviert werden.
Die P-Tasten können zum Beispiel zum Testen von Schaltungen, für den Handbetrieb oder für Funktionen bei Service und Inbetriebnahme eingesetzt werden.

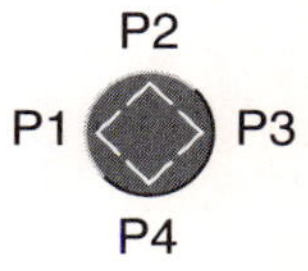

Abb. 5.26: Cursortasten als Schalter

Beispiel: Schalten am Gerät.
Eine Lampe am Ausgangsrelais „Q1" wird wahlweise über die Eingänge „I1" und „I2" oder über die Cursortasten △▽ ein- und ausgeschaltet.

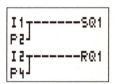

Abb. 5.27: Schalten am Gerät

Beispiel: Automatisches umschalten auf Handbetrieb.
Über den Anschluss „I1" wird das Ausgangsrelais „Q1" angesteuert. „I5" schaltet auf Cursorbedienung um und entkoppelt über „M1" den Strompfad „I1".
Die Eingabe von „P1" ◁ steuert „Q1" wieder an.

```
I5--------[M1
I1-M1┬----[Q1
P1-M1┘
```

Abb. 5.28: Umschalten auf Handbetrieb

Die P-Tasten werden ***nur in der Statusanzeige*** als Schalter erkannt, nicht in der Stromflussanzeige.

Über die Anzeige im Statusmenü erkennen Sie, ob die P-Tasten im Schaltplan genutzt werden.

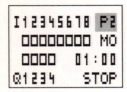 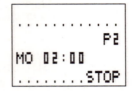

Abb. 5.29: Anzeige P-Tasten

P   Tastenfunktion verdrahtet und aktiv
P2   Tastenfunktion verdrahtet, aktiv und P2-Taste △ betätigt.
P-   Tastenfunktion verdrahtet, nicht aktiv.
Leeres Feld P-Tasten nicht benutzt.

Schaltplan kontrollieren
In EASY ist ein Messgerät integriert, mit dem Sie die Schaltzustände der Kontakte und Relaisspulen im Betrieb verfolgen können.
Als Beispiel dient folgende Parallelschaltung:

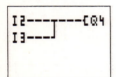

Abb. 5.30: Die Parallelschaltung

Befindet sich EASY in der Stromflussanzeige, stellt es bei Betätigung (in diesem Beispiel) von „I3" die stromführende Verbindung dicker dar als die nicht stromführende.

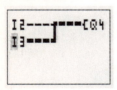

Abb. 5.31: stromführende Verbindung dicker als nicht stromführende

Sie können eine stromführende Verbindung über alle Strompfade verfolgen, wenn Sie die Anzeige auf- oder abrollen.
Signalwechsel im Millisekundenbereich zeigt die Stromflussanzeige wegen der technisch bedingten Trägheit von LCD-Anzeigen nicht mehr an.

Spulenfunktionen
Das Schaltverhalten von Relaisspulen bestimmen Sie über die Spulenfunktion. Für die Relais „Q", „M", „S", „D" und „:" gibt es folgende Spulenfunktionen:

Schaltplan-Darstellung	„easy"-Anzeige	Spulen-funktion	Beispiel
	ᒣ	Schützfunk-tion	ᒣQ1,ᒣD2, ᒣS4,ᒣ:1 ᒣM
	ᒧ	Stromstoß-funktion	ᒧQ3,ᒧM4, ᒧD8,ᒧS1
	S	Setzen (Verklinken)	SQ8,SM2, SD3,SS4
	R	Rücksetzen (Entklinken)	RQ4,RM5, RD1,RS3

Abb. 5.32: Spulenfunktionen

Das Hilfsrelais „M" wird als Merker eingesetzt. Das Relais „S" kann als Ausgang einer Erweiterung oder als Hilfsrelais, falls keine Erweiterung vorhanden ist, verwendet werden. Sie unterscheiden sich dann vom Ausgangsrelais „Q" nur dadurch, dass sie keine Ausgangsklemmen haben.

Die Spulenfunktion ᒣ (Schütz) darf pro Spule nur einmal verwendet werden, sonst bestimmt die letzte Spule im Schaltplan den Zustand des Relais.

Damit Sie die Übersicht über die Zustände der Relais behalten, steuern Sie ein Relais nur einmal mit gleicher Spulenfunktion (Stromstoß-, Setzen, Rücksetzen) an. Mehrfachverwendung von speichernden Spulen wie (Stromstoß-, Setzen, Rücksetzen) sind jedoch zulässig, wenn es der Schaltplan erfordert.

Ausnahme: Wenn zur Strukturierung Sprünge verwendet werden, kann auch die Spulenfunktion sinnvoll mehrfach verwendet werden.

Regeln zur Verdrahtung von Relaisspulen

Benutzen Sie die Funktion „Schütz" und „Stromstoß" nur einmal für jede Spule.

Steuern Sie mit der Funktion „Setzen" und „Rücksetzen" jede Relaisspule nur einmal an.

Relais mit Schützfunktion

Das Ausgangssignal folgt direkt dem Eingangssignal, das Relais arbeitet wie ein Schütz.

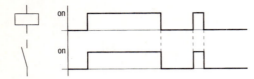

Darstellung in „easy"

Ausgangsrelais Q:	⟨Q1...⟨Q8	(je nach Typ)
Hilfsrelais M:	⟨M1...⟨M16	
Funktionsrelais (Text) D:	⟨D1...⟨D8	(EASY 600)
Hilfsrelais (S-Merker):	⟨S1...⟨S8	(EASY 600)
Sprünge:	⟨:1...⟨:8	(EASY 600)

Abb. 5.33: Wirkdiagramm Schützfunktion

Stromstoßrelais

Die Relaisspule schaltet bei jedem Wechsel des Eingangssignals von „0" auf „1" um. Das Relais verhält sich wie ein Stromstoßrelais.

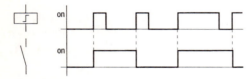

Darstellung in „easy"

Ausgangsrelais Q:	ʃQ1...ʃQ8	(je nach Typ)
Hilfsrelais M:	ʃM1...ʃM16	
Funktionsrelais (Text) D:	ʃD1...ʃD8	(EASY 600)
Hilfsrelais (S-Merker):	ʃS1...ʃS8	(EASY 600)

Abb. 5.34: Wirkdiagramm Stromstoßrelais

Hinweis: Eine Spule wird bei Spannungsausfall und in der Betriebsart „Stop" automatisch ausgeschaltet. Ausnahme: Remanente Spulen verbleiben im Zustand „1".
(siehe auch Kapitel 8: Remanenz).

Verklinktes Relais   Setzen / Rücksetzen

Die Spulenfunktionen „Verklinken" und „Verklinkung lösen" werden paarweise eingesetzt. Wird die Verklinkung gesetzt, zieht das Relais an und verbleibt in diesem Zustand, bis es mit der Spulenfunktion „Verklinkung lösen" rückgesetzt wird.
Benutzen Sie jede der beiden Spulenfunktionen „S" und „R" pro Relais nur einmal.

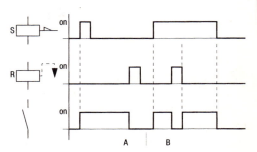

Darstellung in „easy"

Ausgangsrelais Q:	SQ1...SQ8,RQ1...RQ8
	(je nach Typ)
Hilfsrelais M:	SM1...SM16,RM1...RM16
Funktionsrelais	SD1...SD8,RD1...RD8
(Text) D:	(EASY 600)
Hilfsrelais (S-Merker):	SS1...SS8,RS1...RS8
	(EASY 600)

Abb. 5.35: Wirkdiagramm verklinktes
Relais

Werden beide Spulen gleichzeitig angesteuert, wie im Wirkdiagramm unter B
zu sehen ist, so hat die Spule Vorrang, die im Schaltplan weiter unten verdrahtet ist.

```
I1-I2----SQ1
...
...
I2-------RQ1
```

Abb. 5.36: Untere Spule hat Vorrang

Hinweis: Eine Spule wird bei Spannungsausfall und in der Betriebsart „Stop"
automatisch ausgeschaltet. Ausnahme: Remanente Spulen verbleiben im Zustand „1".
(siehe auch Kapitel 8: Remanenz).

Funktionsrelais

Mit Funktionsrelais können Sie verschiedene, aus der herkömmlichen Steuerungstechnik bekannte Geräte in Ihrem EASY-Schaltplan nachbilden. EASY
stellt die folgenden Funktionsrelais zur Verfügung:

Ein Funktionsrelais wird über seine Relaisspule oder über eine Parameteraus-
wertung gestartet. Es schaltet entsprechend seiner Funktion und der eingestellten Parameter den Kontakt des Funktionsrelais.

Schaltplan-Darstellung	Funktionsrelais
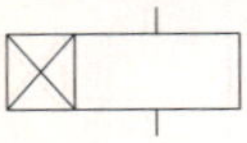	Zeitrelais, ansprechverzögert Zeitrelais, ansprechverzögert mit Zufallsschalten
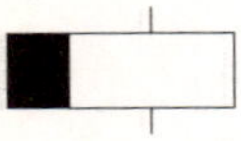	Zeitrelais, rückfallverzögert Zeitrelais, rückfallverzögert mit Zufallsschalten
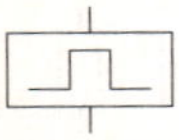	Zeitrelais, impulsformend Zeitrelais, blinkend
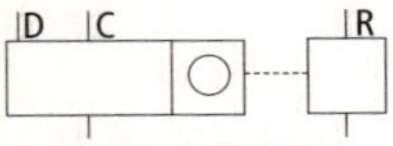 D C R	Zählerrelais, Vor-/Rückwärtszähler
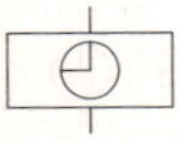	Zeitschaltuhr, Wochentag/Uhrzeit (nur bei „easy"-Varianten mit Echtzeituhr)
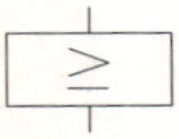 ≥	Relais zum Analogwertvergleich (nur bei „easy" 24-V-DC-Varianten)
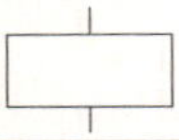	Text (nur EASY600)

Abb. 5.37: Verfügbare Funktionsrelais

Hinweis:

Aktuelle Istwerte werden gelöscht, wenn die Versorgungsspannung ausgeschaltet oder EASY in die Betriebsart „Stop" geschaltet wird. Ausnahme: Remanente Spulen behalten ihren Zustand (siehe auch Kapitel 8: Remanenz).

Bei Zeit- und Zählerrelais verändern Sie zusätzlich das Schaltverhalten über
„Spulenfunktionen".

Beispiel mit Zeit- und Zählerrelais

Eine Warnleuchte blinkt, wenn der Zähler den Wert 10 erreicht. Im Beispiel
werden die beiden Funktionsrelais „C1" und „T1" verdrahtet.

Hinweis auf vorgefertigte Schaltplanvordrucke:

Für die Planung und Vorbereitung Ihrer EASY-Schaltpläne können Sie die
Schaltplanvordrucke in Kap. 14 des Buchs kopieren.

In den folgenden zwei Abbildungen sehen Sie, wie das Beispiel in den Vordruck eingetragen werden kann.

➔Geben Sie den Schaltplan bis „C1" im dritten Strompfad ein.

"C1" ist der Kontakt des Funktionsrelais Zähler 1.

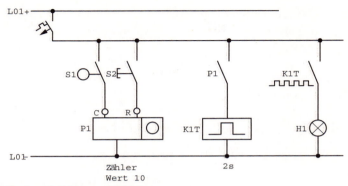

Abb. 5.38: Festverdrahtung mit Relais

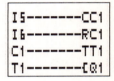

Abb. 5.39: EASY-Schaltplan

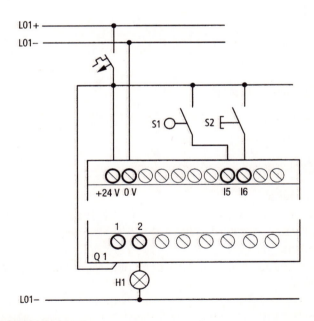

Abb. 5.40: EASY-Verdrahtung

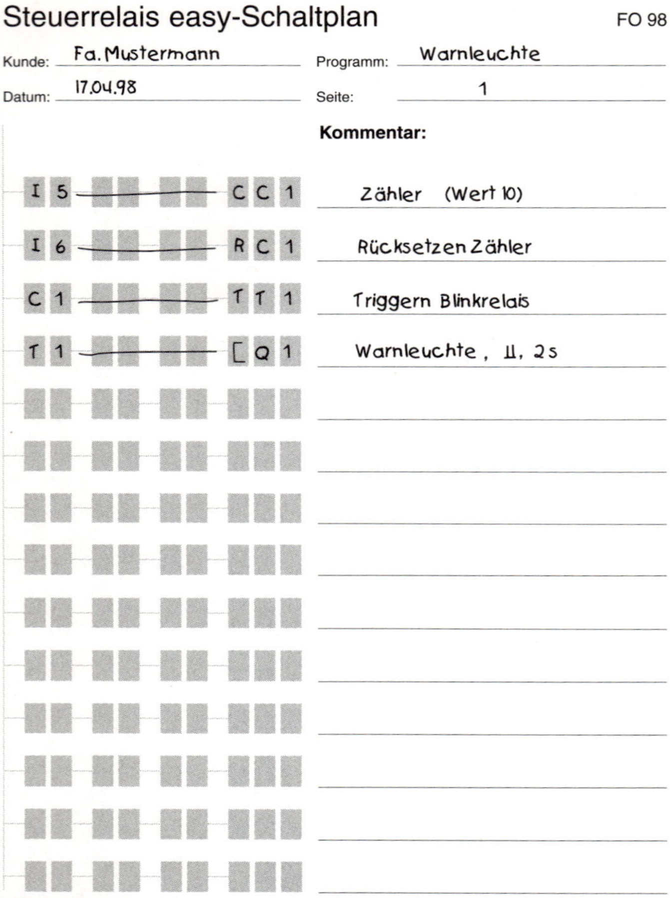

Steuerrelais easy-Schaltplan   FO 98

Kunde: ___Fa. Mustermann___   Programm: ___Warnleuchte___

Datum: ___17.04.98___   Seite: _____1_____

Kommentar:

I 5 ━━ ━━ C C 1   Zähler   (Wert 10)

I 6 ━━ ━━ R C 1   Rücksetzen Zähler

C 1 ━━ ━━ T T 1   Triggern Blinkrelais

T 1 ━━ ━━ [Q 1   Warnleuchte , II, 2 s

Abb. 5.41: EASY-Schaltplan in den Vordruck eingetragen

Parameteranzeigen

Für die Funktionsrelais stellt EASY spezifische Parameteranzeigen dar. Die Bedeutung der Parameter wird in der Folge bei den entsprechenden Funktionsrelais beschrieben.

Parametereinstellungen können auch über den Menüpunkt „PARAMETER" geändert werden.

Parameter, Schutz und Freigabe und Passwort

Möchten Sie verhindern, dass jemand die Parameter ändert, stellen Sie bei der Schaltplanerstellung und Parametereingabe das Freigabezeichen von „+" auf „-" und schützen Sie den Schaltplan mit einem Passwort.

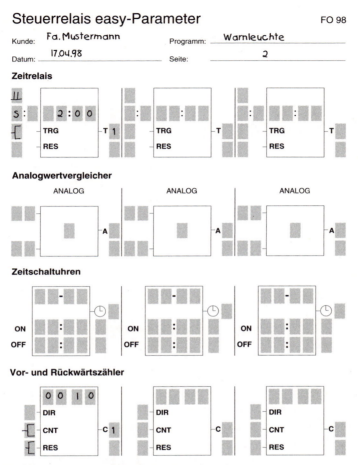

Steuerrelais easy-Parameter   FO 98

Kunde: **Fa. Mustermann**   Programm: **Warnleuchte**

Datum: **17.04.98**   Seite: **2**

Zeitrelais

Analogwertvergleicher

Zeitschaltuhren

Vor- und Rückwärtszähler

Abb. 5.42: EASY-Parameter in den Parameterplan eingetragen

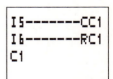

Abb. 5.43: Verdrahtung bis „C1"

EASY ruft die Parameteranzeige mit **OK** auf, wenn der Cursor auf der Kontaktnummer steht.

➔ Stellen Sie den Cursor auf die „1" von „C1" und drücken Sie **OK**.

Der Parametersatz des Zählers wird angezeigt.

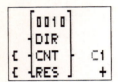

Abb. 5.44: Anzeige Parametersatz, Wert für C1 ändern

➔Ändern Sie den Zähler-Sollwert auf 10.

Cursor mit ◁ ▷ auf die Zehnerstelle bewegen. Mit △▽den Wert an der Stelle ändern.

➔Mit **OK** den Wert speichern und mit ESC zurück zum Schaltplan wechseln.

➔Geben Sie den Schaltplan bis zum Kontakt „T1" des Zeitrelais ein. Stellen Sie den Parameter für „T1" ein. Das Zeitrelais arbeitet als Blinkrelais. Das entsprechende EASY-Symbol wird oben links in der Parameteranzeige eingestellt.

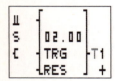

Abb. 5.45: Anzeige Parametersatz für T1

➔Vervollständigen Sie den Schaltplan.

➔Testen Sie den Schaltplan in der Stromflussanzeige.

➔Schalten Sie EASY in die Betriebsart „Run" und wechseln Sie zurück zum Schaltplan.

Über die Stromflussanzeige des Schaltplans können Sie sich jeden Parametersatz anzeigen lassen

➔Stellen Sie den Cursor auf „C1" und drücken Sie OK. Der Parametersatz des Zählers wird mit Ist- und Sollwert angezeigt.

➔ Schalten Sie „I5". Der Istwert ändert sich.

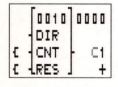

Abb. 5.46: Anzeige Parametersatz Istwert 0000

Der Spulenanschluss „CNT" wird für den Moment, den Sie den Taster „S1" gedrückt halten, angesteuert. EASY zeigt das in der Parameteranzeige an. Wenn Ist- und Sollwert gleich sind, schaltet das Zeitrelais die Warnleuchte alle 2 Sekunden ein und aus.

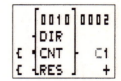

Abb. 5.47: Anzeige Parametersatz Istwert 0002

Blinkfrequenz verdoppeln:
➜Wählen Sie in der Stromflussanzeige „T1" und ändern Sie die Sollzeit auf „01.00"
➜Drücken Sie OK und die Warnleuchte blinkt doppelt so schnell.

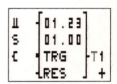

Abb. 5.48: Anzeige Parametersatz Blinkfrequenz verdoppeln

Zeitrelais
EASY stellt acht Zeitrelais „T1" bis „T8" zur Auswahl. Mit einem Zeitrelais verändern Sie die Schaltdauer und den Ein- und Ausschaltzeitpunkt eines Schaltkontakts. Die einstellbaren Verzögerungszeiten liegen zwischen 10 ms und 100 h.

Verdrahtung eines Zeitrelais
Ein Zeitrelais integrieren Sie in Ihre Schaltung als Kontakt. Dabei legen Sie über die Parameteranzeige die Funktion des Relais fest. Das Relais wird über den Triggereingang „TRG" gestartet und kann über den Reseteingang „RES" definiert rückgesetzt werden.

Hinweis:
Vermeiden Sie unvorhersehbare Schaltzustände. Setzen Sie jede Spule eines Relais nur einmal im Schaltplan ein.

Aufgabe:
Ausgang „Q1" 1,5 Min. nach Einschalten über „I1" einschalten, „T2" über „I2" abschalten.

➜Geben Sie mindestens zwei Einträge für ein Zeitrelais in den Schaltplan ein:
Im Kontaktfeld einen Schaltkontakt, hier „T2".
Im Spulenfeld eine Triggerspule, hier „TT2".
Die Resetspule „RT2" können Sie wahlweise verdrahten.
➜Wählen Sie die Nummer des Schaltkontakts „T2" und drücken Sie **OK**.

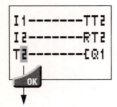

Abb. 5.49: Schaltplan Zeitrelais

Der Parametersatz des Zeitrelais „T2" wird angezeigt.
➔ Setzen Sie die Funktion des Relais in die Parameteranzeige ein.

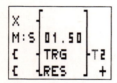

Abb. 5.50: Parameteranzeige Zeitrelais

Parametersatz für Zeiten
In der Parameteranzeige eines Zeitrelais verändern Sie Schaltfunktion, Sollzeit
mit Zeitbereich und die Freiabe der Parameteranzeige.

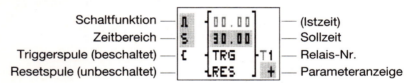

Abb. 5.51: Parametersatz für Zeiten

Das Schützsymbol „ { " vor „TRG" und „RES" zeigt an, ob die Spulenfunktion im Schaltplan verdrahtet ist. Bei Zugang über den Menüpunkt „PARAME-
TER" werden die Spulenanschlüsse nicht gezeigt.
Die Istzeit wird nur im „Run"-Betrieb angezeigt. Rufen Sie die Parameteranzeige dazu über die Stromflussanzeige oder über „PARAMETER" auf.

Hinweis: Minimale Zeiteinstellung
Minimale Zeiteinstellung bei EASY 412: 40 ms und bei EASY 600: 80 ms.
Ein Zeitwert, der geringer als die maximale „easy"-Zykluszeit ist, kann zu un-
vorhersehbaren Schaltzuständen führen.

Zeitrelais, ansprechverzögert ohne und mit Zufallsschalten
Das Relais schaltet einen Kontakt nach Ablauf der Verzögerungs-Sollzeit.
Beim Zeitrelais mit Zufallsschalten wählt „easy" eine zufällige Verzögerungs-
zeit zwischen Null und der eingestellten Sollzeit.

Parameter Schaltfunktion	
X	Ansprechverzögert schalten
?X	Ansprechverzögert mit Zufallszeitbereich schalten
█	Rückfallverzögert schalten
?█	Rückfallverzögert mit Zufallszeitbereich schalten
⎍	Impulsformend schalten
⊔⊔	Blinkend schalten

Abb. 5.52: Parameter und Schaltfunktion

Parameter Zeitbereich und Sollzeit			**Auflösung**
S	00.00	Sekunden.10×Millisek., 00.00 ... 99.99	10 ms
M:S	00:00	Minuten: Sekunden, 00:00 ... 99:59	1 s
H:M	00:00	Stunden: Minuten, 00:00 ... 99:59	1 Min.

Parametersatz über Menüpunkt „PARAMETER" anzeigen	
+ Aufruf möglich	– Aufruf gesperrt

Abb. 5.53: Parameter Zeitbereich und Sollwert

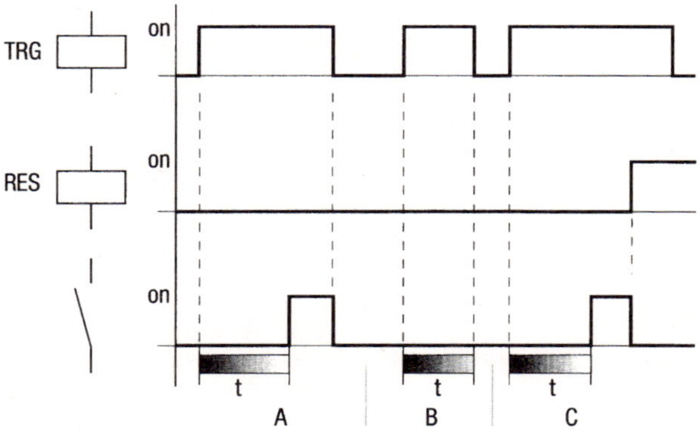

Abb. 5.54: Wirkdiagramm Zeitrelais ansprechverzögert

A) Der Triggereingang startet die Zeit „t". Unterbricht der Triggereingang nach Ablauf der Zeit, schaltet der Kontakt zurück.

B Fällt die Triggerspule vor Ablauf der Zeit ab, schaltet der Kontakt nicht.

C Die Resetspule hat Vorrang vor der Triggerspule und setzt den Schaltkontakt immer zurück.

Ist der Zeitwert null, folgt der Kontakt direkt dem Triggersignal.

Anwendungsbereiche:

Förderbänder verzögert schalten.

Schaltlücken von Sensoren im Fehlerfall erkennen.

Rolladensteuerung mit Zufallsschalten.

Zeitrelais, rückfallverzögert ohne und mit Zufallsschalten

Das Relais schaltet einen Kontakt sofort um und nach Ablauf der Verzögerungssollzeit zurück.

Beim Zeitrelais mit Zufallsschalten wählt EASY eine zufällige Verzögerungszeit zwischen Null und der eingestellten Sollzeit.

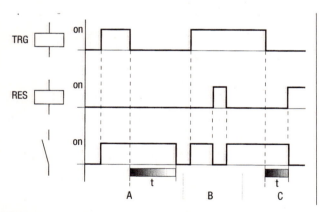

Abb. 5.55: Wirkdiagramm Zeitrelais rückfallverzögert

A) Die Triggerspule schaltet den Kontakt. Fällt die Triggerspule ab, startet die Sollzeit und schaltet den Kontakt nach Ablauf der Zeit zurück.

B, C) Die Resetspule hat Vorrang vor der Triggerspule und setzt den Schaltkontakt immer zurück. Ist der Zeitwert null, folgt der Kontakt direkt dem Triggersignal.

Anwendungsbereiche
Nachlauf von Motoren oder Lüftern aktivieren.
Lichtsteuerung mit Zufallsschalten bei Abwesenheit.

Zeitrelais, impulsformend
Das Relais schaltet einen Kontakt für die Dauer der Verzögerungszeit um, unabhängig von der Länge des Triggersignals.

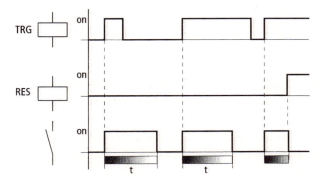

Abb. 5.56: Wirkdiagramm Zeitrelais impulsformend

Die Resetspule hat Vorrang vor der Triggerspule und setzt den Schaltkontakt vor Ablauf der Zeit zurück.
Ist der Zeitwert null, schaltet der Kontakt für eine Zykluszeit.
Die Zykluszeit variiert abhängig von der Länge des Schaltplans.

Anwendungsbereiche:
Schaltsignale auf definierte Impulslänge bringen.
Impulse auf eine Zykluszeit verkürzen.

Zeitrelais, blinkend
Das Relais schließt und öffnet den Schaltkontakt im Wechsel mit der Blinkfrequenz.
Die Blinkfrequenz beträgt 1 geteilt durch den 2-fachen Sollwert.

$$\text{Blinkfrequenz} = \frac{1}{2 \times \text{Sollzeit}}$$

Beispiel:
Sollzeit: 0,2 s. Blinkfrequenz $= \dfrac{1}{0{,}4 \text{ s}} = 2{,}5 \text{ Hz}$.

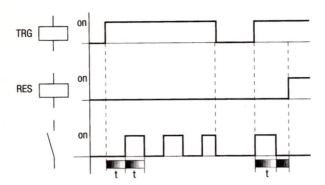

Abb. 5.57: Wirkdiagramm Zeitrelais blinkend

Die Triggerspule schaltet den Blinkvorgang ein und aus. Die Blinkperiode startet mit Schalterstellung „aus". Die Resetspule hat Vorrang vor der Trigger-spule und setzt den Schaltkontakt immer zurück.

Ist der Zeitwert null, wechselt die Blinkfrequenz mit der Zykluszeit.

Die Zykluszeit variiert abhängig von der Länge des Schaltplans.

Anwendungsbereich: Warnleuchten ansteuern.

Zählerrelais

EASY arbeitet mit den Zählerrelais „C1" bis „C8".

Das Zählerrelais addiert oder subtrahiert Impulse und schaltet, wenn der aktu-elle Istwert größer oder gleich dem Sollwert ist. Die Werte liegen zwischen 0000 und 9999.

Ein Zählerrelais steuern Sie über die Spulenfunktionen

Zählimpuls „CCx",

Zählrichtung „DCx" und

Rücksetzen „RCx".

A) Der Relaiskontakt des Zählers mit Sollwert „6" schaltet, sobald der Istwert „6" ist.

B) Wird die Zählrichtung umgeschaltet, schaltet der Kontakt bei Istwert „5" wieder zurück.

C) Ohne Zählimpulse bleibt der aktuelle Istwert erhalten.

D) Die Resetspule setzt den Zählerstand auf „0" zurück.

Mögliche Anwendungsbereiche:

Stückzahlen, Längen oder die Häufigkeit von Ereignissen erfassen.

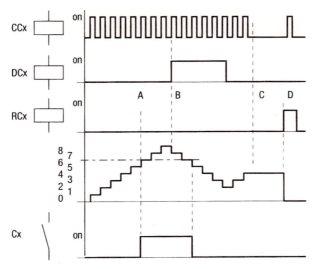

Abb. 5.58: Wirkdiagramm Zählerrelais

Verdrahtung eines Zählerrelais

Ein Zählerrelais integrieren Sie in Ihre Schaltung als Kontakt und Spule. Das Zählerelais „C1" empfängt Zählimpulse über die Zählspule „CC1".

Die Zählrichtung kann über die Richtungsspule „DC1" geändert werden:

DC1   „0": Relais „C1" zählt vorwärts.

DC1   „1": Relais „C1" zählt rückwärts.

Mit der Resetspule „RC1" wird der Zählerstand auf den Istwert „0" rückgesetzt.

Über den Kontakt „C1" verarbeiten Sie das Ergebnis des Zählers im Schaltplan.

Hinweis: Vermeiden Sie unvorhersehbare Schaltzustände. Setzen Sie jede Spule eines Relais nur einmal im Schaltplan ein.

Aufgabe:

Ausgang „Q1" nach 5. Teil in einer Richtung schalten.

„I1" Zählerimpuls

„I2" setzt Istwert zurück

„I3" bestimmt Richtung

➔Geben Sie mindestens zwei Werte im Schaltplan an:

Im Kontaktfeld einen Schaltkontakt, hier „C1"

Im Spulenfeld eine Zählspule, hier „CC1".

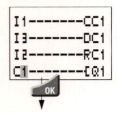

Abb. 5.59: Schaltplan Zählerrelais

Die Spulen „RC1" und „DC1" können Sie wahlweise verdrahten.
➔ Wählen Sie den Schaltkontakt „C1", wechseln Sie auf die „1" und drücken Sie **OK**.
Der Parametersatz des Zählerrelais „C1" wird angezeigt.

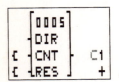

Abb. 5.60: Parameteranzeige Zählerrelais

Zählfrequenz ermitteln

Die maximale Zählfrequenz ist abhängig von der Länge des Schaltplans in EASY.
Die Anzahl der verwendeten Kontakte, Spulen und Strompfade bestimmt die Laufzeit (Zykluszeit) für eine Bearbeitung des EASY-Schaltplans.
Zum Beispiel: Wenn Sie EASY 412-DC-TC mit nur drei Strompfaden für Zählen, Rücksetzen und Ausgabe des Ergebnisses mittels Ausgang benutzen, kann die Zählfrequenz 100 Hz betragen.
Um die Zykluszeit zu bestimmen, sehen Sie in den Tabellen im Kapitel „EASY intern" nach.
Die maximale Zählfrequenz ist abhängig von der maximalen Zykluszeit.
Es gilt nachfolgende Formel für die maximale Zählfrequenz:

$$f_c = \frac{1}{2 \times f_c} \times 0,8$$

Beispiel:

$$f_c = \frac{1}{2 \times 4 \text{ ms}} \times 0,8 = 100 \text{ Hz}.$$

Parametersatz für Zähler

In der Parameteranzeige des Zählers ändern Sie den Zählersollwert und die Freigabe zur Parameteranzeige. Der Zählerwert liegt zwischen 0000 und 9999.

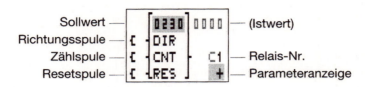

Abb. 5.61: Parametersatz für Zähler

Parameter	Spulenfunktion	Bedeutung
DIR	D	Zählrichtung
		DCx = „0": vorwärts zählen DCx = „1": rückwärts zählen
CNT	C	Zählimpuls
RES	R	Rücksetzen

Abb. 5.62: Parameter und Spulenfunktion

Das Schützsymbol „{" vor „DIR", „CNT" und „RES" zeigt an, ob die Spulenfunktion im Schaltplan verdrahtet ist.

Der Istwert wird nur im „Run"-Betrieb angezeigt.

Die Parameteranzeige lässt sich dann über die Stromflussanzeige oder über „PARAMETER" aus dem Hauptmenü aufrufen.

Das Spulensymbol wird nicht angezeigt, wenn Sie die Parameteranzeige über den Menüpunkt „PARAMETER" wählen.

Zeitschaltuhr

EASY-Varianten mit der Typendung „-RC(X)" oder „TC(X)" sind mit einer Echtzeituhr ausgestattet, die Sie im Schaltplan als Wochenzeitschaltuhr einsetzen können.

Die Schritte zur Einstellung der Uhrzeit finden Sie im Kapitel EASY-Einstellungen

EASY bietet vier Schaltuhren „ ⊕ 1" bis „⊕ 4" für insgesamt 32 Schaltzeiten. Jede Schaltuhr ist mit vier Kanälen ausgestattet, mit denen Sie vier Zeiten ein und ausschalten können. Die Kanäle werden in der Parameteranzeige eingestellt.

Die Uhrzeit ist bei Spannungsausfall gepuffert und läuft weiter. Die Schaltuhrrelais schalten jedoch nicht mehr. Im spannungslosen Zustand bleiben die

Kontakte geöffnet. Angaben zur Pufferzeit finden Sie in den Tabellen im An-
hang.

Schaltbeispiel 1
Die Zeitschaltuhr „⊕ 1" schaltet montags bis freitags zwischen 6:30 Uhr und
9:00 Uhr und zwischen 17:00 Uhr und 22:30 Uhr ein.

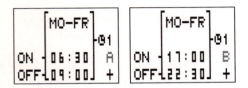

Abb. 5.63: Anzeige Beispiel 1

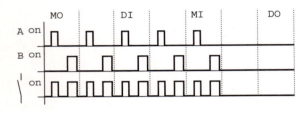

Abb. 5.64: Wirkdiagramm Beispiel 1

Schaltbeispiel 2
Die Zeitschaltuhr „⊕ 2" schaltet freitags um 16:00 Uhr ein und montags um
6:00 Uhr aus.

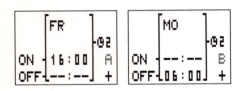

Abb. 5.65: Anzeige Beispiel 2

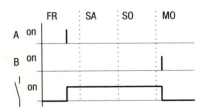

Abb. 5.66: Wirkdiagramm Beispiel 2

Schaltbeispiel 3
Die Zeitschaltuhr „Ö 3" schaltet über Nacht, montags 22:00 Uhr ein und
dienstags 6:00 Uhr aus.

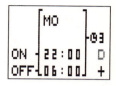

Abb. 5.67: Anzeige Beispiel 3

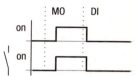

Abb. 5.68: Wirkdiagramm Beispiel 3

Liegt die Ausschaltzeit vor der Einschaltzeit, schaltet EASY am folgenden Tag aus.

Schaltbeispiel 4

Die Zeiteinstellungen einer Zeitschaltuhr überschneiden sich. Die Uhr schaltet montags um 16:00 Uhr ein, am dienstag und mittwoch bereits um 10:00 Uhr. Die Ausschaltzeit liegt montags bis mittwochs bei 22:00 Uhr.

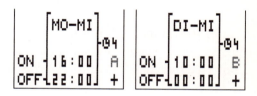

Abb. 5.69: Anzeige Beispiel 4

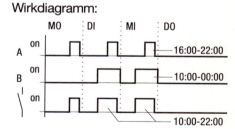

Wirkdiagramm:

Abb. 5.70: Wirkdiagramm Beispiel 4

Ein- und Ausschaltzeiten richten sich immer nach dem Kanal, der zuerst schaltet.

Schaltbeispiel 5

Zwischen 15:00 Uhr und 17:00 Uhr fällt der Strom aus. Das Relais fällt ab und bleibt nach Wiedereinschalten der Stromversorgung aus, da die erste Ausschaltzeit bereits um 16:00 Uhr war.

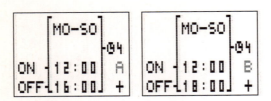

Abb. 5.71: Anzeige Beispiel 5

Nach dem Einschalten aktualisiert „easy" den Schaltzustand immer aus allen vorhandenen Schaltzeitvorgaben.

Schaltbeispiel 6
Die Schaltuhr soll 24 Stunden schalten. Montags um 0:00 Uhr einschalten und dienstags um 0:00 Uhr ausschalten.

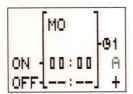 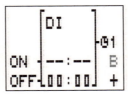

Abb. 5.72: Anzeige Beispiel 6

Verdrahtung einer Schaltuhr
Eine Schaltuhr integrieren Sie in Ihre Schaltung als Kontakt. Über die Parameteranzeige stellen Sie die Ein- und Abschaltzeiten ein.

Aufgabe:
Ausgang „Q3" montags bis freitags um 6:00 Uhr ein- und um 22:30 Uhr abschalten.
➔Tragen Sie den Schaltkontakt für die Schaltuhr im Kontaktfeld ein.
Der Cursor steht auf der Kontaktnummer der Schaltuhr.
➔Drücken Sie **OK**, um die Schaltzeiten einzustellen. Der Parametersatz des ersten Kanals wird angezeigt.
➔Stellen Sie die Schaltzeiten für den Parametersatz ein.

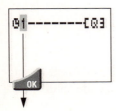

Abb. 5.73: Schaltplan Schaltuhr

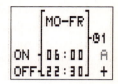

Abb. 5.74: Parameteranzeige Schaltzeiten

Parametersatz der Schaltuhr

Eine Schaltuhr hat vier Parametersätze, je einen für Kanal A, B, C und D. Sie stellen für die gewünschten Kanäle den Wochentag, die Ein- und Ausschaltzeit und die Freigabe zur Parameteranzeige ein.

Die Einstellung „+"/„–" zur Anzeige der Parameter über den Menüpunkt „PARAMETER" können Sie nur bei der Schaltplanbearbeitung ändern.

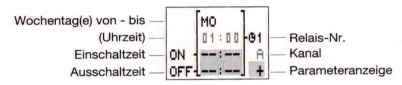

Abb. 5.75: Parameteranzeige Ein- und Ausschaltzeiten

Die Uhrzeit in der Parameteranzeige wird nur im „Run"-Betrieb angezeigt.

Rufen Sie die Parameteranzeige im „Run"-Betrieb über die Stromflussanzeige oder über „PARAMETER" aus dem Hauptmenü auf.

Ein- und Ausschaltzeiten

Parameter	Bedeutung	gültige Sollzeiten
Wochentage	Montag bis Sonntag	MO, DI, MI, DO, FR, SA, SO
Einschaltzeit	Stunden: Minuten: Keine Schaltzeit bei „--:--"	00:00 bis 23:59, --:--
Ausschaltzeit	Stunden: Minuten: Keine Schaltzeit bei „--:--"	00:00 bis 23:59, --:--

Parametersatz über Menüpunkt „PARAMETER" anzeigen

+ Aufruf möglich	– Aufruf gesperrt

Abb. 5.76: Tabelle Ein- und Ausschaltzeiten

Analogwertvergleicher

Analogwertvergleicher sind nur für die 24-V-Varianten EASY-DC verfügbar.

Analogwertvergleicher überwachen Spannungen von Sensoren, die an den Klemmen I7 und I8 angeschlossen sind.

EASY stellt acht Analogwertvergleicher „A1" bis „A8" zur Auswahl.

Ein Vergleicher kann sechs verschiedene Vergleichsmöglichkeiten ausführen. Der Relaiskontakt schaltet, wenn der Vergleich zutrifft.

I7 $\geq$ I8, I7 $\leq$ I8

I7 $\geq$ Sollwert, I7 $\leq$ Sollwert

I8 $\geq$ Sollwert, I8 $\leq$ Sollwert

Soll- und Istwert entsprechen den gemessenen Spannungswerten.

Auflösung der Spannungswerte:

0.0 bis 10.0 V in 0.1-V-Schritten.

Ab 10 V bis 24 V bleibt der Istwert auf 10.0 stehen.

Die Sollwerte eines Vergleichs geben Sie während der Schaltplanerstellung oder im „Run"-Betrieb in der Parameteranzeige ein.

Anwendungsbereiche:

Analogwerte von Sensoren, z. B. zur Druck- oder Temperaturmessung auswerten.

Zweipunktregler.

Schaltbeispiel:

Analogwertvergleicher „A1" verklinkt das Relais „Q1", wenn der Istwert unter den unteren Sollwert 7,1 V fällt.

Vergleicher „A2" setzt das Relais zurück, wenn die Spannung über den oberen Sollwert 7,5 V steigt. Der Spannungsabstand beider Sollwerte beträgt damit 0,4 V.

```
I1┬A1----SQ1
  └A2----RQ1
```

Abb. 5.77: Schaltbeispiel Analogwertvergleicher

„A1" setzt bis zum Spannungswert von 7,1 V den Relais-Ausgang „Q1" (A). Zwischen 7,1 V und 7,5 V ist hier die Schalthysterese (B).

Bei 7,5 V löst „A2" die Relaisverklinkung (C). „Q1" fällt ab und zieht erst wieder an, wenn A1 bei 7,1 V aktiv schaltet (D).

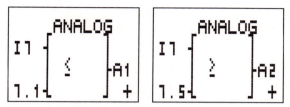

Abb. 5.78: Parametereinstellungen Analogwertvergleicher

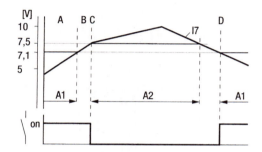

Abb. 5.79: Wirkdiagramm Analogwertvergleicher

Hinweis:

Die Sensorwerte analoger Signale schwanken im Millivoltbereich. Halten Sie deshalb bei den Soll-Werten für Setzen und Rücksetzen einen Mindestabstand von 0,2 V ein, damit das Ausgangsrelais nicht unkontrolliert schnell schaltet.

Vorsicht!

Um ein unkontrolliert schnelles Schalten der Relaisspulen zu verhindern, steuern Sie in Verbindung mit Analogwertvergleichern nur Relaisspulen mit den Funktionen „Setzen" oder „Rücksetzen" an.

Verdrahtung von Analogwertvergleichern

Einen Analogwertvergleicher integrieren Sie in Ihre Schaltung als Kontakt.
Über die Parameteranzeige wählen Sie einen von sechs möglichen Vergleichern und geben die Sollwerte vor.

Aufgabe:

Ausgang „Q3" soll bei einem bestimmten Wert einschalten.

➔Tragen Sie den Schaltkontakt für den Analogwertvergleicher im Kontaktfeld ein.

Der Cursor steht auf der Kontaktnummer des Vergleichers.

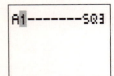

Abb. 5.80: Schaltplananzeige Analogwertvergleicher

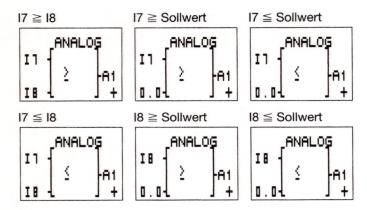

Abb. 5.81: Parameteranzeigen Analogwertvergleicher

→ Drücken Sie OK, um zur Parameteranzeige zu wechseln.
Der Parametersatz des ersten Vergleichers wird angezeigt.

→ Bewegen Sie den Cursor mit ◁ ▷ auf das Feld „_".

→ Wählen Sie mit △▽ einen der Vergleicherbausteine.

→ Verlassen Sie die Eingabe mit **OK** oder tragen Sie vorher noch einen Sollwert ein. Zur Schaltplananzeige wechseln Sie mit **ESC** zurück.

Parametersätze für Analogwertvergleicher

In der Parameteranzeige für Analogwertvergleicher stellen Sie den Vergleich „≥" oder „≤" und die Freigabe zur Parameteranzeige ein.

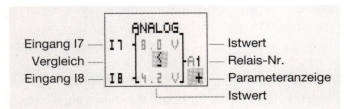

Abb. 5.82: Parameteranzeige Eingabe Vergleich

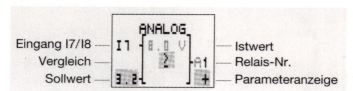

Abb. 5.83: Parameteranzeigen Eingabe Sollwert

Wenn Sie einen Eingang mit einem Sollwert vergleichen, stellen sie zusätzlich noch den Sollwert ein.

Die Istwerte werden nur im „Run"-Betrieb angezeigt.
Rufen Sie die Parameteranzeige im „Run"-Betrieb über die Stromflussanzeige oder über „PARAMETER" aus dem Hauptmenü auf.

Bei Vergleich von zwei Werten können keine Parameter eingestellt werden.

Textanzeige

EASY 600 kann acht frei editierbare Texte anzeigen.
Die Texte sind ab der EASY-SOFT, V. 2.0, editierbar.
Gespeichert werden die Texte in der EASY-SOFT-Datei *.eas oder auf der Speicherkarte „easy-M-16K" für EASY 600.

Parameter	Funktion	Bedeutung
Vergleich	≥	größer gleich
	≤	kleiner gleich
Sollwert	0.0	Sollwert, 0.0 bis 9.9, 10.0 = Überlauf

Parametersatz über Menüpunkt „PARAMETER" anzeigen	
+ Aufruf möglich	– Aufruf gesperrt

Abb. 5.84: Parameter und Funktion Analogwertvergleicher

```
THINK
FUTURE
SWITCH TO
GREEN
```

Abb. 5.85: Textanzeige (mit dem Wahlspruch der Moeller GmbH)

Anzeige

Es können 12 Zeichen in einer Zeile bei maximal 4 Zeilen angezeigt werden.

Kontakte	Schließer	D
	Öffner	
Nummern		1 bis 8
Spulen		D
Nummern		1 bis 8
Spulenfunktionen		⌐, S, R, ⌐

Abb. 5.86: Schaltplanelemente Textanzeige

Variable

Ist- und Sollwerte von Zeitrelais und Zählern, skalierter Istwert von Analog-Eingang I7 oder I8 sowie die aktuelle Uhrzeit werden auf dem Display in der Zeile 2 oder 3, Zeichen 5 bis 8 (bei Uhr 5 bis 9), automatisch angezeigt. Falls Sie an diesen Stellen Text eingegeben haben, wird dieser durch die Variablenwerte überschrieben. Setzen Sie stattdessen Leerzeichen als Platzhalter (im Beispiel bei 13:51), falls der Text hinter der Variablenanzeige weitergehen soll.
Beispiel: WERT13:51UHR

Skalierung

Die Wertebereiche der Analog-Eingänge I7, I8 (0bis 10 V) können in nachfolgender Weise angezeigt werden.

Analogwert, Bereich	wählbarer Anzeigebereich	Beispiel
0 bis 10 V	0 bis 9999	0000 bis 0100
0 bis 10 V	± 999	−025 bis 050
0 bis 10 V	± 9.9	−5.0 bis 5.0

Abb. 5.87: Scalierung Textanzeige

Wirkungsweise

Die Hilfsrelais (Merker) D = „Display", „Textanzeige" wirken im Schaltplan wie normale Merker M.
Alle acht Merker können als remanente Merker angewandt werden.
Wird ein Text zu einem Merker hinterlegt, wird dieser bei Zustand „1" der Spule in der EASY-Anzeige angezeigt. Voraussetzung ist, dass sich EASY in der Betriebsart „Run" befindet und vor der Anzeige des Textes die „Statusanzeige" angezeigt wurde.

Für D2 bis D8 gilt:

Sind mehrere Texte vorhanden und angesteuert, wird automatisch nach 4 s der nächste Text angezeigt.

Dieser Vorgang wird so lange wiederholt bis kein Merker mehr den Zustand „1" besitzt.

– die Betriebsart „Stop" gewählt wurde.
– EASY nicht mit Spannung versorgt wird.
– mit der Taste **OK** oder **DEL + ALT** auf ein Menü gewechselt wurde.
– der für D1 hinterlegte Text angezeigt wird.

Für D1 gilt:

D1 ist als Alarmtext ausgebildet.Wird D1 angesteuert und ist ein Text für D1 hinterlegt, bleibt dieser Text in der Anzeige stehen bis

– die Spule D1 den Zustand „0" besitzt.
– die Betriebsart „Stop" gewählt wurde.
– EASY nicht mit Spannung versorgt wird.
– mit der Taste **OK** oder **DEL + ALT** auf ein Menü gewechselt wurde.

Texteingabe

Die Texteingabe erfolgt ausschließlich ab EASY-SOFT, V 2.0.

Zeichensatz

Es sind die ASCII-Buchstaben in Groß-und Kleinbuchstaben erlaubt.

A B C D E F G H I J K L M N O P Q R S T U V W X Y Z

a b c d e f g h i j k l m n o p q r s t u v w x y z

Als Sonderzeichen sind erlaubt:

! „ " # $ % & ' ( ) * + , – . / 0 1 2 3 4 5 6 7 8 9

Beispiele

Zähler mit Ist- und Sollwert	Analogwerte als Temperaturwert skaliert	D1 als Fehlermeldung bei Sicherungsfall
STUECKZAHL STK.0042 SOLL0500 STK !ZAEHLEN!	TEMPERATUR A -010GRD. I +018GRD. HEIZEN	SICHERUNGS- FALL HAUS 1 AUSGEFALLEN!

Abb. 5.88: Textbeispiele

Sprünge

Sprünge können zur Strukturierung eines Schaltplans oder wie ein Wahlschalter verwendet werden.

Ob Hand-/Automatikbetrieb oder verschiedene Maschinenprogramme gewählt werden sollen, mit Sprüngen kann dies realisiert werden.

Sprünge bestehen aus einer Absprungstelle und einem Sprungziel (Marke).

Kontakt	Schließer	:
(nur als erster linker Kontakt einsetzbar)		
Nummern		1 bis 8
Spulen		ɕ
Nummern		1 bis 8
Spulenfunktion		ɕ

Abb. 5.89: Schaltplanelemente für Sprünge

Wirkungsweise

Wird die Sprungspule angesteuert, werden die nachfolgenden Strompfade nicht mehr bearbeitet. Die Zustände der Spulen bleiben, falls Sie nicht in anderen nicht übersprungenen Strompfaden überschrieben werden, auf dem letzten Zustand vor dem Überspringen. Es wird vorwärts gesprungen, d. h. der Sprung endet am ersten Kontakt mit der gleichen Nummer wie die der Spule.

Spule = Absprung bei Zustand „1".

Kontakt nur an der ersten linken Kontaktstelle = Sprungziel.

Die Kontaktstelle „Sprung" hat **immer Zustand „1".**

Hinweis:

Aufgrund der Arbeitsweise von „easy" werden Rückwärtssprünge nicht ausgeführt. Ist die Sprungmarke in Vorwärtsrichtung nicht vorhanden, wird zum Ende des Schaltplans gesprungen. Der letzte Strompfad wird ebenso übersprungen.

Ist ein Sprungziel nicht vorhanden, wird zum Schaltplanende gesprungen.

Eine Mehrfachbenutzung der gleichen Sprungspule und des gleichen Kontakts ist zulässig, solange dies paarweise, d. h.:

Spule ɕ :1/übersprungener Bereich/Kontakt :1,

Spule ɕ :1/übersprungener Bereich/Kontakt :1

usw. angewandt wird.

Werden Strompfade übersprungen, bleiben die Zustände der Spulen erhalten.

Die Zeit von gestarteten Zeitrelais läuft weiter.

Stromflussanzeige

Übersprungene Bereiche sind in der Stromflussanzeige an den Spulen zu erkennen.

Alle Spulen nach der Absprungspule werden mit dem Symbol der Absprungspule dargestellt.

Beispiel:

Mittels Wahlschalter werden zwei verschiedene Abläufe vorgewählt.

Ablauf 1: Sofort Motor 1 einschalten.

Ablauf 2: Sperre 2 einschalten, Wartezeit, danach Motor 1 einschalten.

I1	Ablauf 1
I2	Ablauf 2
I3	Sperre 2 ausgefahren
I12	Motorschutzschalter eingeschaltet
Q1	Motor 1
Q2	Sperre 2
T1	Wartezeit 30,00 s, ansprechverzögert
D1	Text „Motorschutzschalter hat ausgeloest".

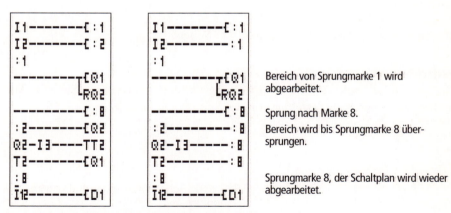

Bereich von Sprungmarke 1 wird abgearbeitet.

Sprung nach Marke 8.
Bereich wird bis Sprungmarke 8 übersprungen.

Sprungmarke 8, der Schaltplan wird wieder abgearbeitet.

Abb. 5.90: Schaltplan und Stromflussanzeige für Sprungmarken

5.3 Schaltungsbeispiele

Grundschaltungen

Der Schaltplan von EASY wird in Kontaktplantechnik eingegeben.

Dieses Kapitel enthält einige Schaltungen, die Ihnen als Anregung für Ihre eigenen Schaltpläne dienen sollen.

Die Werte in den Logiktabellen bedeuten für Schaltkontakte:

0 = Schließer offen, Öffner geschlossen

1 = Schließer geschlossen, Öffner offen

für Relaisspulen „Qx":

0 = Spule nicht erregt

1 = Spule erregt.

Negation

Negation bedeutet, dass der Kontakt bei Betätigung nicht schließt, sondern öffnet (NICHT-Schaltung). Im EASY-Schaltplanbeispiel tauschen Sie beim Kontakt „I1" mit der **ALT**-Taste Öffner und Schließer.

I1	Q1
1	0
0	1

Abb. 5.91: Schaltplanbeispiel und Logiktabelle Negation

Dauerkontakt

Um eine Relaisspule ständig an Spannung zu legen, verdrahten Sie eine Verbindung über alle Kontaktfelder von der Spule nach ganz links.

```
---------[Q1
```

---	Q1
1	1

Abb. 5.92: Schaltplanbeispiel und Logiktabelle Dauerkontakt

Reihenschaltung

„Q1" wird mit einer Reihenschaltung von drei Schließern angesteuert (UND-Schaltung).

„Q2" wird mit einer Reihenschaltung von drei Öffnern angesteuert (NOR-Schaltung).

```
I1-I2-I3-[Q1

Ī1-Ī2-Ī3-[Q2
```

Logiktabelle:

I1	I2	I3	Q1	Q2
0	0	0	0	1
1	0	0	0	0
0	1	0	0	0
1	1	0	0	0
0	0	1	0	0
1	0	1	0	0
0	1	1	0	0
1	1	1	1	0

Abb. 5.93: Schaltplanbeispiel und
Logiktabelle Reihenschaltung

Hinweis:

Im „easy"-Schaltplan können Sie bis zu drei Schließer oder Öffner in einem Strompfad in Reihe schalten. Müssen Sie mehr Schließer in Reihe schalten, benutzen Sie Hilfsrelais „M".

Parallelschaltung

„Q1" wird mit einer Parallelschaltung von mehreren Schließern angesteuert (ODER-Schaltung).

Eine Parallelschaltung von Öffnern steuert „Q2" an (NAND-Schaltung).

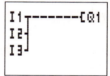

Abb. 5.94: Schaltplanbeispiele Parallelschaltung

I1	I2	I3	Q1	Q2
0	0	0	0	1
1	0	0	0	0
0	1	0	0	0
1	1	0	0	0
0	0	1	0	0
1	0	1	0	0
0	1	1	0	0
1	1	1	1	0

Abb. 5.95: Logiktabelle ODER

Wechselschaltung

Eine Wechselschaltung wird in EASY mit zwei Reihenschaltungen, die zu einer Parallelschaltung zusammengefasst werden, realisiert (XOR).

I1	I2	I3	Q1	Q2
0	0	0	0	1
1	0	0	1	1
0	1	0	1	1
1	1	0	1	1
0	0	1	1	1
1	0	1	1	1
0	1	1	1	1
1	1	1	1	0

Abb. 5.96: Logiktabelle NAND

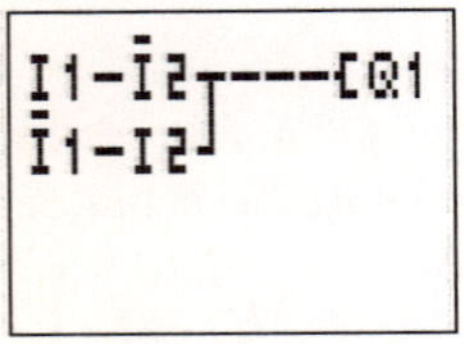

```
I1-Ī2┐---[Q1
Ī1-I2┘
```

I1	I2	Q1
0	0	0
1	0	1
0	1	1
1	1	0

Abb. 5.97: Schaltplanbeispiel und Logiktabelle Wechselschaltung

Selbsthaltung

Eine Kombination aus Reihen und Parallelschaltung wird zu einer Selbsthaltung verdrahtet.

Die Selbsthaltung wird durch den Kontakt „Q1" erzeugt, der parallel zu „I1" liegt. Wenn „I1" betätigt und wieder geöffnet wird, übernimmt der Kontakt „Q1" den Stromfluss so lange, bis „I2" betätigt wird.

Die Selbsthalteschaltung wird zum Ein- und Ausschalten von Maschinen eingesetzt.

Eingeschaltet wird die Maschine an den Eingangsklemmen über den Schließer S1, ausgeschaltet über den Öffner S2.

S2 öffnet die Verbindung zur Steuerspannung, um die Maschine auszuschalten. Dadurch ist sichergestellt, dass die Maschine auch bei Drahtbruch abgeschaltet werden kann.

„I2" ist im unbetätigten Zustand immer eingeschaltet.

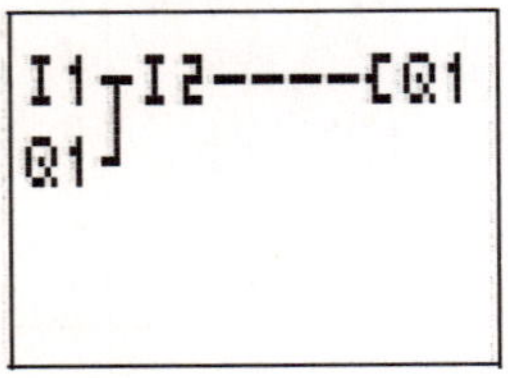

```
I1┬I2----[Q1
Q1┘
```

I1	I2	Kontakt Q1	Spule Q1
0	0	0	0
1	0	0	0
0	1	0	0
1	1	0	1
1	0	1	0
0	1	1	1
1	1	1	1

Abb. 5.98: Schaltplanbeispiel und Logiktabelle Selbsthaltung

Abb. 5.99: Schaltplanbeispiel Selbsthaltung Setze/Rücksetze

Alternativ kann die Selbsthaltung mit Drahtbruchüberwachung auch mit den Spulenfunktionen „Setzen" und „Rücksetzen" aufgebaut werden.

Wird „I1" eingeschaltet, verklinkt die Spule „Q1". „I2" kehrt das Öffnersignal von S2 um und schaltet erst dann durch, wenn S2 betätigt wird und damit die Maschine abgeschaltet werden soll oder wenn ein Drahtbruch auftritt.

Halten Sie die Reihenfolge ein, in der die beiden Spulen im „easy"-Schaltplan verdrahtet sind:

Erst die „S"-Spule, danach die „R"-Spule verdrahten. Die Maschine wird beim Betätigen von „I2" dann auch ausgeschaltet, wenn „I1" weiter eingeschaltet ist.

Stromstoßschalter

Ein Stromstoßschalter wird häufig für Lichtsteuerungen wie z. B. für die Treppenhausbeleuchtung eingesetzt.

I1	Zustand Q1	Q1
0	0	0
1	0	1
0	1	1
1	1	0

Abb. 5.100: Schaltplanbeispiel und Logiktabelle Stromstoßschalter

Ansprechverzögerts Zeitrelais

Die Ansprechverzögerung kann genutzt werden, um kurze Impulse auszublenden oder um mit dem Starten einer Maschine eine weitere Bewegung zeitverzögert einzuleiten.

Die Parametereinstellungen für „T1" sind:

Zeitfunktion ansprechverzögert: „ X "

Zeitwert und -bereich: 10 Sekunden

Wird „I1" eingeschaltet, ist die Spule „T" von „T1" erregt. Nach 10 Sekunden schaltet „T1" das Hilfsrelais „M1" ein. Wird „I1" ausgeschaltet, fallen die Relaisspulen „T1" und „M1" ab.

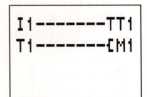 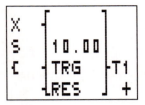

Abb. 5.101: Schaltplanbeispiel und Parametersatz ansprech-verzögerts Zeitrelais

I1	T1	M1
0	0	0
1	0	0
1	1	1

Abb. 5.102: Logiktabelle ansprechverzögerts Zeitrelais

Stern/Dreieckanlauf

Mit EASY können Sie zwei Stern-Dreieckschaltungen realisieren.
Der Vorteil von EASY ist, dass Sie die Umschaltzeit zwischen Stern-/Dreieck-schütz, sowie die Wartezeit zwischen dem Abschalten Sternschütz und dem Einschalten Dreieckschütz frei wählen können.

Funktion des EASY-Schaltplans:

Start/Stop der Schaltung mit den externen Tastern S1 und S2.
Das Netzschütz startet die Zeitrelais in EASY.

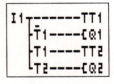 Abb. 5.104: Schaltplanbeispiel Stern/Dreieck-Schaltung

I1 Netzschütz eingeschaltet

Q1 Sternschütz EIN

Q2 Dreieckschütz EIN

T1 Umschaltzeit Stern-Dreieck (10 bis 30 s, X)

T2 Wartezeit zwischen Stern aus, Dreieck an (30, 40, 50, 60 ms, X).

Wenn in Ihrem EASY eine Schaltuhr eingebaut ist, können Sie den Stern-Dreieckanlauf mit der Schaltuhr kombinieren. In dem Fall schalten Sie das Netzschütz auch über EASY.

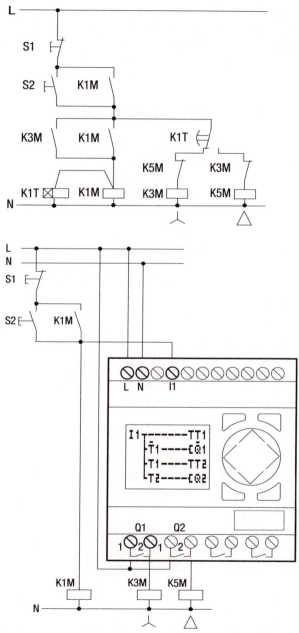

Abb. 5.103: Elektrischer Schaltplan Stern/Dreieck-Schaltung mit EASY

4fach Schieberegister

Um eine Information, – z. B. gut/schlecht-Trennung – zwei, drei oder vier Transportschritte weiter zwecks Sortierung der Teile zu speichern, können Sie ein Schieberegister einsetzen.

Für das Schieberegister wird ein Schiebetakt und der Wert („0" oder „1"), der geschoben werden soll, benötigt.

Über den Rücksetzeingang des Schieberegister werden nicht mehr benötigte Werte gelöscht.

Die Werte im Schieberegister durchlaufen das Register in der Reihenfolge. 1., 2., 3., 4. Speicherstelle.

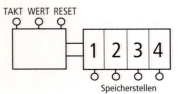

Abb. 5.105: Blockschaltbild Schieberegister

Takt	Wert	Speicherstelle			
		1	2	3	4
1	1	1	0	0	0
2	0	0	1	0	0
3	0	0	0	1	0
4	1	1	0	0	1
5	0	0	1	0	0
Reset = 1		0	0	0	0

Abb. 5.106: Funktionen Schieberegister

Hinweis:

Belegen Sie den Wert „0" mit dem Informationsinhalt „schlecht".

Wird das Schieberegister versehentlich gelöscht, werden keine schlechten Teile weiterverwendet.

I1 Schiebetakt (TAKT)
I2 Information (gut/schlecht) zum Schieben (WERT)
I3 Inhalt des Schieberegisters löschen (RESET)
M1 1. Speicherstelle
M2 2. Speicherstelle
M3 3. Speicherstelle
M4 4. Speicherstelle
M7 Hilfsrelais Zykluswischer
M8 Zykluswischer Schiebetakt.

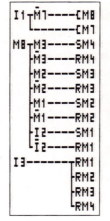

```
I1┬M7────[M8    Schiebetakt erzeugen
  └──────[M7
M8┬M3────SM4    4. Speicherstelle setzen
  ├M̄3────RM4    4. Speicherstelle löschen
  ├M2────SM3    3. Speicherstelle setzen
  ├M̄2────RM3    3. Speicherstelle löschen
  ├M1────SM2    2. Speicherstelle setzen
  ├M̄1────RM2    2. Speicherstelle löschen
  ├I2────SM1    1. Speicherstelle setzen
  └Ī2────RM1    1. Speicherstelle löschen
I3──────┬RM1    Alle Speicherstellen löschen
        ├RM2
        ├RM3
        └RM4
```

Abb. 5.107: Schaltplananzeige Schieberegister

Wie funktioniert das Schieberegister?

Der Schiebetakt ist genau eine Zykluszeit eingeschaltet.

Dazu wird der Schiebetakt über eine Auswertung des Wechsels von „I1" „aus"
auf „I1" „ein" erzeugt – Flankenauswertung positive Flanke.

Hierbei wird die zyklische Arbeitsweise von EASY genutzt.

Wenn „I1" das erste Mal als eingeschaltet erkannt wird, ist bei dem ersten Zy-
klusdurchlauf das Hilfsrelais „M7" ausgeschaltet, der Öffner geschlossen. Damit ist die Reihenschaltung „I1", Öffner „M7" leitend und „M8" wird eingeschaltet. „M7" wird nun ebenfalls eingeschaltet, wirkt aber noch nicht auf den
Kontakt „M7".

Der Kontakt von „M8" war im ersten Zyklus noch offen (Schließer) und damit
ist kein Schiebetakt vorhanden. Wird die Relaisspule entsprechend angesteuert, überträgt „easy" das Ergebnis auf die Kontakte. Im zweiten Zyklus ist der
Öffner „M7" offen. Die Reihenschaltung ist geöffnet. Der Kontakt von „M8"
ist vom ersten Zyklus her eingeschaltet. Jetzt werden alle Speicherstellen entsprechend der Reihenschaltung gesetzt oder rückgesetzt.

Wenn die Relaisspulen angesteuert wurden, überträgt „easy" das Ergebnis auf
die Kontakte. Nun ist „M8" wieder offen. Erst wenn „I1" geöffnet wird, kann
ein neuer Impuls gebildet werden, da „M7" solange öffnet, wie „I1" geschlossen ist.

Wie kommt der Wert in das Schieberegister?

Beim Schiebetakt „M8" = „ein" wird der Zustand von „I2" (WERT) in die
Speicherstelle „M1" übernommen.

Ist „I2" eingeschaltet, wird „M1" gesetzt.

Ist „I2" ausgeschaltet, wird „M1" über Öffner „I2" ausgeschaltet.

Wie wird das Ergebnis geschoben?

EASY steuert die Spulen, entsprechend des Strompfads und dessen Ergebnis, von oben nach unten an. „M4" übernimmt den Wert von „M3" (Wert „0" oder „1") bevor „M3" von „M2" den Wert übernimmt.

„M3" übernimmt den Wert von „M2", „M2" den Wert von „M1" und „M1" den Wert von „I2".

Warum werden die Werte nicht ständig überschrieben?

In diesem Beispiel werden die Spulen nur mit der Funktion „S" und „R" betrieben, d. h. die Werte bleiben, auch ohne dass die Spule ständig angesteuert ist, ein- oder ausgeschaltet. Der Zustand der Spule ändert sich nur, wenn der Strompfad bis zur Spule eingeschaltet ist. In dieser Schaltung wird somit das Hilfsrelais entweder gesetzt oder rückgesetzt. Die Strompfade der Spulen (Speicherstellen) werden über „M8" nur eine Zykluszeit lang eingeschaltet. Das Ergebnis der Spulenansteuerung bleibt in EASY so lange gespeichert, bis ein neuer Taktimpuls die Spulen verändert.

Wie werden alle Speicherstellen gelöscht?

Wenn „I3" eingeschaltet ist, werden alle „R"-Spulen der Speicherstellen „M1" bis „M4" rückgesetzt, d. h. die Spulen werden ausgeschaltet. Da das Rücksetzen am Ende des Schaltplans eingegeben wurde, hat das Rücksetzen Vorrang vor dem Setzen.

Wie kann der Wert einer Speicherstelle übernommen werden?

Benutzen Sie den Schließer oder Öffner der Speicherstelle „M1" bis „M4" und verdrahten diese mit einem Ausgangsrelais oder im Schaltplan entsprechend der Aufgabe.

Lauflicht

Eine Abwandlung von der Schieberegisterschaltung ist ein automatisches Lauflicht. Ein Relais ist immer eingeschaltet. Es beginnt bei „Q1", läuft bis „Q4" und beginnt wieder mit „Q1". Die Hilfsrelais der Speicherstellen „M1" bis „M4" werden durch die Relais „Q1" bis „Q4" ersetzt.

Der Schiebetakt „I1" wurde durch das Blinkrelais „T1" automatisiert. Der Zyklusimpuls „M8" bleibt bestehen.

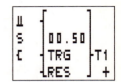

Abb. 5.108: Parameteranzeige T1 Lauflicht

Der Wert wird bei dem ersten Duchlauf mittels Öffner „M9" einmalig einge-
schaltet. Ist „Q1" gesetzt, wird „M9" eingeschaltet. Nachdem „Q4" als letzte
Speicherstelle eingeschaltet ist, wird der Wert „Q1" wieder übergeben.
Verändern Sie die Zeiten.

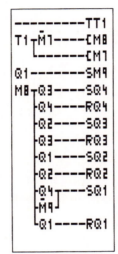

`----------TT1`	Blinkrelais
`T1┬M1----[MB`	Schiebetakt erzeugen
`    └------[M1`	
`Q1-------SM9`	Ersten Wert löschen
`MB┬Q3----SQ4`	4. Speicherstelle setzen
`  ├Q4----RQ4`	4. Speicherstelle löschen
`  ├Q2----SQ3`	3. Speicherstelle setzen
`  ├Q3----RQ3`	3. Speicherstelle löschen
`  ├Q1----SQ2`	2. Speicherstelle setzen
`  ├Q2----RQ2`	2. Speicherstelle löschen
`  ├Q4┬---SQ1`	1. Speicherstelle setzen
`  ├M9┘`	Ersten Wert eingeben (=1)
`  └Q1----RQ1`	1. Speicherstelle löschen

Abb. 5.109: Schaltplan Lauflicht

Treppenhausbeleuchtung

Für eine konventionelle Schaltung benötigen Sie mindestens fünf Teilungseinheiten im Verteiler, d. h. ein Stromstoßschalter, zwei Zeitrelais, zwei Hilfsrelais.

EASY benötigt vier Teilungseinheiten. Mit fünf Anschlüssen und dem EASY-
Schaltplan ist die Treppenhausbeleuchtung funktionsfähig.

Bedeutung der verwendeten Kontakte und Relais:

I1 Taster EIN/AUS

Q1 Ausgangsrelais für Licht EIN/AUS

M1 Hilfsrelais, um bei Dauerlicht die Funktion „6 min. automatisch Ausschalten"

abzublocken

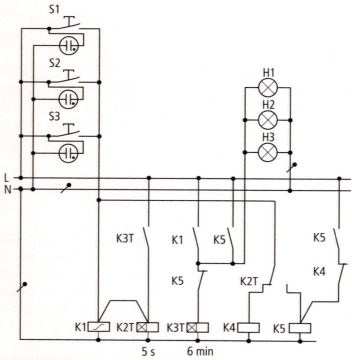

Abb. 5.110: Konventioneller Schaltplan Treppenhausbeleuchtung

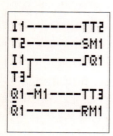

Abb. 5.112: Der EASY Schaltplan für obige Funktionen

T1 Zyklusimpuls zum Ein-/Ausschalten von Q1, (ü, impulsformend mit Wert 00.00 s)

T2 Abfrage, wie lange der Taster betätigt war. War er länger als 5 s betätigt, wird auf Dauerlicht geschaltet. (X , ansprechverzögert, Wert 5 s).

T3 Ausschalten bei einer Lichteinschaltzeit von 6 min (X , ansprechverzögert, Wert 6:00 min.).

T4 Auschalten nach 4 Stunden Dauerlicht (X , ansprechverzögert, Wert 4:00 h).

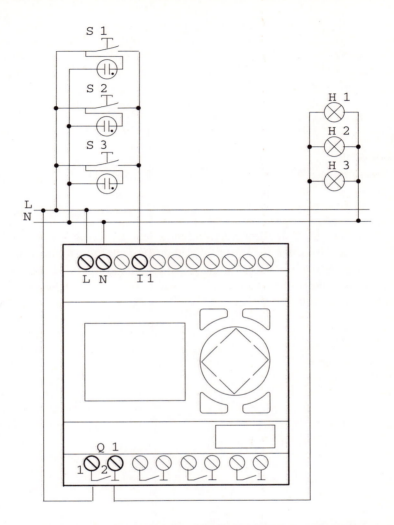

Taster kurz betätigt	Licht EIN oder AUS, Stromstoßschalter-Funktion schaltet auch bei Dauerlicht aus.
	Licht schaltet nach 6 min. automatisch aus; bei Dauerlicht ist diese Funktion nicht aktiv.
Taster länger als 5 s betätigt	Dauerlicht

Abb. 5.111: Elektrischer Schaltplan Treppenhausbeleuchtung mit EASY

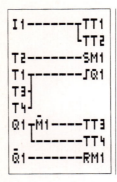

Abb. 5.113: Der EASY-Schaltplan erweitert, vier Stunden Dauerlicht

Wenn Sie EASY mit Schaltuhr verwenden, können Sie die Treppenhausbeleuchtung sowie die Zeiten für Dauerlicht über die Schaltuhr mitbestimmen.
Wenn Sie ein EASY mit Analog-Eingang verwenden, können Sie die Treppenhausbeleuchtung über einen Helligkeitssensor optimal entsprechend der vorhandenen Lichtverhältnisse steuern.

6 Schaltpläne laden und speichern

Schaltpläne können Sie über die EASY-Schnittstelle auf eine Speicherkarte oder mit EASY-SOFT und Übertragungskabel auf einen PC übertragen.

EASY-X

Bei den EASY-Varianten ohne Tastenfeld kann der EASY-Schaltplan mit EASY-SOFT oder bei jedem Einschalten der Versorgungsspannung automatisch von der gesteckten Speicherkarte geladen werden.
Die EASY-Schnittstelle ist abgedeckt.

Stromschlaggefahr bei EASY-AC-Geräten!

Sind die Spannnungsanschlüsse für Außenleiter L und Neutralleiter N vertauscht, liegt die Anschlussspannung von 230 V/115 V an der EASY-Schnittstelle an. Bei unsachgemäßem Anschluss an den Stecker oder durch Einführung leitender Gegenstände in den Schacht besteht Stromschlaggefahr.

➔Entfernen Sie die Abdeckung vorsichtig mit einem Schraubendreher.

Um den Schacht wieder zu schließen, drücken Sie die Abdeckung wieder auf den Schacht.

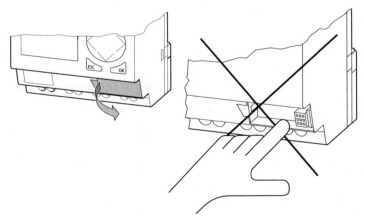

Abb. 6.1: Abdeckung entfernen richtig und falsch

6.1 Speicherkarte

Die Karte ist als Zubehör „easy-M-8K" für EASY 412 oder „easy-M-16K" für
EASY 600 erhältlich.

Schaltpläne mit allen Daten können von der Speicherkarte „EASY-M-8K"
nach EASY 600 übertragen werden. Die umgekehrte Richtung ist gesperrt.

Jede Speicherkarte speichert einen EASY-Schaltplan.

Alle Informationen auf der Speicherkarte bleiben im spannungslosen Zustand
erhalten, so dass Sie die Karte zur Archivierung, zum Transport und zum Kopieren von Schaltplänen einsetzen können.

Auf der Speicherkarte sichern Sie den Schaltplan, alle Parametersätze zum
Schaltplan, alle Anzeigetexte mit Funktionen, die Systemeinstellungen, Eingangsverzögerung, P-Tasten, Passwort und Remanenz ein/aus.

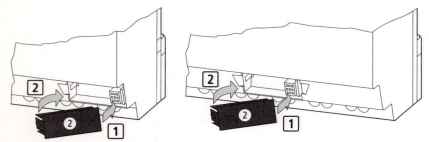

Abb. 6.2: Karte einsetzen bei EASY 412 = easy-M-8K): EASY 600 = easy-M-16K):

Hinweis:
Bei EASY können Sie die Speicherkarte ohne Datenverlust auch bei eingeschalteter Versorgungsspannung ein- und ausstecken.

Schaltplan laden oder speichern
Schaltpläne können Sie nur in der Betriebsart „Stop" übertragen.

Die EASY-Varianten ohne Tastenfeld und LCD übertragen bei einer gesteckten Speicherkarte beim Einschalten der Spannung automatisch den Schaltplan
von der Speicherkarte nach „easy"-X.

Ist ein ungültiger Schaltplan auf der Speicherkarte, bleibt der in EASY befindliche Schaltplan erhalten.

➔Wechseln Sie die Betriebsart auf „Stop".

➔Wählen Sie im Hauptmenü „PROGRAMM...".

➔Wählen Sie den Menüpunkt „KARTE...".

Der Menüpunkt „KARTE..." wird nur angezeigt, wenn die Karte gesteckt und
funktionsfähig ist.

```
PROGRAMM
LOESCHE PROG
KARTE...
```

```
GERAET-KARTE
KARTE-GERAET
LOESCHE KART
```

Abb. 6.3: Der Menüpunkt „KARTE..."   Abb. 6.4: Schaltplan übertragen

Sie können einen Schaltplan von „easy" zur Karte und von der Karte in den EASY-Speicher übertragen oder den Inhalt auf der Karte löschen.

Hinweis:
Wenn während der Kommunikation mit der Karte die Betriebsspannung ausfällt, wiederholen Sie den letzten Vorgang. Es kann sein, dass EASY nicht alle Daten übertragen oder gelöscht hat.
➔Entnehmen Sie nach der Übertragung die Speicherkarte und schließen Sie die Abdeckung.

Schaltplan auf der Karte sichern
➔Wählen Sie „GERAET-KARTE".
➔Bestätigen Sie die Sicherheitsabfrage mit **OK**, um den Inhalt der Speicherkarte zu löschen und durch denEASY-Schaltplan zu ersetzen.
Mit **ESC** brechen Sie den Vorgang ab.

Schaltplan von der Karte laden
➔Wählen Sie den Menüpunkt „KARTE-> GERAET".

```
ERSETZEN ?
```

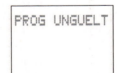

Abb. 6.5: Abfrage ERSETZEN?   Abb. 6.6: Meldung „PROGRAMM UNGUELTIG"

➔Bestätigen Sie die Sicherheitsabfrage mit **OK**, wenn Sie den EASY-Speicher löschen und durch den Karteninhalt ersetzen möchten.
Mit **ESC** brechen Sie den Vorgang ab.
Bei einem Übertragungsproblem zeigt EASY die Meldung „PROG UNGUELT" an.
Entweder ist die Speicherkarte leer oder im Schaltplan auf der Karte werden Funktionsrelais eingesetzt, die das EASY-Gerät nicht kennt.

Funktionsrelais „Schaltuhr" wird nur von EASY-Typen mit Echtzeituhr (Typ EASY-C) verarbeitet.

Funktionsrelais „Analogwertvergleicher" gibt es nur bei 24-V-DC-Geräten EASY-DC.

Relais wie Textanzeige, Sprünge, Merker „S", „R" werden nur von EASY 600 verarbeitet.

Hinweis: Ein Passwortschutz wird von der Speicherkarte mit in den EASY-Speicher übertragen und ist sofort aktiv.

Schaltplan auf der Karte löschen

➜Wählen Sie den Menüpunkt „LOESCHE KART".

➜Bestätigen Sie die Sicherheitsabfrage mit OK, wenn Sie den Karteninhalt löschen möchten.

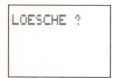

Abb. 6.7: Sicherheitsabfrage mit OK bestätigen

Mit **ESC** brechen Sie den Vorgang ab.

6.2 Übertragung zwischen EASY-SOFT und EASY

Hinweis:

Benutzen Sie zur Übertragung von Daten zwischen PC und „easy" nur das EASY-PC-Kabel, das Sie als Zubehör „EASY-PC-CAB" erhalten.

Stromschlaggefahr bei „easy"-AC-Geräten!

Nur mit dem Kabel „EASY-PC-CAB" ist eine sichere elektrische Trennung von der Schnittstellenspannung gewährleistet.

➜Schließen Sie das PC-Kabel an die serielle PC-Schnittstelle ihres Rechners an.

➜Stecken Sie den EASY-PC-CAB-Stecker in die geöffnete Schnittstelle.

➜Stellen Sie EASYauf die Statusanzeige.

Hinweis:

EASY kann keine Daten mit dem PC austauschen, wenn die Schaltplananzeige eingeblendet ist.

Mit EASY-SOFT übertragen Sie Schaltpläne vom PC ins EASY und umgekehrt. Schalten Sie EASY vom PC aus in die Betriebsart „Run", um das Programm in der realen Verdrahtung zu testen.

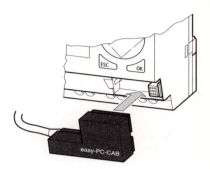

Abb. 6.8: EASY-PC-CAB einsetzen

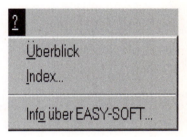

Abb. 6.9: Das Hilfe-Menü öffnen

EASY-SOFT bietet Ihnen ausführliche Hilfen für die Bedienung an.
➔Starten Sie EASY-SOFT und klicken Sie auf „Hilfe".
Alles weitere zu EASY-SOFT erfahren Sie im Kapitel 5.
Bei einem Übertragungsproblem zeigt „easy" die Meldung „PROG UN-GUELT" an.
➔Prüfen Sie in dem Fall, ob der Schaltplan Funktionsrelais einsetzt, die das EASY-Gerät nicht kennt.
Funktionsrelais „Schaltuhr" wird nur von „easy"-Typen mit Echtzeituhr (Typ „easy"-C) verarbeitet.
Funktionsrelais „Analogwertvergleicher" gibt es nur bei 24-V-DC-Geräten „easy"-DC.
Relais wie Textanzeige, Sprünge, Merker „S" werden nur von EASY 600 verarbeitet.

Hinweis:
Wenn während der Kommunikation mit dem PC die Betriebsspannung ausfällt, wiederholen Sie den letzten Vorgang. Es kann sein, dass nicht alle Daten zwischen PC und EASY übertragen wurden.
➔Schließen Sie die Schnittstelle, wenn Sie nach einer Übertragung das Kabel entfernt haben.

7 Parameter und Passwort, EASY-Einstellungen

Alle EASY-Einstellungen erfordern am Gerät ein Tastenfeld und eine Anzeige.
Ab EASY-SOFT, V 2.0, können alle Geräte per Software eingestellt werden.

7.1 Passwortschutz

Sie können den „easy"-Schaltplan und die Einstellungen der Funktionsrelais und Systemparameter mit einem Passwort schützen.
Als Passwort wird ein Wert zwischen 0001 und 9999 eingegeben.
Mit der Zahlenkombination 0000 löschen Sie ein Passwort.
Der Passwortschutz sperrt den Zugang zum Verdrahtungs- und Sondermenü und schützt damit vor Aufruf und Änderung des Schaltplans:

– Änderungen von Parametern eines Funktionsrelais über den Schaltplan
– Übertragung eines Schaltplans von und zur Speicherkarte
– Änderungen der Systemparameter
– neues Passwort einrichten
– Eingangsverzögerung EIN/AUS
– P-Tasten EIN/AUS
– Auswahl der Menüsprache.

Hinweis:
Nur mit „–" gekennzeichnete Parameter sind mit einem Passwort geschützt.
Parameter, die mit „+" gekennzeichnet sind, können weiterhin über den Menüpunkt „PARAMETER" verändert werden.
Das Passwort schützt nicht vor:

– Wechsel der Betriebsarten „Run"/„Stop"
– Stellen der Uhr
– Zugriff auf Parametersätze von Funktionsrelais, die mit „+" freigegeben sind.

Hinweis:

Ein in EASY eingetragenes Passwort wird mit dem Schaltplan auf die Speicherkarte übertragen, unabhängig davon, ob es aktiviert wurde oder nicht.

Wird dieser EASY-Schaltplan von der Karte zurückgeladen, wird auch das Passwort ins EASY übertragen und ist sofort aktiv.

Passwort einrichten

Ein Passwort können Sie über das Sondermenü einrichten, unabhängig von der Betriebsart „Run"/ „Stop". Wenn bereits ein Passwort aktiviert ist, können Sie nicht ins Sondermenü wechseln.

➔Rufen Sie mit **DEL** und **ALT** das Sondermenü auf.

➔Starten Sie die Passworteingabe über den Menüpunkt „PASSWORT...".

Ist kein Passwort eingetragen, wechselt „easy" direkt auf die Passwortanzeige und zeigt vier Striche an: Kein Passwort vorhanden.

Abb. 7.1: EASY Anzeige zur Passworteingabe

➔Stellen Sie das Passwort mit den Cursortasten ein:

◁ ▷ auf das 4stellige Eingabefeld wechseln,

◁ ▷Stelle im Passwort auswählen,

△▽ einen Wert zwischen 0 bis 9 einstellen.

➔Speichern Sie das neue Passwort mit OK.

„easy" verdeckt ein gültiges Passwort mit „XXXX".

Mit **OK** oder **ESC** verlassen Sie die Passwortanzeige.

Das Passwort ist gültig, aber noch nicht aktiviert.

Passwort aktivieren

Ein vorhandenes Passwort kann auf drei Wegen aktiviert werden:

Automatisch beim erneuten Einschalten von EASY.

Automatisch nach Laden eines geschützten Schaltplans von der Speicherkarte über das Passwortmenü

➔Rufen Sie mit **DEL** und **ALT** das Sondermenü auf.

➔Öffnen Sie das Passwortmenü über den Menüpunkt „PASSWORT...".

EASY zeigt das Passwortmenü nur an, wenn ein Passwort vorhanden ist.

```
WECHSELN PW.
AKTIVIEREN
```
Abb. 7.2: EASY- Passwortmenü

Hinweis:
Bevor Sie Ihr Passwort aktivieren, notieren Sie sich das Passwort. Ist der Passworteintrag nicht mehr bekannt, kann EASY zwar aufgeschlossen werden, Schaltplan und Dateneinstellungen gehen dabei aber verloren.
→Wählen Sie „AKTIVIEREN" und OK.
Das Passwort ist jetzt aktiv. EASY wechselt automatisch zur Statusanzeige zurück.
Bevor Sie nun einen Schaltplan bearbeiten oder in das Sondermenü wechseln können, müssen Sie EASY mit dem Passwort aufschließen.
„easy" aufschließen
„easy" aufschließen deaktiviert den Passwortschutz. Sie können den Passwortschutz später wieder über das Passwortmenü oder durch Aus- und Einschalten der Versorgungsspannung aktivieren.
→Wechseln Sie mit **OK** in das Hauptmenü.
Der Eintrag „PASSWORT..." blinkt.
→Wechseln Sie mit **OK** zur Passworteingabe.

```
PASSWORT...
STOP
PARAMETER
STELLE UHR..
```
Abb. 7.3: Passwort blinkt in der Anzeige

Hinweis:
Zeigt EASY im Hauptmenü „PROGRAMM..." statt „PASSWORT..." an, ist kein Passwortschutz aktiv.
EASY blendet das Feld zur Passworteingabe ein.

```
EINGABE PW ▌
    XXXX
```

```
PROGRAMM...
STOP
PARAMETER
STELLE UHR..
```

Abb. 7.4: EASY blendet das Feld zur Passworteingabe ein

Abb. 7.5: Der Menüpunkt „PROGRAMM..." ist freigegeben,

➔ Stellen Sie das Passwort mit den Cursortasten ein.
➔ Bestätigen Sie mit OK.
Wenn das Passwort stimmt, wechselt EASY automatisch zurück zur Statusanzeige.
Der Menüpunkt „PROGRAMM..." ist freigegeben, so dass Sie Ihren Schaltplan bearbeiten können.
Das Sondermenü ist ebenso erreichbar.

Passwort ändern oder löschen
➔Rufen Sie mit **DEL** und **ALT** das Sondermenü auf.
➔Öffnen Sie das Passwortmenü über den Menüpunkt „PASSWORT..." .
Der Eintrag „WECHSELN PW." blinkt.

Abb. 7.6: Der Eintrag „WECHSELN PW." blinkt

EASY zeigt dieses Menü nur an, wenn ein Passwort vorhanden ist.
➔Rufen Sie mit **OK** die Passworteingabe auf.
➔Wechseln Sie mit ◁ ▷auf das 4stellige Eingabefeld.

Abb. 7.7: Passwortzeile anwählen

Abb. 7.8: Ändern der Passwortstellen

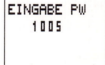

➔Ändern Sie die vier Passwortstellen mit den Cursortasten.
➔Bestätigen Sie mit OK.
Mit **ESC** verlassen Sie die Passwortanzeige.

Löschen
Löschen Sie ein Passwort mit dem Wert „0000".
Ist kein Passwort eingetragen, zeigt EASY vier Striche an.

Passwort fehlerhaft eingegeben oder nicht mehr bekannt
Wenn Sie das Passwort nicht mehr genau kennen, können Sie Ihre Passworteingabe mehrmals hintereinander wiederholen.
Sie haben ein fehlerhaftes Passwort eingegeben?

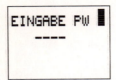

Abb. 7.9: Kein Passwort eingetragen, EASY zeigt vier Striche an

➔ Geben Sie das Passwort erneut ein.

Nach der vierten fehlerhaften Eingabe zeigt EASY eine Lösch-Anfrage an.

➔ Drücken Sie **ESC**: Es wird keine Eingabe gelöscht.

➔ Drücken sie **OK**: Schaltplan, Daten und Passwort werden gelöscht.

EASY wechselt zurück zur Statusanzeige.

Abb. 7.10: Schaltplan, Daten und Passwort werden gelöscht

Hinweis:

Wenn Sie das Passwort nicht mehr kennen, können Sie das geschützte EASY hier mit **OK** wieder aufschließen. Der gespeicherte Schaltplan und alle Parameter der Funktionsrelais gehen dabei allerdings verloren.

Haben Sie **ESC** gedrückt, bleiben Schaltplan und Daten erhalten. Sie können nun erneut vier Eingabeversuche starten.

Menüsprache ändern

EASY 412 stellt fünf und EASY 600 stellt zehn Menüsprachen zur Auswahl, die Sie über das Sondermenü einstellen können.

Hinweis:

Die Sprachauswahl steht nur zur Verfügung, wenn „easy" nicht durch ein Passwort gesichert ist.

➔ Rufen Sie mit **DEL** und **ALT** das Sondermenü auf.

➔ Wählen Sie „GB D F E I.." zur Änderung der Menüsprache.

Die Sprachauswahl für den ersten Eintrag „GB" wird angezeigt.

➔ Wählen Sie mit △ oder ▽ die neue Menüsprache aus, z. B. Italienisch.

➔ Bestätigen Sie mit OK.

EASY stellt die neue Menüsprache ein.

Mit **ESC** wechseln Sie zurück zur Statusanzeige.

Sprache	Anzeige	Abkürzung
Englisch	ENGLISH	GB
Deutsch	DEUTSCH	D
Französisch	FRANCAIS	F
Spanisch	ESPANOL	E
Italienisch	ITALIANO	I
Zusätzlich EASY600		
Portugiesisch	PORTUGUES	–
Niederländisch	NEDERLANDS	–
Schwedisch	SVENSKA	–
Polnisch	POLSKI	–
Türkisch	TURKCE	–

Abb. 7.11: verfügbare Menüsprachen

Abb. 7.12: Die Sprachauswahl „GB" wird angezeigt.

```
ENGLISH

GB D F E I..
```

Abb. 7.13: Das Menü in italienischer Sprache

```
PASSWORD...
RIT.INGR. ON
P TASTO   ON
GB D F E I..
```

7.2 Parameter ändern

„easy" bietet die Möglichkeit, Parameter von Funktionsrelais, wie Zeiten und Zählersollwerte zu ändern, ohne den Schaltplan aufzurufen. Dabei ist es unerheblich, ob „easy" gerade ein Programm abarbeitet oder auf „Stop" steht.

→Wechseln Sie mit **OK** in das Hauptmenü.

→Starten Sie die Paramteranzeige über „PARAMETER".

Eingeblendet wird immer ein kompletter Parametersatz, hier dargestellt der Parametersatz eines Zeitrelais „T1".

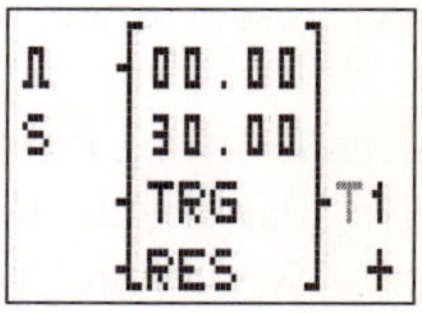

Abb. 7.14: Paramtersatz eines Zeitrelais

Damit ein Parametersatz angezeigt wird, müssen die beiden folgenden Voraussetzungen erfüllt sein:

Ein Funktionsrelais ist im Schaltplan eingebaut.

Der Parametersatz ist freigegeben, erkennbar an dem „+"-Zeichen unten rechts in der Anzeige.

Sie können über „PARAMETER" nur freigegebene Parametersätze aufrufen und ändern.

Gesperrte Parametersätze werden nicht angezeigt. EASY bietet damit eine einfache Möglichkeit, Parametereinstellungen mit einem Passwort zu schützen.

Hinweis:

Parametersätze können Sie nur über den Schaltplan mit dem Parametersatz-Zeichen „+" freigeben und mit „–" sperren.

➔Blättern Sie mit △ oder ▽ durch die Parametersätze.

Der Cursor muss dabei auf dem Bezeichner des Funktionsrelais stehen, hier auf „T1".

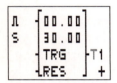

Abb. 7.15: Der Cursor muss auf dem Bezeichner des Funktions-relais stehen

➔Ändern Sie die Werte für einen Parametersatz:

◁ ▷Parameterstellen nacheinander wechseln.

△ ▽ Wert einer Parameterstelle ändern.

OK Parameter speichern oder

ESC Vorherige Einstellung beibehalten.

Der Cursor steht wieder auf dem Bezeichner „T1".

Mit **ESC** verlassen Sie die Parameteranzeige.

Hinweis:

In der Parameteranzeige, die über „PARAMETER" aufgerufen wird, werden Spulenanschlüsse „{" von Zählern und Zeiten nicht angezeigt, auch wenn Sie verdrahtet sind.

Einstellbare Parameter für Funktionsrelais

Die Parameter der Relais, die Sie im Schaltplan verwenden, können Sie auf drei Wegen ändern:

In der Betriebsart „Stop" über den Schaltplan; alle Schaltplanparameter lassen sich einstellen.

In der Betriebsart „Run" über den Stromlaufplan; Sollwerte können geändert werden.

Über den Menüpunkt „PARAMETER"; Sollwerte können geändert werden.
Einstellbare Sollwerte sind:
bei Zeitrelais der Zeitwert,
bei Zählerrelais der Sollwert des Zählers,
bei Schaltuhren der Tag und die Ein- und Ausschaltzeiten (ON/OFF),
bei Analogwertvergleichern der Sollwert für den Vergleich.
Im „Run"-Betrieb arbeitet „easy" mit einem neuen Sollwert, sobald er in der
Parameteranzeige geändert und mit **OK** gespeichert wird.

Beispiel: Schaltzeit für Außenbeleuchtung ändern
Die Außenbeleuchtung eines Gebäudes wird automatisch
montags bis freitags von 19:00 Uhr bis 23:30 Uhr über den EASY-Schaltplan
eingeschaltet.
Der zugehörige Parametersatz für das Funktionsrelais Zeitschaltuhr „1" ist in
Kanal „A" gespeichert und sieht so aus:

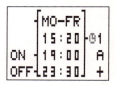

Abb. 7.16: Parametersatz für das Funktionsrelais Zeitschaltuhr

Ab dem nächsten Wochenende soll die Außenbeleuchtung auch samstags zwi-
schen 19:00 Uhr und 22:00 Uhr einschalten.
➜Wählen Sie im Hauptmenü „PARAMETER". Der erste Paramtersatz wird
angezeigt.
➜Blättern Sie mit △ oder ▽ durch die Parametersätze, bis Kanal A von Uhr
1 eingeblendet wird.
➜Wählen Sie mit △ den nächsten leeren Parametersatz, hier Kanal B der Uhr 1.
Die aktuelle Uhrzeit beträgt15:21 Uhr.

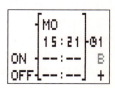

Abb. 7.17: Die aktuelle Uhrzeit beträgt 15:21 Uhr

➜Ändern Sie den Wert für das Tagesintervall von „MO" auf „SA":
◁ ▷ Stelle wechseln und △▽ Wert wählen.
➜Stellen Sie die Einschaltzeit auf 19:00 Uhr ein.
➜Stellen Sie die Ausschaltzeit auf 22:00 Uhr ein.
➜Drücken Sie OK.

Abb. 7.18: Tagesintervall ändern

Abb. 7.19: Einschaltzeit auf 19:00 Uhr eingestellt

Abb. 7.20: Ausschaltzeit auf 22:00 Uhr einstellen

EASY speichert die neuen Parameter. Der Cursor steht wieder im Kontaktfeld auf der Kanalkennung „B".

Mit **ESC** verlassen Sie die Parameteranzeige.

Abb. 7.21: Parametersatz Sa. 19:00 Uhr „ein", 22:00 Uhr „aus"

Die Uhr schaltet nun auch samstags um 19:00 Uhr ein und um 22:00 Uhr aus.

Uhrzeit einstellen

Die EASY-C-Geräte sind mit einer Echtzeituhr ausgestattet. Über das Funktionsrelais „Schaltuhr" lassen sich damit Schaltuhrfunktionen realisieren. Ist die Uhr noch nicht eingestellt oder wird EASY nach Ablauf der Pufferzeit wieder eingeschaltet, startet die Uhr mit der Einstellung „MO" und der Nummer des aktuellen Betriebssystems, hier 01:00 bei EASY 412 und 02:00 bei EASY 600. Die „easy"-Uhr arbeitet im Wochenintervall, sodass Wochentag und Uhrzeit eingestellt werden müssen.

➔ Wählen Sie im Hauptmenü „STELLE UHR..".

Das Menü zur Uhreinstellung wird eingeblendet.

➔ Wählen Sie „STELLE UHR".

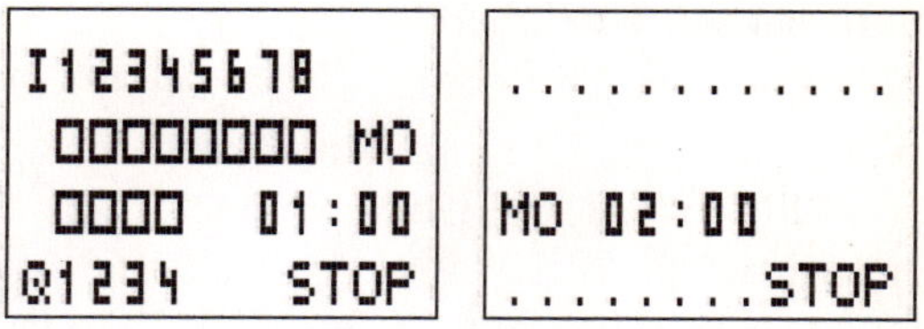

```
I12345678
OOOOOOO  MO          . . . . . . . . . . .
OOOO     01:00     MO 02:00
Q1234    STOP      . . . . . . . .STOP
```

Abb. 7.22: EASY startet mit der Einstellung „MO" und der Nummer des
aktuellen Betriebssystems

```
STELLE UHR
SOMMERZEIT
```

Abb. 7.23: Das Menü zur Uhreinstellung wird eingeblendet

→Stellen Sie die Werte für Tag und Uhrzeit ein.
◁ ▷ Stelle wechseln.
△▽ Wert wählen.

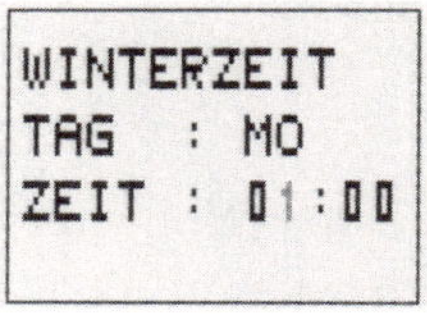

```
WINTERZEIT            WINTERZEIT
TAG  : MO             TAG  : MI
ZEIT : 01:00          ZEIT : 09■30
```

Abb. 7.24: Tag und   Abb. 7.25: Tag und
Uhrzeit einstellen   Zeit speichern

OK Tag und Zeit speichern.
ESC Vorherige Einstellung beibehalten.
Mit **ESC** verlassen Sie die Anzeige der Uhreinstellung.

Winter-/Sommerzeit umschalten

Die „easy"-C-Geräte sind mit einer Echtzeituhr ausgestattet. Sie können die
Uhrzeit mit einem Tastendruck auf Winter- oder Sommerzeit umstellen.
→Wählen Sie im Hauptmenü „STELLE UHR..".
Das Menü zur Uhreinstellung wird eingeblendet.
Der Menüpunkt „WINTERZEIT"/„SOMMERZEIT" schaltet auf den ange-
zeigten Zeitbereich um.

Winterzeit einstellen

Zeigt „easy" „SOMMERZEIT" an, ist bereits die Winterzeit eingestellt.
→Wählen Sie sonst „WINTERZEIT" und **OK.**
EASY stellt die Uhr eine Stunde zurück, z. B. von Sonntag, 17:43 Uhr auf
Sonntag, 16:43 Uhr.
Die Anzeige wechselt auf „SOMMERZEIT".

Sommerzeit einstellen

➜Wählen Sie „SOMMERZEIT" und **OK**.

„easy" stellt die Uhr eine Stunde vor, z. B:

von Mittwoch, 12:30 Uhr

auf Mittwoch, 13:30 Uhr.

Die Anzeige wechselt auf „WINTERZEIT".

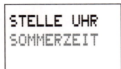

Abb. 7.26: Sommerzeit oder Winterzeit einstellen

Hinweis: Bei EASY 412, Betriebssystem 1.0 gilt: Der Wochentag wird bei der Zeitumstellung nicht verändert. Wenn Sie den Zeitbereich gegen Mitternacht umschalten, müssen Sie den Wochentag ändern.

Eingangsverzögerung umschalten

Eingangssignale werden von „easy" über eine Eingangsverzögerung ausgewertet. Dadurch ist sichergestellt, dass beispielsweise das Kontaktprellen von Schaltern und Tastern störfrei ausgewertet wird.

Für viele Anwendungen ist jedoch die Erfassung sehr kurzer Eingangssignale erforderlich. Dazu können Sie die Eingangsverzögerung abschalten.

➜Rufen Sie mit **DEL** und **ALT** das Sondermenü auf.

➜Wechseln Sie gegebenenfalls in das Menü „SYSTEM".

Wenn Sie im Schaltplan die Cursortasten (P-Tasten) als Tasteneingänge verwendet haben, sind diese nicht automatisch aktiv. Die Cursortasten sind so gegen unbefugtes Betätigen geschützt. Im Sondermenü können Sie die Tasten aktivieren. Ist „easy" mit einen Passwort geschützt, so können Sie das Sondermenü erst aufrufen, wenn Sie zuvor den Passwortschutz aufheben.

Die Eingangsverzögerung schalten Sie mit dem Menüpunkt „I-ENTPR AUS"/ „I-ENTPR EIN" um.

```
I-ENTPR. AUS
P-TASTEN EIN
ANLAUF   STOP
REMANENZ EIN
```

Abb. 7.27: Die Eingangsverzögerung umschalten

Verzögerung ausschalten

Zeigt „easy" „I-ENTPR EIN" an, ist die Verzögerung bereits ausgeschaltet.

➔Wählen Sie ansonsten „I-ENTPR AUS" und drücken Sie **OK.**

Die Eingangsverzögerung wird ausgeschaltet und die Anzeige wechselt auf „I-ENTPR EIN".

Verzögerung einschalten

➔Wählen Sie „I-ENTPR EIN" und **OK.**

Die Eingangsverzögerung wird aktiviert und die Anzeige wechselt auf „I-ENTPR AUS".

Mit **ESC** wechseln Sie zurück zur Statusanzeige.

Hinweis:

Wie „easy" Ein- und Ausgangssignale intern verarbeitet, erfahren Sie im Kapitel EASY intern.

7.3 P-Tasten aktivieren deaktivieren

Wenn Sie im Schaltplan die Cursortasten (P-Tasten) als Tasteneingänge verwendet haben, sind diese nicht automatisch aktiv. Die Cursortasten sind so gegen unbefugtes Betätigen geschützt. Im Sondermenü können Sie die Tasten aktivieren.

Hinweis:

Ist „easy" mit einem Passwort geschützt, so können Sie das Sondermenü erst aufrufen, wenn Sie zuvor den Passwortschutz aufheben.

Die P-Tasten werden über den Menüpunkt „P-TASTEN EIN/P-TASTEN AUS" aktiviert bzw. deaktiviert.

➔Rufen Sie mit **DEL** und **ALT** das Sondermenü auf.

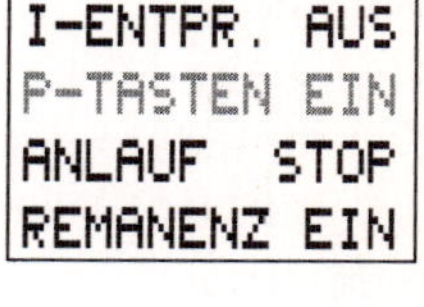

```
I-ENTPR. AUS
P-TASTEN EIN
ANLAUF STOP
REMANENZ EIN
```

Abb. 7.28: Sondermenü aufrufen

➔Wechseln Sie gegebenenfalls in das Menü „SYSTEM".

➔Stellen Sie sich auf das Menü „P-TASTEN ...".

P-Tasten aktivieren

Zeigt EASY P-TASTEN AUS an, sind die P-Tasten aktiv.

➔Wählen Sie ansonsten „P-TASTEN EIN" und drücken Sie **OK.**

```
I-ENTPR. AUS
P-TASTEN AUS
ANLAUF STOP
REMANENZ EIN
```
Abb. 7.29: P-Tasten aktivieren

Die P-Tasten sind aktiviert.
➜Gehen Sie mit **ESC** zurück auf die Statusanzeige.
Nur in der Statusanzeige wirken die P-Tasten als Eingänge. Durch Betätigen der entsprechenden P-Taste können Sie der Schaltplanlogik entsprechend steuern.

P-Tasten deaktivieren
➜Wählen Sie „P-TASTEN AUS" und betätigen Sie mit **OK**.
Die P-Tasten sind deaktiviert.

Hinweis:
Wenn Sie einen Schaltplan von der Speicherkarte oder mittels EASY-SOFT auf „easy" laden oder wenn Sie einen Schaltplan in EASY löschen, werden die P-Tasten automatisch deaktiviert.

Anlaufverhalten
Das Anlaufverhalten ist in der Inbetriebnahmephase eine wichtige Hilfe. Der in EASY befindliche Schaltplan ist noch nicht vollständig verdrahtet oder die Anlage oder Maschine befindet sich in einem Zustand, den EASY nicht steuern darf. Wenn EASY an Spannung gelegt wird, sollen die Ausgänge nicht angesteuert werden können.
Anlaufverhalten einstellen
Voraussetzung: In EASY befindet sich ein gültiger Schaltplan.
➜Wechseln Sie in das Sondermenü.
➜Stellen Sie ein, in welcher Betriebsart EASY beim Einschalten der Versorgungsspannung startet.
Die Grundeinstellung bei Auslieferung von EASY ist die Anzeige des Menüs „ANLAUF STOP"; d. h. EASY startet beim Einschalten der Spannung in die Betriebsart „Run".
Die „easy"-X-Typen können nur in der Betriebsart „Run" starten.
Ist EASY durch ein Passwort geschützt, steht das Sondermenü nur nach dem Aufschließen von EASY zur Verfügung.
Der Menüpunkt „ANLAUF RUN/STOP" ist ein Wechselmenü. Im Menü wird immer die Betriebsart angezeigt, in die gewechselt werden kann.

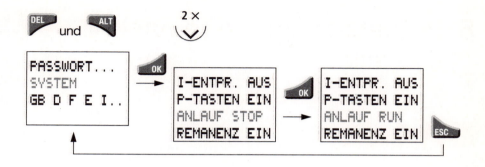

Anlaufverhalten	Menüanzeige	Status „easy" nach dem Anlaufen
„easy" startet in der Betriebsart „Stop"	ANLAUF RUN	„easy" besitzt die Betriebsart „Stop"
„easy" startet in der Betriebsart „Run"	ANLAUF STOP	„easy" besitzt die Betriebsart „Run"

Abb. 7.30: System-Menü Anlaufverhalten

Verhalten beim Löschen des Schaltplans
Die Einstellung des Anlaufsverhaltens ist eine EASY-Gerätefunktion. Beim Löschen des Schaltplans bleibt die gewählte Einstellung erhalten.

Verhalten bei Upload/ Download zur Karte oder PC
Wird ein gültiger Schaltplan von EASY auf eine Speicherkarte bzw. in den PC oder umgekehrt übertragen, bleibt die Einstellung erhalten.

Fehlermöglichkeiten
EASY startet nicht in die Betriebsart „Run":
Es ist kein Schaltplan in EASY.
Sie haben die Einstellung „EASY-Anlauf in die Betriebsart STOP" gewählt (Menü-Anzeige „ANLAUF RUN").

8 Betriebszustände remanent einstellen

In Anlagen- und Maschinensteuerungen besteht die Anforderung, dass Betriebszustände oder Istwerte remanent eingestellt werden; d. h., die Werte bleiben auch nach dem Abschalten der Versorgungsspannung einer Maschine oder Anlage sicher und bis zum nächsten Überschreiben des Istwerts erhalten.

Folgende Merker und Funktionsrelais können mit remanenten Istwerten eingestellt werden:

EASY 412-DC-..
Hilfsrelais Merker M13, M14, M15, M16
Zeitrelais T8
Vor-/Rückwärtszähler C8.

EASY 600
Merker M13, M14, M15, M16
Funktionsrelais Text D1 bis D8
Zeitrelais T7, T8
Vor-/Rückwärtszähler C5, C6, C7, C8.

Hinweis!
Die Einstellung „Remanenz" gilt immer für alle oben genannten Relais.
Einzelne Merker oder Funktionsrelais können nicht remanent eingestellt werden.
Bei EASY-X-Typen mit gesteckter Speicherkarte werden die remanenten Daten beim Einschalten der Spannung gelöscht.
Die remanenten Daten werden bei jedem Abschalten der Versorgungsspannung gespeichert.
Die Datensicherheit ist hierbei für 100 000 Schreibzyklen gewährleistet.

8.1 Remanenzverhalten einstellen

Voraussetzung: „easy" befindet sich in der Betriebsart „Stop".
➔ Wechseln Sie in das Sondermenü.
Ist „easy" durch ein Passwort geschützt, steht das Sondermenü nur nach dem Aufschließen von „easy" zur Verfügung.
➔ Stellen Sie das Remanenzverhalten ein.
Der Menüpunkt „REMANENZ EIN/AUS" ist ein Wechselmenü. Im Menü wird immer die Betriebsart angezeigt, in die gewechselt werden kann.
Die Grundeinstellung bei Auslieferung von „easy" ist die Anzeige „REMA-NENZ EIN". In dieser Einstellung arbeitet „easy", falls ein gültiger Schaltplan vorhanden ist, ohne remanente Istwertdaten. Wenn „easy" in die Betriebsart „Stop" oder spannungslos geschaltet wird, werden alle Istwerte gelöscht.

Remanente Istwerte löschen
Die remanenten Istwerte werden unter nachfolgenden Bedingungen gelöscht (gilt nur in der Betriebsart „Stop"):
Beim Transfer des Schaltplans von der EASY-SOFT (PC) oder Speicherkarte in das „easy" werden die remanenten Istwerte auf „0" zurückgesetzt (Merker = aus). Das gilt auch, wenn auf der Speicherkarte kein Programm ist; in diesem Fall bleibt der alte Schaltplan in „easy" erhalten.
Beim Umschalten von eingeschalteter Remanenz (Anzeige steht auf „REMA-NENZ AUS") auf Remanenz ausgeschaltet (Anzeige steht auf „REMANENZ EIN").
Beim Löschen des Schaltplans über das Menü „LÖSCHE PROG".

Remanenzverhalten übertragen
Die Einstellung des Remanenzverhaltens ist eine Schaltplan-Einstellung; d. h. auf der Speicherkarte bzw. beim Upload/Download vom PC wird die Einstellung des Remanenz-Menüs gegebenenfalls mit übertragen.

Schaltplantransfer (Verhalten)
EASY-SOFT, V 1.0 _ EASY 412-DC-..
Bei der Übertragung des Schaltplans (Download), muss das Remanenzverhalten manuell am Gerät EASY 412-DC.. eingestellt werden. In dieser Software-Version ist das Menü nicht vorhanden.
EASY-SOFT, V 1.1 _ EASY 412-DC-..
EASY-SOFT, V 1.1, lässt ein Editieren des Remanenzverhaltens nicht zu. Wird ein Schaltplan von EASY 412-DC.. mit eingestellter Remanenz in

Remanenzverhalten	Menüanzeige	Verhalten: M13, M14, M15, M16, C8, T8, (D1 bis D8, C5, C6, C7, T7) beim Ausschalten und Wiedereinschalten
Keine remanenten Istwerte	REMANENZ EIN	Alle Istwerte werden beim Wechsel von der Betriebsart „Run" in „Stop" oder beim Aus-schalten der Versorgungs-spannung gelöscht.
Remanente Istwerte	REMANENZ AUS	Alle Istwerte werden beim Wechsel von der Betriebsart „Run" in „Stop" oder beim Ausschalten der Versorgungs-spannung bis auf Widerruf oder Löschen gespeichert.

Abb. 8.1: remanente Istwerte

EASY-SOFT, V 1.1, geladen, gespeichert und wieder in EASY 412-DC.. über-tragen, bleibt die Einstellung des Remanenzverhaltens erhalten.

EASY 412-DC-.. _ Speicherkarte

Bei dieser Übertragungsrichtung bleiben die Istwerte in EASY erhalten. Die Einstellung der Remanenz wird auf die Karte übertragen.

EASY 412-DC-.. _ EASY-SOFT, V 1.0, V 1.1

Der EASY-Schaltplan wird gespeichert. Istwerte in „easy" bleiben erhalten.

EASY 412-DC-.., EASY 600 _ EASY-SOFT, V 2.0

Der EASY-Schaltplan wird gespeichert. Istwerte in EASY bleiben erhalten. Alle EASY-Schaltplanein-stellungen werden in die „EAS"-Datei übernom-men.

EASY-SOFT, V 2.0 _ EASY 412-DC-.., EASY 600

Entsprechend der gewählten Einstellung in EASY-SOFT wird übertragen.

Änderung der Betriebsart oder des Schaltplans

Generell werden die remanenten Daten bei Änderung der Betriebsart oder des „easy"-Schaltplans mit ihren Istwerten gespeichert. Auch die Istwerte von nicht mehr genutzten Relais bleiben erhalten.

Änderung der Betriebsart

Wenn Sie von „Run" nach „Stop" und zurück in „Run" wechseln, bleiben die Istwerte der remanenten Daten erhalten.

Ändern des „easy"-Schaltplans

Wird eine Änderung im „easy"-Schaltplan vorgenommen, bleiben die Istwerte erhalten.

Hinweis!

Auch wenn die remanenten Relais M13, M14, M15, M16 (D1 bis D8) und die Funktionsrelais C8, T8 (C5, C6, C7, T7) aus dem Schaltplan gelöscht wurden, bleiben die remanenten Istwerte beim Wechsel von „Stop" auf „Run" sowie beim Ausschalten und erneuten Einschalten der Spannnung erhalten. Werden diese Relais wieder im Schaltplan verwendet, besitzen sie die alten Istwerte.

Änderung des Anlaufverhaltens im Menü „SYSTEM"

Die remanenten Istwerte in „easy" bleiben unabhängig von der Einstellung „ANLAUF RUN", „ANLAUF STOP" erhalten.

Remanente Hilfsrelais (Merker)

Wirkungsweise der Remanenz

Die remanenten Merker M13, M14, M15, M16,D1 bis D8 sind in Verbindung mit den nachfolgenden Spulenfunktionen einzusetzen:
Setze S M.., D..
Stromstoßrelais ∫ M.., D..
Rücksetzen R M.., D..

Hinweis!

Ist die Bedingung zum Rücksetzen des Merkers gegeben, wird der Merker rückgesetzt.
Dabei ist auf Folgendes unbedingt zu achten:
Aufgrund der Arbeitsweise von „easy" bleibt der Schließerkontakt eingeschaltet bzw. der Öffnerkontakt ausgeschaltet.
Ist beim Einschalten der Versorgungsspannung die Rücksetzbedingung aktiv, bleibt der Kontakt für den ersten Zyklus auf dem remanenten Zustand vor dem Einschalten.
Dieses Verhalten kann einen Flickereffekt bei einer Lampe oder einem Magnetventil hervorrufen. Beachten Sie unbedingt die Beispielschaltpläne der einzelnen Spulenfunktionen.
Folgende Spulenfunktionen sind nicht erlaubt: **{ M13** bis **{ M16** , **{ D1** bis **{ D8**

8.2 Beispiele

S/R-Spule (Öffnerkontakt)

Aufgabe:

Es muss gespeichert werden, ob eine Schraube eingesetzt wurde oder nicht. Beim Einschalten der Anlage darf eine bereits eingesetzte Schraube nicht noch einmal eingesetzt werden; sonst kommt es zur Zerstörung des Werkstücks bzw. zum Produktionsausfall.

Verwendete Kontakte und Relais:

I3 Schraube erkannt	M14 Schraube ist vorhanden (remanent)
Q2 Blasimpuls Schraubentransport	M9 Werkstück abtransportiert
M8 Befehl Schraube einblasen	M14 rücksetzen.

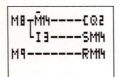

Abb. 8.2: Schaltplan Ausschnitt S/R

Es wird immer der Kontaktzustand „Schließer" angezeigt.

Es wird der Öffnerkontakt des remanenten Merkers M14 benutzt. Es wird keine Freigabezeit für den Ausgang Q2 benötigt.

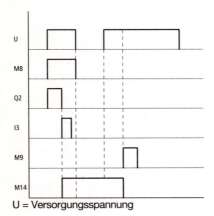

U = Versorgungsspannung　　　　　Abb. 8.3: Wirkdiagramm S/R

Stromstoßrelais

Aufgabe:

Nach Spannungsausfall soll das Treppenlicht den vorherigen Schaltzustand wieder einnehmen.

Verwendete Kontakte und Relais:

T2 Freigabe nach erstem Zyklus

I1 Taster

Q1 Lampenausgang

M15 Stromstoßrelais (remanent).

(Merker)

Abb. 8.4: Schaltplan und Parameteranzeige Stromstoßrelais

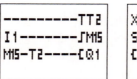 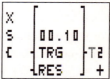

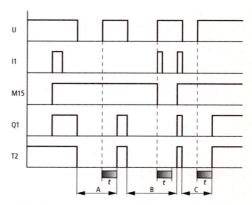

Abb. 8.5: Wirkdiagramm Stromstoßrelais Treppenlicht   U = Versorgungsspannung

Bereich A:

Q1 ist eingeschaltet. Die Versorgungsspannung wird ausgeschaltet. I1 ist ausgeschaltet.

Nach dem Einschalten bleibt M15 eingeschaltet.

Das gleiche gilt umgekehrt, wenn M15 ausgeschaltet ist.

Bereich B:

Die Versorgungsspannung wird ausgeschaltet. I1 ist eingeschaltet.
Nach dem Einschalten – im ersten „easy-Zyklus" – ist M15 eingeschaltet.
Die Reihenschaltung M15 und T2 (Freigabezeit) verhindert einen Flickerimpuls von Q1.

Bereich C:

M15 wird eingeschaltet und bleibt bis zum nächsten Einschalten von I1 gesetzt.

S/R-Funktion

Aufgabe:

Nach Spannungsausfall soll das Treppenlicht den
vorherigen Schaltzustand wieder einnehmen.
Verwendete Kontakte und Relais:
T2 Freigabe nach erstem Zyklus
I1 Taster
M1 Tasterimpuls (positive Flankenerkennung)
M2 Impulsbegrenzung (eine Zykluszeit)
Q1 Lampenausgang
M15 Stromstoßrelais (remanent).

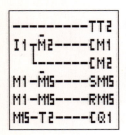 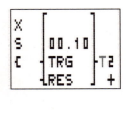

Abb. 8.6: Schaltplan und Parameteranzeige Setze/Rücksetze

Obige Schaltung funktioniert ebenso wie ein Stromstoßschalter.
Der Schließerkontakt bleibt im ersten „easy"-Arbeitszyklus eingeschaltet, wenn eine Spule mit dem Schließer eines remanenten Merkers (es gelten hierbei auch Reihen- und Parallelschaltung) angesteuert wird und beim Einschalten der Spannung die Rücksetzbedingung für diesen remanenten Merker eingeschaltet ist.
Die Freigabezeit T2 verhindert das Flickern des Relais Q1.

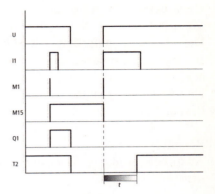

Abb. 8.7: Wirkdiagramm Setze/Rücksetze   U = Versorgungsspannung

Remanentes Zeitrelais

Wirkungsweise der Remanenz
Die remanenten Zeitrelais T7, T8 können in allen sechs verschiedenen Schaltfunktionen remanent betrieben werden. Die Einstellung der Remanenz ist für
die in Gruppe 1 und 2 unterteilten Schaltfunktionen nur unter bestimmten Voraussetzungen sinnvoll.
Sind die Voraussetzungen nicht erfüllt, wird der Istwert bei Spannungswieder-
kehr gelöscht. Ist die „R"-Spule angesteuert, wird der Istwert ebenfalls gelöscht.

Gruppe 1	Ansprechverzögert
	Ansprechverzögert mit Zufallsbereich Schalten
	Impulsformend
	Blinkend
Gruppe 2	Rückfallverzögert
	Rückfallverzögert mit Zufallszeitbereich Schalten

Remanenz bei Gruppe 1
Voraussetzung:
Die Ansteuerung der Triggerspule TT7, TT8 besitzt beim Einschalten der Versorgungsspannung während des Ablaufs der Zeit sicher den Wert „1" (eingeschaltet).
Dies kann über remanente Merker oder über Eingänge, die an Spannung liegen, realisiert werden.

Remanenz bei Gruppe 2

Voraussetzung:

Die Ansteuerung der Triggerspule TT7, TT8 besitzt beim Einschalten der Versorgungsspannung während des Ablaufs der Zeit sicher den Wert „0" (ausgeschaltet).

Dies kann über remanente Merker oder über Eingänge, die nicht an Spannung liegen, realisiert werden.

Beispiele

Ansprechverzögert, ansprechverzögert mit Zufallsbereich schalten, remanent

Aufgabe 1 (ansprechverzögert):

Ein Antriebsmotor muss 30 Sekunden nach dem ersten Einschalten der Anlage anlaufen.

Verwendete Kontakte und Relais:

I1 Einschalten

Q2 Motor

T8 Verzögerungszeit.

Die Lösung erfolgt über den Eingang, der beim Einschalten sicher den Zustand „1" besitzt.

I1 muss beim Wiedereinschalten der Spannung eingeschaltet sein.

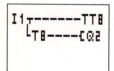 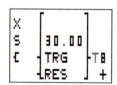

Abb. 8.8: Schaltplan und Parameteranzeige Aufgabe 1 ansprechverzögert

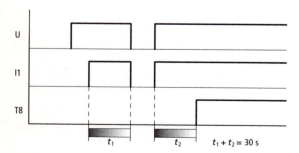

U = Versorgungsspannung

Abb. 8.9: Wirkdiagramm
Eingang sicher „1"

Aufgabe 2:
Ein Transportband soll leer gefahren werden. Dieses Leerfahren geschieht, indem nach dem Befehl „STOP BAND" das Band über ein Zeitrelais so lange weiter fährt, bis die Zeit abgelaufen ist. Wird dieser Vorgang durch eine Spannungsunterbrechung unterbrochen, darf das Band nach dem Einschalten nur noch die Restzeit „leerfahren".

Verwendete Kontakte und Relais:
T6/T7 Impulsformer
I2 Start Förderband
Q1 Motor Förderband
I3 Stop Förderband
M16 Stop gewählt
T8 Nachlaufzeit.

Die Lösung erfolgt über remanente Merker.

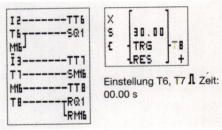

Einstellung T6, T7 ⫪ Zeit: 00.00 s

Abb. 8.10: Schaltplan und Parameteranzeige Aufgabe 2 ansprechverzögert

I2 und I3 werden mittels T6/T7 in Zykluswischer umgewandelt. Es wird nur das Betätigen der Taster erkannt. Würden die Taster immer betätigt bleiben, erfolgten Fehlfunktionen.
Im obigen Beispiel muss T7 nicht remanent sein.
Der Schließer von T8 schließt für einen EASY-Zyklus und setzt M16, Q1 zurück.

Rückfallverzögert, rückfallverzögert mit Zufallszeitbereich schalten, remanent

Aufgabe:
Leerfahren eines Transportbands.

Verwendete Kontakte und Relais:
T6/T7 Impulsformer
I2 Start Förderband
Q1 Motor Förderband
I3 Stop Förderband
M16 Stop angewählt
T8 Nachlaufzeit.

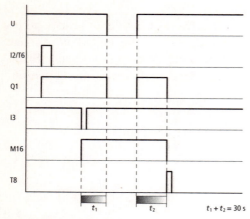

Abb. 8.11: Wirkdiagramm remanente Merker

U = Versorgungsspannung

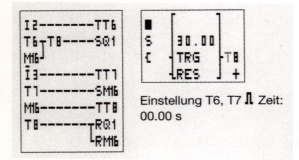

Einstellung T6, T7 ⅃ Zeit: 00.00 s

Abb. 8.12: Schaltplan und Parameteranzeige Leerfahren eines Transportbands

I2 und I3 werden mittels T6/T7 in Zykluswischer umgewandelt. Es wird nur das Betätigen der Taster erkannt. Würden die Taster immer betätigt bleiben, erfolgten Fehlfunktionen.

Im obigen Beispiel muss T7 nicht remanent sein.

Impulsformendes Zeitrelais, remanent

Impulsformende Zeitrelais eignen sich zur Dosierung von Klebstoff, Flüssigkeiten etc.

Aufgabe: Eine Schmiereinrichtung soll immer die gleiche Menge Öl abgeben.

Verwendete Kontakte und Relais:

I1 Start schmieren

Q1 Ölventil

T8 Ölzeit.

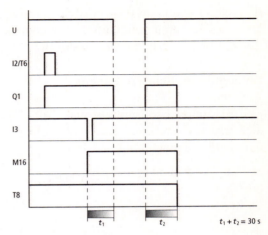

Abb. 8.13: Wirkdiagramm Leerfahren eines Transportbands

U = Versorgungsspannung

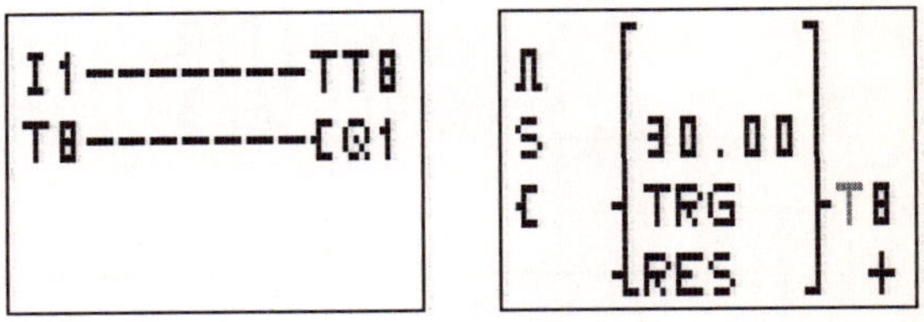

Abb. 8.14: Schaltplan und Parameteranzeige Schmiereinrichtung

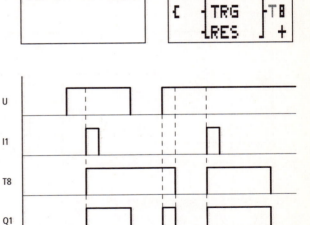

Abb. 8.15: Wirkdiagramm Schmiereinrichtung

U = Versorgungsspannung

Bereich A: In diesem Falle wird die Versorgungsspannung unterbrochen.
Die restliche Impulszeit läuft nach erneutem Einschalten ab.
Bereich B: Die Zeit läuft in diesem Bereich ohne Unterbrechung ab.

Blinkend schaltend, remanent
Aufgabe:
Ein Farbstempel soll mittels einer Blinkfunktion in zeitlich gleichen Abständen herunterfahren, um eine Farbfläche zu drucken, und wieder hochfahren,
um die Fläche unbedruckt zu lassen.

Verwendete Kontakte und Relais:
Q1 Ventil
T8 Zeit.

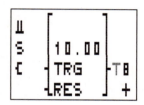

Abb. 8.16: Schaltplan und Parameteranzeige Farbstempel

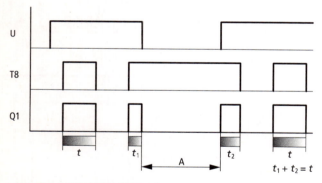

U = Versorgungsspannung

Abb. 8.17: Wirkdiagramm
Farbstempel

Bereich A:
In diesem Bereich fällt die Spannung aus. Die Restzeit läuft nach dem erneuten Einschalten ab.

Remanenter Vor-/Rückwärtszähler C7, C8

Wirkungsweise der Remanenz
Der Istwert des Zählers C7, C8 ist remanent.

Beispiele:

Teile zählen

Aufgabe 1:
Teile werden automatisch in eine Transportkiste gepackt. Auch nach Spannungsausfall soll die gewünschte Anzahl in die Kiste gepackt werden. Ist die Kiste voll, wird die Kiste manuell entfernt und der Zähler rückgesetzt.

Verwendete Kontakte und Relais:

I5 Teile zählen
I6 Rücksetzen Zähler
Q1 Stop Teile, Signalleuchte
C8 Vorwärtszähler.
Ist die Bedingung zum Rücksetzen des Zählers gegeben, wird der Istwert des Zählers rückgesetzt.

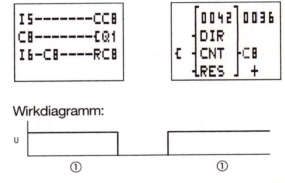

Wirkdiagramm:

Abb. 8.18: Schaltplan, Parameteranzeige und Wirkdiagramm Teile zählen

① Der Zählwert 36 bleibt auch nach Spannungsausfall bestehen.

U = Versorgungsspannung

1 Der Zählwert 36 bleibt auch nach Spannungsausfall bestehen.
U Versorgungsspannung.

Betriebsstundenzähler für Wartungsintervalle
Aufgabe 2:
Alle 1000 Stunden muss die Anlage/Maschine auf mögliche Defekte untersucht werden.
Filtermatten-, Getriebeölwechsel, Lagerschmierung müssen vorgenommen werden.

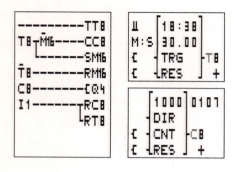

Abb. 8.19: Schaltplan und Parameteranzeigen Betriebsstundenzähler

Verwendete Kontakte und Relais:

T8 Zeittakt

M16 Abblocken Doppelimpuls

C8 Vorwärtszähler

Q4 Warnleuchte, 1000 h erreicht

I1 Rücksetzen.

Funktion des EASY-Schaltplans:

T8 gibt den Zeittakt vor. Bei der Zeitwahl vont = 30 Min. beträgt die Zählperiode 2 x t = 60 Min.

Jede Stunde wird ein Impuls gezählt. Vorwärtszähler C8 schaltet bei „1000" mittels Q4 eine Warnmeldung.

Damit bei Spannungsabfall der Zeittakt stimmt, muss T8 remanent sein.

M16 verhindert, dass C8 beim Wiedereinschalten versehentlich einen Zählimpuls erhält, wenn es während der Zählperiode von T8 einen Spannungsausfall gegeben hat.

Sowohl M16 als auch C8 müssen ihre Istwerte bei Spannungsausfall erhalten, damit die 1000 Stunden Betriebszeit mit Unterbrechungen der Versorgungsspannung gezählt werden können.

Mittels I1 (z. B. Schlüsselschalter) wird der Zähler rückgesetzt.

Bereich A: Wert vor Spannungsausfall: 107 Wert nach Wiedereinschaltung: 107

Das Zeitrelais T8 beendet nach Wiedereinschaltung die Zählperiode.

Automatische Schmierung in gleichen Intervallen und konstanter Schmiermenge

Aufgabe 3:

60 Minuten nach der letzten Schmierung müssen die Lager einer Maschine für 30 Sekunden geschmiert werden.

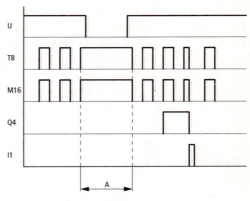

Abb. 8.20: Wirkdiagramm Betriebsstun-
denzähler   U = Versorgungsspannung

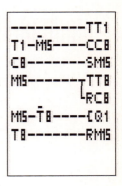

Abb. 8.21: Schaltplan Schmierungsintervalle

Verwendete Kontakte und Relais:
T1 Zeittakt
M15 Schmieren
Q1 Ventil
T8 Schmierzeit
C8 Vorwärtszähler.

Parametereingabe: Parameteranzeige: Parametereingabe:

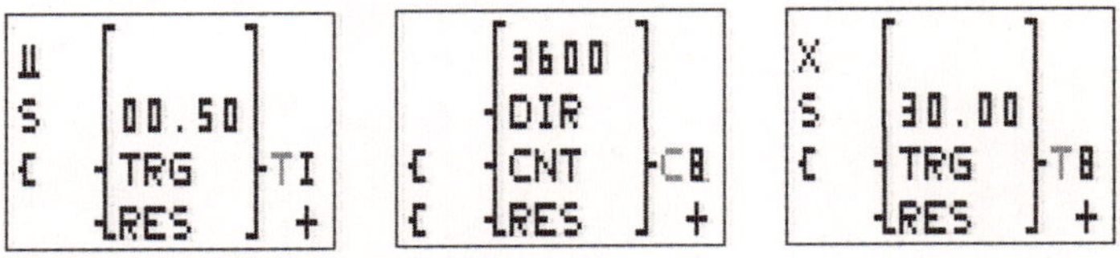

```
 ⮑   ┌        ┐         ┌        ┐       X   ┌        ┐
 S   │ 00.50  │         │ 3600   │       S   │ 30.00  │
 ⊏   ┤ TRG  ├TI        ⊏ ┤ DIR  ┤       ⊏   ┤ TRG  ├T8
     └RES   ┘ +        ⊏ ┤ CNT  ├C8         └RES   ┘ +
                         └RES   ┘ +
```

Abb. 8.22: Parameter Schmierungsintervalle

Funktion des EASY-Schaltplans:

T1 gibt den Zeittakt vor. Bei der Zeitwahl von t = 0,5 Sekunden beträgt die Zählperiode 2 x t = 1 s. Jede Sekunde wird ein Impuls gezählt. Der Vorwärtszähler C8 schaltet bei 3600 Zählimpulsen (3600 s = 1 h) mittels M15 das Ventil Q1 ein. M15 setzt C8 zurück und bereitet C8 für die nächste Stunde vor. Damit C8 nicht weiter zählt, blockt der Öffner von M15 die Zählimpulse ab. T8 wird mittels M15 angesteuert. Ist T8 abgelaufen, werden M15 und T8 rückgesetzt. Damit bei Spannungsabfall sowohl die abgelaufene Zeit (Zähler C8) von der letzten Schmierung an als auch der Schmierimpuls konstant bleibt, müssen C8, M15 und T8 remanent sein.

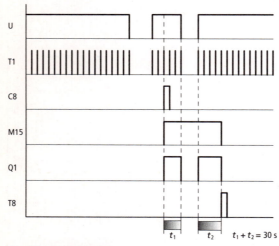

t_1 t_2 $t_1 + t_2 = 30\,s$

U = Versorgungsspannung

Abb. 8.23: Wirkdiagramm
Schmierungsintervalle

9 So arbeitet EASY

EASY Schaltplan-Zyklus

In der herkömmlichen Steuerungstechnik arbeitet eine Relais- oder Schützsteuerung alle Strompfade parallel ab. Die Schaltgeschwindigkeit eines Schützkontakts liegt dabei abhängig von den verwendeten Komponenten zwischen 15 bis 40 ms für das Anziehen und Abfallen.

EASY arbeitet intern mit einem Mikroprozessor, der die Kontakte und Relais eines Schaltplans nachbildet und daher Schaltvorgänge wesentlich schneller ausführen kann. Der EASY-Schaltplan wird dabei zyklisch je nach Schaltplanlänge alle 0,5 ms bis 40 ms abgearbeitet. In dieser Zeit durchläuft EASY nacheinander fünf Segmente.

9.1 Wie EASY den Schaltplan auswertet:

In den ersten drei Segmenten wertet EASY nacheinander die Kontaktfelder aus. EASY prüft dabei, ob Kontakte parallel oder in Reihe geschaltet sind und speichert die Schaltzustände aller Kontaktfelder.

Im vierten Segment weist EASY allen Spulen in einem Durchlauf die neuen Schaltzustände zu.

Das fünfte Segment liegt außerhalb des Schaltplans. EASY benutzt es, um mit der „Außenwelt" in Kontakt zu treten: Die Ausgangsrelais „Q1" bis „Q.." werden geschaltet und die Eingänge „I1" bis „I.." neu eingelesen. Zusätzlich kopiert EASY alle neuen Schaltzustände in das Zustandsabbild.

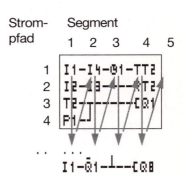

Abb. 9.1: So arbeitet EASY den Schaltplan ab

EASY benutzt nur dieses Zustandsabbild während eines Zyklusdurchlaufs. Damit ist gewährleistet, dass für einen Zyklus jeder Strompfad mit den gleichen Schaltzuständen ausgewertet wird, auch wenn beispielsweise die Eingangssignale an „I1" bis „I 12" zwischenzeitlich mehrmals gewechselt haben.

Auswirkungen auf die Schaltplanerstellung
EASY wertet den Schaltplan in der Folge dieser fünf Bereiche aus. Zwei Sachverhalte sollten Sie deshalb bei der Schaltplanerstellung beachten.

1. Das Umschalten einer Relaisspule verändert erst im nächsten Zyklus den Schaltzustand eines zugehörigen Kontakts.
2. Verdrahten Sie vorwärts oder nach oben oder unten. Verdrahten Sie nicht rückwärts.

Beispiel: Einen Zyklus später umschalten
Im Schaltplan ist eine Selbsthalteschaltung dargestellt.
Wenn „I1" und „I2" geschlossen sind, wird der Schaltzustand der Relaisspule „ { Q1" über den Kontakt „Q1" „gehalten".

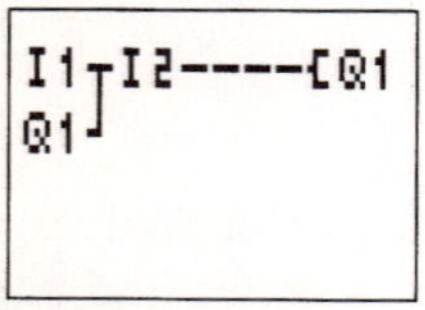

```
I1┬I2----[Q1
Q1┘
```

Startbedingung:
„I1", „I2" eingeschaltet

Abb. 9.2: Schaltplan Startbedingung

1. Zyklus: „I1" und „I2" sind eingeschaltet. Die Spule „ { Q1" zieht an.
Der Schaltkontakt „Q1" bleibt ausgeschaltet, da EASY von links nach rechts auswertet.

2. Zyklus: Erst hier wird die Selbsthaltung aktiv. EASY hat die Spulenzustände am Ende des ersten Zyklus auf den Kontakt „Q1" übertragen.

Beispiel: Nicht rückwärts verdrahten
Dieses Beispiel befindet sich in Kapitel 5. Dort wurde es im Abschnitt „Verbindungen erstellen und ändern" benutzt, um zu zeigen, wie Sie es nicht machen sollten.
EASY trifft im dritten Strompfad auf eine Verbindung zum zweiten Strompfad, in dem das erste Kontaktfeld leer ist. Das Ausgangsrelais wird nicht geschaltet. Benutzen Sie bei mehr als drei Kontakten in Reihe eines der Hilfsrelais.

```
 I1-Q4-Ī3┐
 ┌──────┐
      └I2-I4-[Q2
```
Abb. 9.3: nicht rück-
wärts verdrahten

```
I1-Q4-Ī3-[M1
I2-I4-M1-[Q2
```
Abb. 9.4: Hilfsrelais
benutzen

9.2 EASY-Schaltplan-Zykluszeit ermitteln

Um die maximale Zählfrequenz oder die Reaktionszeit von EASY zu ermitteln, ist es unbedingt erforderlich, die maximale Zykluszeit zu wissen.

Für EASY 412 kann die Zykluszeit wie folgt ermittelt werden:

	Anzahl	Zeitdauer in μs	Summe
Grundtakt	1	210	–
Refresh	1	3500	–
Kontakte und überbrückte Kontaktfelder	–	20	–
Spulen	–	20	–
Strompfade vom ersten bis letzten, auch leere dazwischen	–	50	–
Verbinder (nur ⌐, ∟, ┤)	–	20	–
Zeitrelais (s. 00/-29)	–	–	–
Zähler (s. 00/-29)	–	–	–
Analogwertverarbeiter (s. 00/-29)	–	–	–
Summe			–

Abb. 9.5: Zykluszeitermittlung EASY 412

Anzahl	1	2	3	4	5	6	7	8
Zeitrelais in μs	20	40	80	120	160	200	240	280
Zähler in μs	20	50	90	130	170	210	260	310
Analogwertvergleicher in μs	80	100	120	140	160	180	220	260

Abb. 9.6: Zeitdauer für die Bearbeitung von Funktionsrelais EASY 412

Hinweise in der linken Spalte beziehen sich auf die Tabelle „Zykluszeitermittlung" in Kapitel 14.

Beispiel 1: Parallelschaltung EASY 412

Maximale Zykluszeitbestimmung des nachfolgenden Schaltplans:

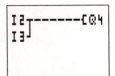

Abb. 9.7: Schaltplan Beispiel 1 Parallelschaltung

	Anzahl	Zeitdauer in µs	Summe
Grundtakt	1	210	210
Refresh	1	3500	3500
Kontakte und überbrückte Kontaktfelder	4	20	80
Spulen	1	20	20
Strompfade vom ersten bis letzten, auch leere dazwischen	2	50	100
Verbinder (nur ⌐, ∟, ⊦)	–	20	–
Zeitrelais (s. 00/-29)	–	–	–
Zähler (s. 00/-29)	–	–	–
Analogwertverarbeiter (s. 00/-29)	–	–	–
Summe			3910

Abb. 9.8: Zykluszeitermittlung für Parallelschaltung

Beispiel 2: Stern/Dreieckanlauf EASY 412

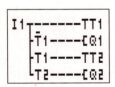

Abb. 9.9: Schaltplan Beispiel 2 Stern/Dreieckanlauf

Hinweise in der linken Spalte beziehen sich auf die Tabelle „Zykluszeitermittlung in Kapitel 14

Beispiel 3: Betriebsstundenzähler EASY 412

Hinweise in der linken Spalte beziehen sich auf die Tabelle „Zykluszeitermittlung in Kapitel 14

	Anzahl	Zeitdauer in μs	Summe
Grundtakt	1	210	210
Refresh	1	3500	3500
Kontakte und überbrückte Kontaktfelder	9	20	180
Spulen	4	20	80
Strompfade vom ersten bis letzten, auch leere dazwischen	4	50	200
Verbinder (nur ⌐, ∟, ⊢)	3	20	60
Zeitrelais (s. 00/-29)	2	40	40
Zähler (s. 00/-29)	–	–	–
Analogwertverarbeiter (s. 00/-29)	–	–	–
Summe			4270

Abb. 9.10: Zykluszeitermittlung für Stern/Dreieckanlauf

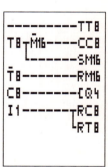

Abb. 9.11: Schaltplan Beispiel 3 Betriebsstundenzähler EASY 412

	Anzahl	Zeitdauer in μs	Summe
Grundtakt	1	210	210
Refresh	1	3500	3500
Kontakte und überbrückte Kontaktfelder	17	20	340
Spulen	7	20	140
Strompfade vom ersten bis letzten, auch leere dazwischen	7	50	350
Verbinder (nur ⌐, ∟, ⊢)	2	20	40
Zeitrelais (s. 00/-29)	1	20	20
Zähler (s. 00/-29)	1	20	20
Analogwertverarbeiter (s. 00/-29)	–	–	–
Summe			4620

Abb. 9.12: Zykluszeitermittlung für Betriebsstundenzähler EASY 412

Für EASY 600 kann die Zykluszeit wie folgt ermittelt werden:

	Anzahl	Zeitdauer in µs	Summe
Grundtakt	1	520	–
Refresh	–	5700	–
Kontakte und überbrückte Kontaktfelder	–	40	–
Spulen	–	20	–
Strompfade vom ersten bis letzten, auch leere dazwischen	–	70	–
Verbinder (nur Γ, L, ⊦)	–	40	–
Zeitrelais (s. 00/-29)	–	–	–
Zähler (s. 00/-29)	–	–	–
Analogwertverarbeiter (s. 00/-29)	–	–	–
Summe			–

Abb. 9.13: Zykluszeitermittlung EASY 600

Anzahl	1	2	3	4	5	6	7	8
Zeitrelais in µs	40	120	160	220	300	370	440	540
Zähler in µs	40	100	160	230	300	380	460	560
Analogwert-vergleicher in µs	120	180	220	260	300	360	420	500

Abb. 9.14: Zeitdauer für die Bearbeitung von Funktionsrelais EASY 600

Beispiel: Betriebsstundenzähler EASY 600

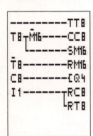

Abb. 9.15: Schaltplan Betriebsstundenzähler EASY 600

Hinweise in der linken Spalte beziehen sich auf die Tabelle „Zykluszeitermittlung in Kapitel 14

9.3 Verzögerungszeiten für Ein- und Ausgänge

Die Zeit vom Einlesen der Ein- und Ausgänge bis zum Schalten der Kontakte im Schaltplan können Sie in EASY über die Verzögerungszeit einstellen. Hilfreich ist diese Funktion, um beispielsweise ein sauberes Schaltsignal trotz Kontaktprellen zu erzeugen.

	Anzahl	Zeitdauer in μs	Summe
Grundtakt	1	520	520
Refresh	–	5700	5700
Kontakte und überbrückte Kontaktfelder	17	40	680
Spulen	7	20	140
Strompfade vom ersten bis letzten, auch leere dazwischen	7	70	490
Verbinder (nur ⌐, └, ├)	2	40	180
Zeitrelais (s. 00/-29)	1	–	60
Zähler (s. 00/-29)	1	–	40
Analogwertverarbeiter (s. 00/-29)	–	–	–
Summe			7710

Abb. 9.16: Zykluszeitermittlung für Betriebsstundenzähler EASY 600

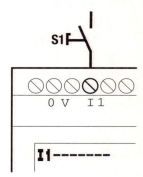

Abb. 9.17: Prellender Kontakt an I1

EASY-DC und EASY-AC arbeiten mit physikalisch unterschiedlichen Eingangsspannungen und unterscheiden sich daher in der Länge und in der Auswertung von Verzögerungszeiten.

Verzögerungszeiten bei Basisgeräten EASY-DC

Die Eingangsverzögerung bei Gleichspannungssignalen beträgt 20 ms.

Ein Eingangssignal „S1" muss also mindestens 20 ms lang mit einem Pegel von 15 V an der Eingangsklemme anliegen, bevor der Schaltkontakt intern von „0" auf „1" umschaltet (A).

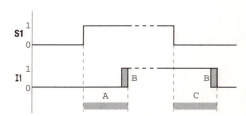

Abb. 9.18: Wirkdiagramm Verzögerungszeit 20ms

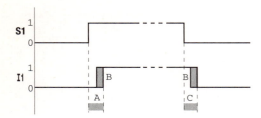

Abb. 9.19: Wirkdiagramm Verzögerungszeit 0,25 ms bei abgeschalteter
Eingangsverzögerung

Hinzugerechnet werden muss gegebenenfalls die Zykluszeit (B), da EASY das
Signal erst am Anfang eines Zyklus erkennt.
Beim Abfallen des Signals von „1" auf „0" gilt die gleiche Zeitverzögerung
(C).

Wenn die Eingangsverzögerung abgeschaltet ist, reagiert EASYeits nach etwa
0,25 ms auf ein Eingangssignal.
Typische Verzögerungszeiten bei abgeschalteter Eingangsverzögerung sind:
Einschaltverzögerung für I1 bis I12: 0,25 ms.
Ausschaltverzögerung für I1 bis I6 und I9 bis I12: 0,4 ms I7 und I8: 0,2 ms.

Hinweis:
Achten Sie auf störfreie Eingangssignale, wenn die Eingangsverzögerung ab-
geschaltet ist.
EASY reagiert bereits auf sehr kurze Signale.

Verzögerungszeit bei Basisgeräten „easy"-AC
Die Eingangsverzögerung bei Wechselspannungssignalen ist abhängig von der
Frequenz:
Einschaltverzögerung:
80 ms bei 50 Hz, 66 ms bei 60 Hz.
Ausschaltverzögerung für:
I1 bis I6 und I9 bis I12: 80 ms (66 ms)
I7 und I8: 160 ms (150 ms) bei EASY 412-AC
I7 und I8: 80 ms (66 ms) bei EASY 6..-AC.
Die jeweiligen 60-Hz-Werte sind in Klammern angegeben.

Bei eingeschalteter Verzögerung prüft EASY im Takt von 40 ms (33 ms), ob
an einer Eingangsklemme eine Halbwelle anliegt (1. und 2. Impuls bei A).
Registriert EASY nacheinander zwei Impulse, schaltet das Gerät intern den
entsprechenden Eingang ein.
Umgekehrt wird der Eingang wieder ausgeschaltet, sobald EASY zweimal
nacheinander keine Halbwellen mehr erkennt (1. und 2. Impuls bei B).

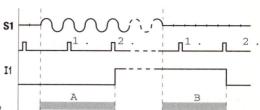

Abb. 9.20: Wirkdiagramm zwei Impulse

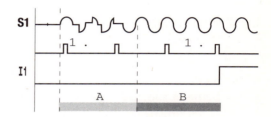

Abb. 9.21: Wirkdiagramm prellender
Taster

Prellt ein Taster oder Schalter (A), kann sich die Verzögerungszeit um 40 ms (33 ms) verlängern (A).

Wenn die Eingangsverzögerung abgeschaltet ist, verringert sich die Verzögerungszeit.

Einschaltverzögerung:

20 ms (16,6 ms).

Ausschaltverzögerung für:

I1 bis I6 und I9 bis I12: 20 ms (16,6 ms).

Ausschaltverzögerung:

I7 und I8: 100 ms (100 ms) bei EASY 412-AC..

I7 und I8: 20 ms (16,6 ms) bei EASY 6..-AC-RC(X).

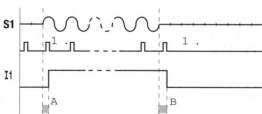

Abb. 9.22: Wirkdiagramm ein Impuls
erkannt

EASY schaltet den Kontakt, sobald ein Impuls erkannt wird (A).
Wird kein Impuls erkannt, schaltet EASY den Kontakt aus (B).

Abfrage von Kurzschluss/Überlast bei EASY..-DC-T..

Die Abfrage, ob ein Kurzschluss oder eine Überlast an einem Ausgang besteht, kann mittels der internen Eingänge I15, I16, R15, R16, je nach EASY-Typ, erfolgen.

EASY 412-DC-T..:
I16 = Sammelstörmelder für Ausgänge Q1 bis Q4.

EASY 620/621-DC-TC:
I16 = Sammelstörmelder für Ausgänge Q1 bis Q4.
I15 = Sammelstörmelder für Ausgänge Q5 bis Q8.

EASY 620-DC-TE:
R16 = Sammelstörmelder für Ausgänge S1 bis S4.
R15 = Sammelstörmelder für Ausgänge S5 bis S8.

Zustand Ausgänge	Zustand I15 oder I16, R15 oder R16
Kein Fehler vorhanden	„0" = ausgeschaltet (Schließer)
Mindestens ein Ausgang hat einen Fehler	„1" = eingeschaltet (Schließer)

Abb. 9.23: Fehlererkennung

Transfer EASY-TC-DC ⇨ Speicherkarte ⇨ EASY..-..-R...

I16 wird beim Transfer des Schaltplans von der Speicherkarte in das „easy" übernommen.
I16 erscheint als I16.
Der logische Zustand ist „0" = ausgeschaltet (Schließer).
Wird I16 editiert, kann nur I1 bis I8 eingegeben werden.
I16 kann mit der Taste „DEL" gelöscht werden.

Transfer EASY-DC-TC ⇨EASY-SOFT (PC)

Die EASY-SOFT, V 1.0, kann den Eingang I16 nicht verarbeiten.
I16 wird beim Transfer in die EASY-SOFT gelöscht.
Die EASY-SOFT, V 1.1, toleriert I16 ohne Editierfunktion.
Beim Download des Schaltplans wird I16 übertragen.
Die Auswertung von I16 sollte entsprechend der Anwendung erfolgen.
Nachfolgende Beispiele sind für I16 = Q1 bis Q4 ausgeführt.
I15 signalisiert in gleicher Weise den Kurzschluss- und Überlastzustand von Q5 bis Q8.

Beispiel 1: Auswahl eines Ausgangs mit Störausgabe

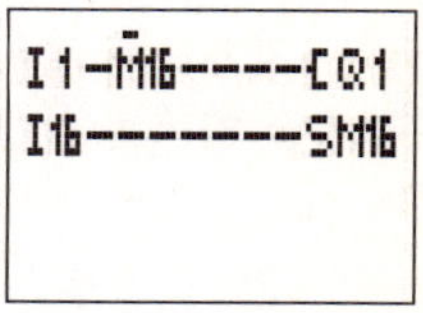

```
I 1-M̄16----[Q1
I16--------S·M16
```

Abb. 9.24: Schaltplan Ausgang mit Störausgabe

Obiger Schaltplan wirkt wie folgt:
Sollte ein Transistor-Ausgang einen Fehler melden, wird M16 von I16 gesetzt.
Der Öffner von M16 schaltet den Ausgang Q1 ab. M16 kann durch
Spannungsreset der „easy"-Versorgungsspannung gelöscht werden.

Beispiel 2: Ausgabe des Betriebsstands

```
I 1-M̄16----[Q1
I16--------S·M16
M16--------[Q4
```

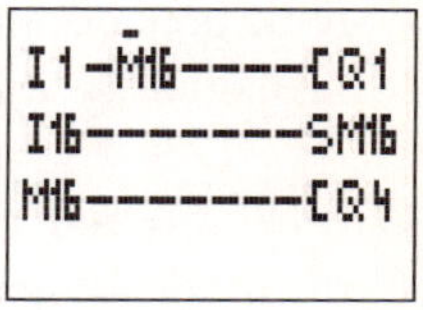

Abb. 9.25: Ausgabe des Betriebsstands

Obige Schaltung wirkt wie im Beispiel 1 beschrieben.
Als Zusatz wird bei Überlasterkennung die Meldeleuchte an Q4 angesteuert.
Hat Q4 Überlast, würde er „pulsen".

Beispiel 3: Automatischer Reset der Fehlermeldung

```
I 1-M̄16----[Q1
I16--------S·M16
M16--------TT8
T8---------R·M16
M16--------[Q4
```

Abb. 9.26: Automatischer Reset der Fehlermeldung

Obiger Schaltplan wirkt wie Beispiel 2.
Zusätzlich wird durch das Zeitrelais T8 (ansprechverzögert, 60 s) alle 60 Se-
kunden der Merker M16 rückgesetzt.
Besitzt I16 weiterhin den Zustand „1", bleibt M16 weiterhin gesetzt.
Q1 wird für eine kurze Zeit in den Zustand „1" gesetzt, bis I16 erneut abschal-
tet.

9.4 EASY 600 erweitern

Die „easy"-Typen EASY 619/621-... können Sie mit den Erweiterungen EASY 618-AC-RE oder EASY 620-DC-TE zentral oder – über das Koppelmodul EASY 200-EASY – dezentral erweitern.
Dazu installieren Sie die Geräte und schließen Sie die Ein- bzw. Ausgänge an (Siehe Kap. 3: Erweiterung anschließen).

Die Eingänge der Erweiterungen verarbeiten Sie im EASY-Schaltplan wie die Eingänge im Basisgerät als Kontakte.
Die Eingangskontake heißen R1 bis R12.
R15, R16 sind die Sammelstörmelder der Transistorerweiterung
(siehe auch Abfrage von Kurzschluss/Überlast).
Die Ausgänge werden als Relaisspule oder Kontakt wie die Ausgänge im Basisgerät behandelt
Die Ausgangsrelais heißen S1 bis S8.

Wie wird eine Erweiterung erkannt?
Wird mindestens ein Kontakt „R" oder Kontakt/Spule „S" im Schaltplan verwendet, geht das Basisgerät davon aus, dass eine Erweiterung angeschlossen wird.

Übertragungsverhalten
Die Ein- und Ausgänge der Erweiterungseinheiten werden bidirektional seriell übertragen.
Bitte beachten Sie die veränderten Reaktionszeiten der Ein- und Ausgänge der Erweiterungen:
Beim EASY 618-AC-RE sind die Ausgänge S1 bis S6 vorhanden. Die übrigen Ausgänge S7, S8 können als Merker benutzt werden.

Reaktionszeiten der Ein- und Ausgänge der Erweiterungen
Die Einstellung der Eingangsentprellung hat keinen Einfluss auf das Erweiterungsgerät.

Zeiten für die Übertragung der Ein- und Ausgänge:

Zentrale Erweiterung
Zeit für Eingänge R1 bis R12:
30 ms + 1 Zykluszeit.
Zeit für Ausgänge S1 bis S6 (S8):
15 ms + 1 Zykluszeit.

Dezentrale Erweiterung
Zeit für Eingänge R1 bis R12:
80 ms + 1 Zykluszeit.
Zeit für Ausgänge S1 bis S6 (S8):
40 ms + 1 Zykluszeit.

Überwachung der Funktionsfähigkeit der Erweiterung
Ist die Erweiterung nicht mit Spannung versorgt, besteht keine Verbindung zwischen dem Basisgerät und der Erweiterung. Die Erweiterungseingänge R1 bis R12, R15, R16 werden mit dem Zustand „0" im Basisgerät verarbeitet. Es ist nicht sichergestellt, dass die Ausgänge S1 bis S8 zum Erweiterungsgerät übertragen werden. Der Zustand vom internen Eingang I14 des Basisgeräts signalisiert den Zustand des Erweiterungsgeräts:

I14 = „0": Erweiterungsgerät ist funktionsfähig
I14 = „1": Erweiterungsgerät ist nicht funktionsfähig.

Warnung!
Überwachen sie die Funktionsfähigkeit der Easy-Erweiterung ständig, damit Fehlschaltungen in der Maschine oder Anlage vermieden werden.

Beispiel:
Die Erweiterung kann später an Spannung gelegt werden als das Basisgerät.
Damit geht das Basisgerät mit einer fehlenden Erweiterung in die Betriebsart „Run".
Der nachfolgende „easy"-Schaltplan erkennt, ab wann die Erweiterung betriebsbereit ist oder ob sie ausgefallen ist.

Abb. 9.27: Erkennung: Erweiterung betriebsbereit

Solange I14 den Zustand „1" besitzt, wird der restliche Schaltplan übersprungen. Besitzt I14 den Zustand „0", wird der Schaltplan abgearbeitet. Koppelt die Erweiterung aus irgendeinem Grund ab, wird der Schaltplan wieder übersprungen. M1 erkennt, dass der Schaltplan nach Einschalten der Spannung für mindestens einen Zyklus abgearbeitet wurde. Wird der Schaltplan übersprun-

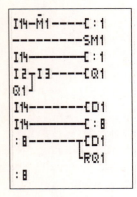

Abb. 9.28: LCD-Ausgabe und Rücksetzen der Ausgänge

gen, bleiben alle Ausgänge im letzten Zustand. Soll dies nicht sein, so ist das nächste Beispiel anzuwenden.

Beispiel mit LCD-Ausgabe und Rücksetzen der Ausgänge

10 Dezentrale Erweiterung und Busanbindung mit EASY

10.1 EASY-Link

Um größere Maschinen zu steuern oder räumlich getrennte Aufgaben zu lösen, brauchen Sie dezentral weitere Ein- und Ausgänge. Hierfür verbinden Sie das EASY200EASY mit einem erweiterbaren Basisgerät. Mit einer einfachen Zweidrahtleitung binden Sie EASY-Erweiterungen in einer Entfernung von bis zu 30 m an. Teure Busanbindungen sind nicht nötig.

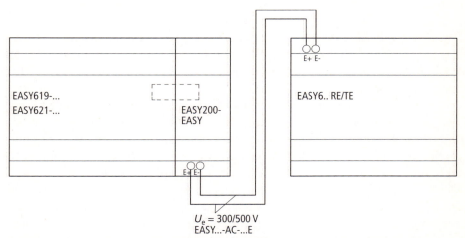

Abb. 10.1: Dezentrale Kopplung mit EASY200EASY und einer Zweidrahtleitung

EASY geht über Grenzen hinweg

Industrielle Kommunikation und Bustechnologie
Die Informationstechnologie bestimmt zunehmend das Wachstum in der Automatisierungstechnik. Sie veränderte Hierarchien, Strukturen und Abläufe in der ganzen Bürowelt und hat nun alle Branchen von der Prozess- über die Fer-

tigungsindustrie und Logistik bis hin zur Gebäudetechnik erfasst. Kommunikationsfähigkeit der Geräte und durchgängige, transparente Informationswege sind unverzichtbare Bestandteile zukunftsweisender Automatisierungskonzepte. Dabei findet die Kommunikation zunehmend direkt, sowohl horizontal auf der Feldebene als auch vertikal über alle Hierarchieebenen hinweg statt. Abgestufte und aufeinander abgestimmte industrielle Kommunikationssysteme wie Ethernet, PROFIBUS und AS-Interface bieten je nach Einsatzfall und Preis die idealen Voraussetzungen für die transparente Vernetzung in allen Bereichen des Produktionsprozesses.

In der Aktuator-/Sensor-Ebene werden die Signale der binären Sensoren und Aktuatoren über einen Sensor-/Aktuatorbus übertragen. Hierfür ist eine besonders einfache und kostengünstige Installationstechnik, bei der Daten und 24 Volt Versorgungsspannung der Endgeräte über ein gemeinsames Medium übertragen werden, ein wichtiges Anforderungskriterium. Die Übertragung der Daten erfolgt streng zyklisch. Mit AS-Interface steht ein geeignetes Bussystem für diesen Anwendungsbereich zur Verfügung.

In der Feldebene kommunizieren die dezentralen Peripheriegeräte, wie E/A-Module, Messumformer, Antriebe, Ventile und Bedienterminals über ein leistungsfähiges, Echtzeit-Kommunikationssystem mit den Automatisierungssystemen. Die Übertragung der Prozessdaten erfolgt zyklisch, während Alarme, Parameter und Diagnosedaten im Bedarfsfall zusätzlich azyklisch übertragen werden müssen. PROFIBUS erfüllt diese Kriterien und bietet sowohl für die Fertigungs- als auch für die Prozessautomatisierung eine durchgängige Lösung.

In der Zellenebene kommunizieren die Automatisierungsgeräte wie SPS und IPC untereinander. Der Informationsfluss erfordert große Datenpakete, und eine Vielzahl leistungsfähiger Kommunikationsfunktionen. Die nahtlose Integration in firmenübergreifende Kommunikationssysteme, wie Intranet und Internet über TCP/IP und Ethernet sind wichtige Anforderungen.

Die IT-Revolution in der Automatisierungstechnik erschließt neue Einsparpotentiale bei der Optimierung der Anlagenprozesse und trägt zu einer besseren Nutzung der Ressourcen bei. Industrielle Kommunikationssysteme übernehmen hierbei eine Schlüsselfunktion.

EASY bietet zwei Schnittstellenmodule an, für Asi und Profibus DP.

In der Folge ein wenig Information zu diesen Bussystemen und die Vorstellung der Erweiterungsmodule.

Aktor Sensor Interface AS-i

Abb. 10.2: EASY205-AS-i

10.2 AS-Interface

Bereits 1990 beginnt die Geschichte von AS-Interface. Elf Sensor/Aktor-Hersteller gründeten ein Konsortium und definierten das Aktuator-Sensor-Interface – kurz AS-Interface oder AS-i – als Bussystem für die unterste Feldebene. Nicht als Konkurrenz, sondern als Ergänzung zu Profibus DP oder Interbus ist AS-i für den einzelnen Sensor spezifiziert.

AS-i ist zur internationalen Normung bei der IEC eingereicht und wird unter der Bezeichnung IEC947-5-xx geführt.

Im Gegensatz zu den bisherigen Feldbussen, die in erster Linie die Kommunikationstechnik im Vordergrund sahen, wurde bei AS-i ein neuer Weg gewählt. Das *Aktuator-Sensor-Interface* ist ein Bussystem für die binäre Sensorik und Aktorik. Den Unterschied zwischen AS-Interface und der konventionellen Verdrahtung bzw. der Verdrahtung über dezentrale Ein-/Ausgabebaugruppen zeigt Folgendes Bild.

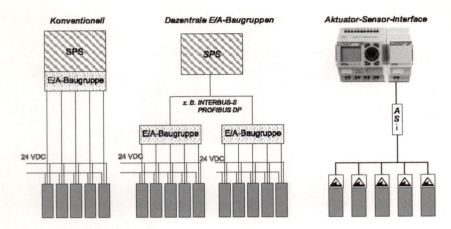

Abb. 10.3: Konventionelle, E/A-Baugruppen und Asi

Bei der konventionellen Verdrahtung muss für jeden Sensor und Aktor die Verbindung zur Energieversorgung realisiert werden und das Signal auf die E/A-Baugruppe aufgelegt werden. Dies bedeutet zum einen einen hohen Kabelaufwand und zum anderen einen hohen Zeitaufwand bei der Installation.

Werden dezentrale E/A-Baugruppen verwendet, sinkt die Menge des benötigten Kabels, jedoch die Anzahl der zu erstellenden Verbindungspunkte bleibt gleich. Das Einsparungspotential ist nicht vollständig ausgeschöpft.

AS-Interface bietet gegenüber diesen beiden Möglichkeiten folgendeVorteile:

1. Verwendung eines zweiadrigen Kabels für die Datenübertragung und die Energieversorgung. Dadurch sinkt die Anzahl der zu erstellenden Verbindungspunkte.

2. Anwendung der Durchdringungstechnik. Aufgrund dessen muss kein Kabel mehr konfektioniert werden. Arbeiten, wie z. B. Abisolieren, Anbringen von Aderendhülsen entfallen. Dies führt dazu, dass der Zeitaufwand für die Installationsarbeiten erheblich sinkt.

3. Entfall der E/A Baugruppen. Der AS-Interface Master ersetzt diese Baugruppen und stellt die Daten entsprechend der eingesetzten SPS oder dem verwendeten Bussystem zur Verfügung. Für kleine Anlagen kann sogar auf die SPS verzichtet werden, da in die AS-Interface Master eine SPS-Funktionalität integriert ist. Die Kapazitäten dieser Kleinst-SPSen sind ausreichend, die an AS-Interface anfallenden Daten zu verarbeiten.

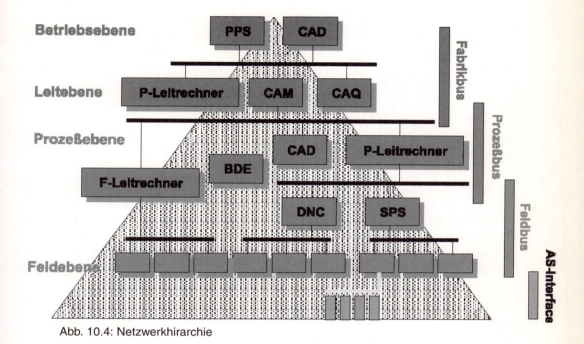

Abb. 10.4: Netzwerkhirarchie

4. Reduzierung oder Verzicht auf Kabelkanäle durch weniger Verdrahtung so-
    wie auf Schaltschränke durch geringe Anzahl an E/A-Gruppen.
    An einem AS-Interface Strang können bis zu 124 einfache Sensoren und
    124 einfache Aktoren oder 31 voll programmierbare AS-Interface Senso-
    ren/Aktoren angeschlossen werden. Kombinationen aus einfachen und in-
    telligenten Sensoren und Aktoren sind selbstverständlich auch möglich.
    AS-Interface wurde ganz bewusst für die unterste Ebene der Automatisie-
    rungshierarchie konzipiert.

Die von AS-Interface zur Verfügung gestellten Daten werden sehr häufig über
ein übergeordnetes Bussystem an die Steuerungseinrichtung übertragen. Wie
schon dargelegt besteht aber auch die Möglichkeit AS-Interface als sog. Stand
Alone-System zu betreiben. Dann ist nur eine serielle Schnittstelle notwendig,
über die das SPS-Programm im Master abgelegt werden kann.
Die Flexibilität von AS-Interface wird durch die verfügbaren Master/Gateways
demonstriert. Das unten stehende Flussdiagramm soll Ihnen eine kleine Hilfe-
stellung bei der Wahl des richtigen AS-Interface Masters bzw. Gateways geben.
Sowohl bei der Projektierung als auch später bei der Wartung und Fehlerdia-
gnose ist AS-Interface unübertroffen komfortabel.

Die Integration von AS-Interface in binäre Sensoren erlaubt die kostenneutrale Erfassung zusätzlicher Informationen wie Vorausfallanzeigen, Betriebsbereitschaftsanzeigen und Diagnose. Zur Projektierung und Visualisierung liefert Pepperl+Fuchs geeignete Software-Tools, die im Lieferumfang eines AS-Interface Masters oder Gateways enthalten sind, sofern sie überhaupt notwendig sind. So ist beispielsweise das Gateway zum InterBus komplett in die Inbetriebnahmesoftware des Bussystemes integriert. Das bedeutet, dass der komplette AS-Interface Strang über das übergeordnete Bussystem projektiert wird, ohne das spezielle Kenntnisse zu AS-Interface notwendig sind.

AS-Interface-Kennwerte

Topologie:	Beliebig: Linie, Stern, Baum
Teilnehmerzahl:	31 AS-Interface-Slaves, bzw. 248 Binärelemente
Zugriffsverfahren:	Master/Slave
Adressvergabe:	Über Master, mit Programmiergerät, oder automatisch bei Austausch
Leitung:	Ungeschirmte Installationsleitung, 2 x 1,5 mm² oder AS-Interface-Flachkabel 2 x 1,5 mm²
Ausdehnung:	100 m Gesamtlänge (mit Repeater mehr)
Übertragungsrate:	ca. 167 kBit/s
Zykluszeit:	5 ms bei 31 Slaves
El. Schnittstelle:	Datenübertragung: APM mit sin²-Pulsen,
Hilfsenergie:	24-30V DC, max. 8 A Gesamtstrom
Bitcodierung:	Manchester
Daten pro Nachricht:	4 Bit bidirektional
Datensicherung:	1Bit Parität + Signalqualitätsüberwachung, entspricht HD = 4.

AS-Interface-Protokoll

Der Anwender kommt normalerweise nicht mit dem Protokoll des AS-Interface (Ebene 2 des OSI-Siebenschichtenmodells) in Berührung. Gleichwohl mag es ihn interessieren.

Es gibt nur ein Mastertelegrammformat und nur ein Slaveantwortformat:

Das *Mastertelegramm* ist stets 14 Bit lang und umfasst 10 Nutzbits.

Die *Slaveantwort* ist stets 7 Bit lang und umfasst 4 Nutzbits.

Der Master fragt der Reihe nach (zyklisch) alle Slaves ab (polling). Jeder Slave ist durch seine Adresse gekennzeichnet (1...31).

Das Mastertelegramm bewerkstelligt einen Datenaufruf: Der Master sendet dem Slave seine 4 Datenbits, bzw. er erhält dessen Datenbits zurück (z.B. den Sensorzustand).

Parameteraufruf: Der Master sendet dem Slave die zur Ferneinstellung notwendigen Parameterbits, bzw. er erhält dessen Parameterbits zurück (z.B. Sensor ist Öffner).

Adressieraufruf: Der Slave mit der Adresse 0 wird auf die neue Adresse gesetzt. Der Slave antwortet mit einer Quittierung (z.B. Austausch eines Slaves). Das Mastertelegramm kann auch Kommandos enthalten z.B.:
E/A-Konfiguration lesen: Der Master sendet dem Slave seine 4 Datenbits, bzw. er erhält dessen Datenbits zurück (z.B. den Sensorzustand).

ID-Code lesen: Der Slave antwortet mit seinem werkseitig eingestelltem Identifikationscode.
Betriebsadresse löschen: Die aktuelle Slaveadresse wird auf 0 gesetzt.

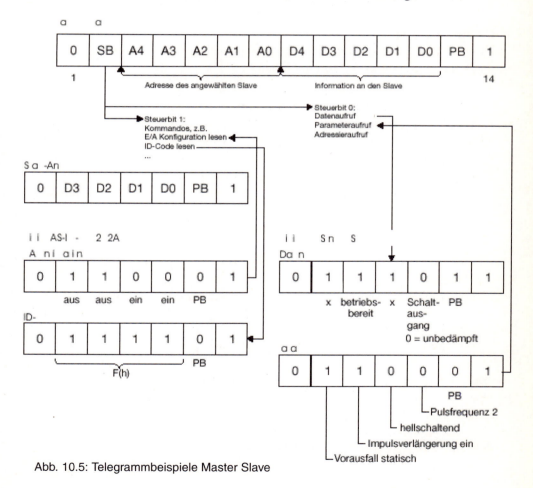

Abb. 10.5: Telegrammbeispiele Master Slave

Datensicherheit

Die Störfestigkeit der Datenübertragung ist ein wichtiges Beurteilungskriterium eines Busses. Bei AS-Interface wird das Telegramm nur mit einem einzigen Bit gesichert. Dies erhöht die Effizienz und verkürzt die Zykluszeit. Durch die besondere Codierungsart
(APM, alternierende Pulsmodulation) und durch ständige Signalqualitätsüberwachung erreicht AS-Interface ohne weiteres HD = 4 (Bild 4). Dieser Fehlererkennungsfaktor HD = 4 ist bei Feldbussen üblich.

Ordnet man AS-Interface in das Schema der Datenintegritätsklassen nach DIN 19244 ein, so sieht man Folgendes: Bei den normalerweise vorkommenden Bitfehlerraten ?s 10 ^{3} liegt AS-Interface in der höchsten Datenintegritätsklasse 3. Diese wird für besonders kritische Informationsübertragung gefordert.

Datencodierung

Die bei Bus-Systemen übliche Manchester-Codierung wird bei AS-Interface durch die alternierende Pulsmodulation (APM) dargestellt.

Damit sind folgende zusätzlicheVorteile verbunden:

1. Die sin²-Pulse (statt Rechteckimpulsen) haben ein relativ schmalbandiges Frequenzspektrum. Dies bewirkt einerseits eine Reduzierung der Störstrahlung nach außen und erlaubt andererseits eine wirksame Ausfilterung von Fremdstörungen. Deshalb benötigt AS-Interface kein geschirmtes Buskabel.

2. Eine einfache Fehlerkontrolle ist möglich, weil
   a) zwei aufeinanderfolgende Pulse verschiedene Polarität haben müssen (Alternation),
   b) in der zweiten Bithälfte stets ein Impuls liegen muss.

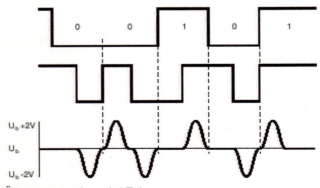

Abb. 10.06: Übertragung eines Asi-Telegramms

Übertragungsrate und Zykluszeit

Die Bitübertragungsrate ist eine vielgenannte, aber nicht sehr aussagekräftige Kenngröße eines Busses. Sie beträgt bei AS-Interface 167 kBd und liegt relativ niedrig. Sie wurde so tief gewählt, um Störungen durch Leitungsreflexionen auch bei komplexen Leitungskonfigurationen auszuschließen.

Da bei AS-Interface keine Abschlusswiderstände verwendet werden – eine wesentliche Installationserleichterung – ist die Leitungslänge auf 100 m beschränkt. Weiterhin wurde auf einen Schirm verzichtet. Trotz dieses Verzicht ist der AS-i sehr störunempfindlich. Tests an einem Schweissroboter zeigten, dass das System AS-i durch diese extremen Störungen nicht beeinflusst wird.

Die eigentlich wichtige zeitliche Kenngröße eines Busses ist die Zykluszeit. Bei vollem Ausbau (31 Slaves oder 124 Binärsensoren + 124 Binäraktoren) beträgt die Zykluszeit bei AS-Interface 5 ms. Damit befindet sich AS-Interface in der Gruppe der schnellsten Busse.

Die Durchgängigkeit von AS-Interface

Zum Anschluss von Aktoren und Sensoren an AS-Interface bietet Pepperl+Fuchs vielfältige Möglichkeiten:

Sensoren mit integriertem AS-Interface Chip.

Induktive, optoelektronische und Ultraschall-Sensoren mit integriertem AS-Interface-Chip bieten entscheidendeVorteile:

Vorausfallanzeige	(bei optoelektronischen Sensoren)
Fernparametrierung	(bei optoelektronischen, Ultraschall-Sensoren)
Wirkungsrichtungsumkehrung	(Öffner/Schließer, hell-/dunkelschaltend)
Bereitschaftsmeldung	(z.B. Standby bei Ultraschallsensoren, elektrischer oder mechanischer Teildefekt)

31 solcher AS-Interface fähiger Sensoren bilden einen AS-Interface Strang mit eigenem Master. Diese Sensoren werden, je nach Typ, mit Kabel, Rundsteckverbinder, Klemmraum oder AS-Interface Durchdringungstechnik direkt an AS-Interface angeschlossen.

Um Sensoren oder Aktoren ohne integrierten AS-Interface Chip anschließen zu können, benötigt man: Module für den Schaltschrank, den Klemmkasten oder den Einsatz im Feld (IP67).

AS-Interface-Kabel

In Abhängigkeit der Applikation ist sie auf verschiedene Arten möglich:

Im Schaltschrank Beliebiger Cu-Leiter. Empfohlen wird 1,5 mm² Querschnitt.

Im Feld Übliches zweiadriges Rundkabel z.B. H05VV-F2x1,5 nach DIN VDE 0281.

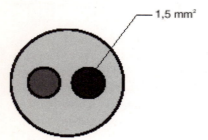

Abb. 10.7: Rundkabel

Gelbes oder schwarzes AS-Interfacekabel

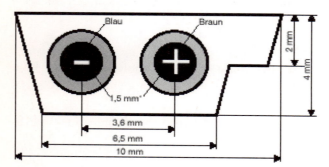

Abb. 10.8: AS-Interfacekabel

Dieses Kabel bietet zwei bedeutende Vorteile bei der Installation:
1. verpolsicher durch die Formgebung
2. sekundenschnell angeschlossen durch die AS-Interface-Durchdringungstechnik.

Bei der Durchdringungstechnik wird das AS-Interface Kabel in zwei Leitungskörbe im Anschaltmodulsockel eingelegt. Damit wird die Zugentlastung sichergestellt. Je Kabelader sind zwei Kontaktierschwerter vorhanden.

Beim Zusammenschrauben von Oberteil und Sockel dringen die Kontaktierschwerter durch den Kabelmantel und die Aderisolation in den Litzenaufbau ein und garantieren eine sichere elektrische Verbindung ohne die Litze zu verletzen. Bei einem gewollten Lösen der Verbindung schließt sich die Kontaktieröffnung wasserdicht.

Ist eine 24 V-Zusatzspeisung erforderlich (z.B. für leistungsstarke Aktoren), kann diese vorteilhaft durch das schwarze AS-Interface Flachkabel erfolgen. Dieses wird bei den IP67-Modulen parallel zum gelben AS-Interface Flachkabel verlegt.

10.3 PROFIBUS

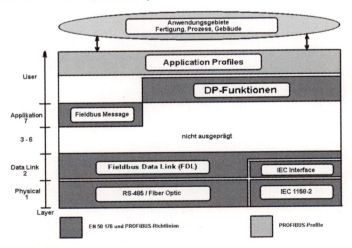

Physical Profiles	Communication Profiles	Application Profiles
Ethernet		Prozess-automation
RS-485	TCP/IP	Encoder
IEC 1158-2	Extensions	PROFIDRIVE
LWL		ProfiSave
	PROFIBUS EN 50170	

Abb. 10.9: Process Field Bus

PROFIBUS-Technologie

PROFIBUS ist ein herstellerunabhängiger, offener Feldbusstandard mit breitem Anwendungsbereich in der Fertigungs- und Prozessautomatisierung. Herstellerunabhängigkeit und Offenheit sind durch die internationalen Normen EN 50170 und EN 50254 garantiert. PROFIBUS ermöglicht die Kommunikation von Geräten verschiedener Hersteller ohne besondere Schnittstellenanpassungen. PROFIBUS ist sowohl für schnelle, zeitkritische Anwendungen, als auch für komplexe Kommunikationsaufgaben geeignet. Durch kontinuierliche technische Weiterentwicklungen, ist PROFIBUS weiterhin das zukunftssichere industrielle Kommunikationssystem.

Abb. 10.10: PROFIBUS Anwendungsgebiete

Grundlegende Eigenschaften:

PROFIBUS legt die technischen Merkmale eines seriellen Feldbussystems fest, mit dem verteilte digitale Automatisierungsgeräte von der Feldebene bis zur Zellenebene miteinander vernetzt werden können. PROFIBUS ist ein Multi-Master System und ermöglicht dadurch den gemeinsamen Betrieb von mehreren Automatisierungs-, Engineering- oder Visualisierungssystemen mit den dezentralen Peripheriegeräten an einem Bus.

PROFIBUS unterscheidet folgende Gerätetypen:

Master-Geräte bestimmen den Datenverkehr auf dem Bus. Ein Master darf Nachrichten ohne externe Aufforderung aussenden, wenn er im Besitz der Buszugriffsberechtigung (Token) ist. Master werden auch als aktive Teilnehmer bezeichnet.

Slave-Geräte sind Peripheriegeräte wie beispielsweise Ein-/Ausgangsgeräte, Ventile, Antriebe und Messumformer. Sie erhalten keine Buszugriffsberechtigung, d. h. sie dürfen nur empfangene Nachrichten quittieren oder auf Anfrage eines Masters Nachrichten an diesen übermitteln. Slaves werden als passive Teilnehmer bezeichnet. Sie benötigen nur einen geringen Anteil des Busprotokolls, dadurch wird eine aufwandsarme Implementierung ermöglicht.

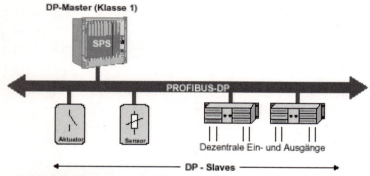

Abb. 10.11: PROFIBUS DP Master Slave

Protokollarchitektur

PROFIBUS basiert auf anerkannten internationalen Standards. Die Protokollarchitektur orientiert sich am OSI (Open System Interconnection) Referenzmodell, entsprechend dem internationalen Standard ISO 7498. Hierin übernimmt jede Übertragungsschicht genau festgelegte Aufgaben. Die Schicht 1 (Physical Layer) definiert die Übertragungsphysik,

Schicht 2 (Data Link Layer) das Buszugriffsprotokoll und Schicht 7 (Application Layer) die Anwendungsfunktionen. Die Architektur des PROFIBUS Protokolls ist in Abbildung 4 dargestellt.

DP, das effiziente Kommunikationsprotokoll, verwendet die Schichten 1 und 2 sowie das User-Interface. Schicht 3 bis 7 ist nicht ausgeprägt. Durch diese schlanke Architektur wird eine besonders effiziente und schnelle Datenübertragung erreicht.

Der Direct Data Link Mapper (DDLM) bietet dem User-Interface einen komfortablen Zugang zur Schicht 2. Die für den Anwender nutzbaren Anwendungsfunktionen, sowie das System- und Geräteverhalten der verschiedenen DP Gerätetypen sind im User-Interface festgelegt.

Bei FMS, dem universellen Kommunikationsprotokoll, sind die Schichten 1, 2 und 7 ausgeprägt. Die Anwendungsschicht (7) besteht aus der Fieldbus Message Specification (FMS) und dem Lower Layer Interface (LLI). FMS definiert eine große Anzahl von leistungsfähigen Kommunikationsdiensten für Master-Master und Master-Slave Kommunikation.

Das LLI definiert die Abbildung der FMS-Dienste auf das Datenübertragungsprotokoll der Schicht 2.

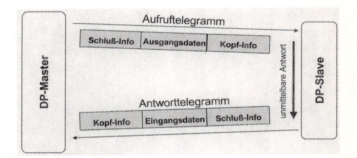

Abb. 10.12: DP-Telegramme

Buszugriffsprotokoll

Die PROFIBUS Communication Profiles verwenden ein einheitliches Buszugriffsprotokoll. Es wird durch die Schicht 2 des OSI Referenzmodells realisiert. Hierzu zählen auch die Funktionen der Datensicherung sowie die Abwicklung der Übertragungsprotokolle und der Telegramme. Die Schicht 2 wird bei PROFIBUS als Fieldbus Data Link (FDL) bezeichnet.

Die Buszugriffssteuerung (MAC, Medium Access Control) legt das Verfahren fest, zu welchem Zeitpunkt ein Busteilnehmer Daten senden kann. Die MAC muss sicherstellen, dass zu einem Zeitpunkt immer nur ein Teilnehmer die Sendeberechtigung besitzt.

Beim PROFIBUS Protokoll wurden zwei wesentliche Anforderungen an die Buszugriffssteuerung berücksichtigt: Einerseits ist für die Kommunikation zwischen komplexen Automatisierungsgeräten (Master) sicherzustellen, dass jeder dieser Teilnehmer innerhalb eines definierten Zeitrasters ausreichend Zeit für die Abwicklung seiner Kommunikationsaufgaben erhält. Andererseits ist für die Kommunikation zwischen einem komplexen Automatisierungsgerät und den zugeordneten einfachen Peripheriegeräten (Slaves) ein zyklischer, echtzeitbezogener Datenaustausch mit möglichst wenig Aufwand zu realisieren.

Das PROFIBUS-Buszugriffsverfahren beinhaltet deshalb das Token-Passing-Verfahren für die Kommunikation von komplexen Busteilnehmern (Master) untereinander und unterlagert das Master-Slave-Verfahren für die Kommunikation der komplexen Busteilnehmer mit den aufwandsarmen Peripheriegeräten (Slaves). Das Token-Passing-Verfahren garantiert die Zuteilung der Buszugriffsberechtigung, dem Token, innerhalb eines genau festgelegten Zeitrahmens. Die Token-Nachricht, ein besonderes Telegramm zur Übergabe der Sendeberechtigung von einem Master an den nächsten Master, muss hierbei in einer (parametrierbaren) maximalen Token-Umlaufzeit reihum einmal allen Mastern übergeben werden. Das Token-Passing-Verfahren wird beim PROFIBUS nur zwischen den komplexen Teilnehmern (Master) angewendet. Das Master-Slave-Verfahren ermöglicht es dem Master (aktiver Teilnehmer), der gerade die Sendeberechtigung besitzt, die ihm zugeordneten Slave-Geräte (passive Teilnehmer) anzusprechen. Der Master hat hierbei die Möglichkeit, Nachrichten an die Slaves zu übermitteln bzw. Nachrichten von den Slaves abzuholen. Mit dieser Zugriffsmethode können folgende Systemkonfigurationen realisiert werden:

- Reines Master-Slave-System.
- Reines Master-Master-System (Token-Passing).
- Eine Kombination aus beiden Verfahren.

PROFIBUS Kennwerte

Buszugriffsverfahren	hybrid (Token Passing, Master/Slave)
Baudrate	FMS: 9,6-500 kBaud, DP:12MBaud
Topologie	Bus
Telegrammaufbau	variable Länge Startzeichen, Längenzeichen, Längezeichen 2, Startzeichen 2, Zieladresse, Quelladresse, Steuerzeichen, Data Unit, Prüfzeichen, Endezeichen
Busausdehnung	1200 m bei 9,6 – 93,75 kBaud
	200 m bei 500 kBaud jeweils ohne Repeater
Busteilnehmer	max. 127 ohne Repeater
Übertragungsart	RS485
Übertragungsmedium	abgeschirmte, verdrillte Zweidrahtleitung
Übertragungssicherheit	Hamming Distanz HD4

Ansprechüberwachung beim DP-Slave erkennt Ausfall des zugeordneten Masters

Zugriffsschutz für Eingänge/Ausgänge der Slaves

Überwachung des Nutzdatenverkehrs mit einstellbarem Überwachungs-Timer beim Master

PROFIBUS Kabel werden von mehreren renommierten Herstellen angeboten. Besonders hervorgehoben sei das Fast-Connect System, bei dem durch Verwendung eines Spezialkabels und eines besonderen Abisolierwerkzeugs die Verkabelung sehr einfach, sicher und schnell erfolgen kann.

Beim Anschluss der Teilnehmer ist darauf zu achten, dass die Datenleitungen nicht vertauscht werden.

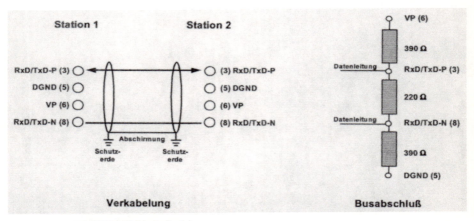

Abb. 10.13: PROFIBUS-Verkabelung

Um eine hohe Störfestigkeit des Systems gegen elektromagnetische Störstrahlungen zu erzielen, sollte unbedingt eine geschirmte Datenleitung verwendet werden. Der Schirm sollte möglichst beidseitig und gut leitend über großflächige Schirmschellen an Schutzerde angeschlossen werden.

Weiterhin ist zu beachten, dass die Datenleitung möglichst separat von allen starkstromführenden Kabeln verlegt wird. Bei Datenraten ^{3}1,5 Mbit/s sind Stichleitungen unbedingt zu vermeiden. Die am Markt angebotenen Stecker bieten die Möglichkeit, das kommende und das gehende Datenkabel direkt im Stecker zu verbinden. Dadurch werden Stichleitungen vermieden und der Busstecker kann jederzeit, ohne Unterbrechung des Datenverkehrs, am Bus auf- und abgesteckt werden.

Sollte es in PROFIBUS-Netzen einmal zu Problemen kommen, sind diese in 90 % der Fälle auf unsachgemäße Verkabelung und Installation zurückzuführen. Abhilfe schaffen Bus-Testgeräte, die viele typische Verkabelungsfehler schon vor der Inbetriebnahme aufspüren.

10.4 Instabus EIB

Der Instabus wurde entwickelt für den Einsatz in der Gebäudesystemtechnik. Seine in diesem Gebiet absolut ungeschlagenen Eigenschaften, bedingt durch dezentralen Aufbau, liegen in der Möglichkeit, den Bus in Gruppen und Linien aufzuteilen. Alle Busteilnehmer sind gleichberechtigt und tauschen im Multimaster-Betrieb Telegramme aus.

Abb. 10.14: EASY und EIB

Leitungsaufbau des Systems
Die Leitungsführung innerhalb einer Linie kann in Linien-, Stern- oder Baumstruktur vorgenommen werden. Innerhalb einer Linie darf die Summe aller Teillängen die Gesamtlänge von 1000 m betragen. Nicht zulässig ist die Verlegung einer Ringstruktur.
Drei maximale Leitungslängen sind zu beachten:
Zwischen Spannungsversorgung und Busteilnehmer höchstens 350 m.
Zwischen zwei Busteilnehmern höchstens 700 m.
Gesamtlänge der Leitungen einer Linie höchstens 1000 m.

Gliederung des Systems
Wie bereits oben erwähnt, ist das Instabus-System hierarchisch gegliedert. Jede Linie umfasst maximal 64 Busteilnehmer, sowie eine Spannungsversor-

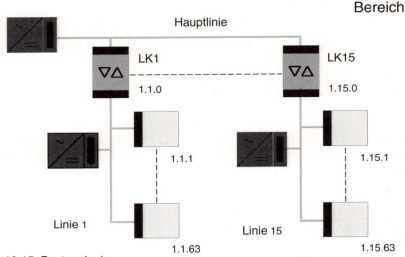

Abb. 10.15: Bustopologie

gung mit Drossel. Sollen mehr als 64 Teilnehmer an eine Linie angeschlossen werden, oder überschreitet das Buskabel einer Linie die maximal vorgeschriebene Länge, wird dieses durch den Einbau eines Linienverstärkers möglich. Bis zu 12 solcher Linien können über Linienkoppler an einer Hauptlinie zu einem Bereich zusammengefasst werden. Bis zu 15 solcher Bereiche können in größeren Anlagen über Bereichskoppler miteinander verbunden werden. Die Aufteilung in Linien und Bereiche hat den Vorteil, dass der lokale Datenverkehr einer Linie oder eines Bereichs nicht den Datendurchsatz anderer Linien und Bereiche beeinflusst. Der Linienkoppler dient hier als Filter. Er ignoriert Telegramme aus anderen Linien oder Bereichen, die keine Teilnehmer innerhalb der eigenen Linie ansprechen. Somit ist gleichzeitig eine voneinander unabhängige Kommunikation innerhalb mehrerer Linien möglich. Genauso arbeiten auch die Bereichskoppler. So ist der Anschluss an einen Funktionsbereich von 64 X 12 = 768 Teilnehmern möglich. Dabei spielt es keine Rolle, ob es sich hierbei um Sensoren oder Aktoren handelt.

Nutzt man alle zur Verfügung stehenden Möglichkeiten der Zusammenschaltung über Linien- und Bereichskoppler aus, so ergibt sich eine Teilnehmerzahl von 64 X 12 X 15 = 11.520 Sensoren bzw Aktoren. Dies dürfte nach heutiger Sicht selbst bei riesigen Anwendungen locker ausreichen. Sollte die Zukunft uns eines anderen belehren, die technische Voraussetzung für eine Erweiterung ist heute bereits eingerechnet, vorgesehen und machbar.

Übertragung von Daten

Die Informationen, z. B. Schaltbefehle und Meldungen, zwischen den einzelnen Busteilnehmern werden mittels Telegrammen ausgetauscht. Die Übertragungstechnik ist bezüglich Übertragungsgeschwindigkeit, Impulserzeugung und Impulsempfang so ausgelegt, dass eine beliebige Topologie möglich ist und ein Abschlusswiderstand, wie er aus der EDV-Netzwerktechnik bekannt ist, nicht erforderlich ist.

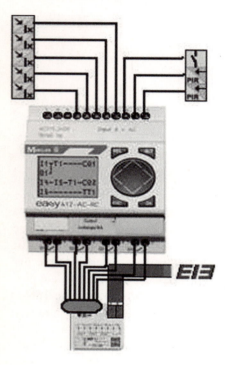

Abb. 10.16: Schaltplan EASY an EIB

Zugriff auf den Bus

Telegrammverkehr und Buszugriff müssen eindeutig geregelt sein um den reibungslosen Informationsaustausch zwischen den einzelnen Busteilnehmern zu gewährleisten. Die einzelnen Informationen werden seriell, d.h. nacheinander, auf der Busleitung übertragen, also zur gleichen Zeit innerhalb einer Linie immer nur eine Information eines Teilnehmers. Durch die Verwendung eines dezentralen Buszugriffsverfahren, kann jeder Teilnehmer selbst entscheiden, ob und zu welchem Zeitpunkt er auf den Bus zugreift.
Bei Teilnehmern einer Linie, die unabhängig voneinander auf den Bus zugreifen, kann es zu Überschneidungen kommen. Ein spezielles Buszugriffsverfah-

Abb. 10.17: Der F&G Buskoppler

ren regelt dabei, dass keine Informationen verlorengehen und der Bus permanent genutzt werden kann.

Durch einen zusätzlichen Prioritätsmechanismus im Telegramm können wichtige Telegramme bevorzugt behandelt werden. Der Informationsaustausch erfolgt ereignisgesteuert, d.h. es werden nur dann Telegramme übertragen, wenn ein Ereignis eintritt, das die Übertragung einer Information erforderlich macht.

Telegramm und Adresse

Ein Informationsaustausch funktioniert nur dann, wenn der Absender einer Meldung den Empfänger bzw. dessen Adresse genau kennt. Respektive, ein Anrufer kann nur dann mit dem richtigen Partner sprechen, wenn er zuvor die richtige Telefonnummer gewählt hat.

In der elektronischen Datentechnik funktioniert dieses nach den gleichen Prinzipien.

Telegrammaufbau

Ein Telegramm besteht aus einer Folge von Zeichen, wobei Zeichen mit zusammengehörendem Informationsgehalt zu *Feldern* zusammengefasst werden. Die Daten des *Kontrollfelds* und des *Sicherungsfelds* werden für einen reibungslosen Telegrammverkehr benötigt und von den angesprochenen Teilnehmern ausgewertet.

Das *Adressfeld* beinhaltet die Quelladresse und die Zieladresse. Die Quelladresse ist immer die physikalische Adresse. Sie gibt an, in welchem Bereich und in welcher Linie das sendende Gerät angeordnet ist.

Durch die Zieladresse ist der oder sind die Empfänger-Teilnehmer festgelegt. Das kann ein Einzelgerät oder eine Gerätegruppe sein, die an der eigenen, einer anderen oder verteilt an mehreren Linien angeschlossen sind. Ein Gerät kann mehreren Gruppen angehören.

1	2	3		4	5	6	7		8
8 bit	16 bit	16 bit	1	3	4	bis 16×8bit	8 bit	Pause	Quittung

Kontrollfeld — Quelladresse (physikalische Adresse) — Zieladresse (physikalische Adresse oder Gruppenadresse) — Adressumschaltung — Routingzähler — Länge der Nutzinformation — Nutzinformation — Prüffeld

Abb. 10.18: Telegramm

Das *Datenfeld* dient der Übertragung der Nutzdaten wie z.B. Befehle, Meldungen, Stellgrößen, Messwerte etc.

Adressierung

Man unterscheidet bei der Instabus-Adressierung zwischen der physikalischen und der Gruppenadresse. Hier dient wieder ein simples Beispiel. Die physikalische Adresse kann man sehr gut mit einer Email-Adresse vergleichen. Wenn z.B. eine E-mail von A nach B versandt werden soll, muss die Empfängeradresse angegeben werden, mit dem Alias, dem Netzbetreiber und der Netzform. Nur wenn die Empfängerdaten exakt bekannt sind, kann die elektronische Post die Mail auf dem richtigen Server ablegen. Genau so geht das beim Instabus, mit dem Unterschied, dass hier die Abholung sofort erfolgt. Nur wenn dem Funktionsbereich Linien und Teilnehmer bekannt sind, kann ein Teilnehmer gezielt angesprochen werden. Daher werden den Teilnehmern Adressen zugeordnet, z.B. 3.2.110. Die Zuordnung der physikalischen Adresse erfolgt automatisch bei der Planung durch die Planungssoftware ETS (siehe Kap. Software). Zum Festlegen der Funktionen am Bus (z.B. welche Aktoren reagieren auf welche Sensoren) dient die Gruppenadresse, d.h. sie legt die Zuordnung zwischen den Teilnehmern fest.

Durch einen zusätzlichen Prioritätsmechanismus im Telegramm können wichtige Telegramme bevorzugt behandelt werden. Der Informationsaustausch erfolgt ereignisgesteuert, das heißt, es werden nur dann Telegramme übertragen, wenn ein Ereignis eintritt, das die Übertragung einer Information erforderlich macht.

Bis auf den Service und den Programmiervorgang wird der Teilnehmer immer über seine Gruppenadresse angesprochen. Die Gruppenadresse teilt sich in bis zu 15 Hauptgruppen mit maximal je 2048 Untergruppen auf. Sie sind üblicherweise in der Schreibweise „Hauptgruppe/Untergruppe" (z.B. 1/345) angegeben.

Technische Daten Instabus EIB

Buszugriffsverfahren	**CSMA/CA Multimaster-Betrieb**
Baudrate	9600
Topologie	Bus, hierarchische Gliederung
Telegrammaufbau	Kontrollfeld, Adressenfeld, Datenfeld, Sicherungsfeld
Busausdehnung	Leitungslänge 1000m pro Linie Leitungslänge zwischen zwei Teilnehmern 700m
Busteilnehmer	max 11520
Übertragungsart	nach ISO
Ubertragungsmedium	abgeschirmte, verdrillte Zweidrahtleitung
Ubertragungssicherheit	Kreuzsicherung

EIB Buskabel

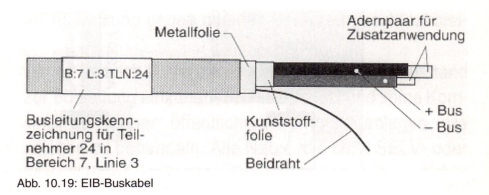

Abb. 10.19: EIB-Buskabel

Die zulässige Verlegungsart der Busleitungen ist aus folgender Tabelle zu entnehmen. Bei Gefahr einer Beschädigung der Busleitungen ist ein mechanischer Schutz durch Installationskanäle oder entsprechende Rohre vorzusehen.

TYP	Aufbau	Verlegung
YCYM 2X2X0,8	EIBA-Richtlinie Basis DIN VDE 0207 und 0851 Adern: rot = +EIB schwarz = -EIB gelb = frei, optional +EIB weiß = frei, optional –EIB Schirmfolie mit Beilaufdraht Adern und Schirm mit gemeinsamer Umhüllung	Feste Verlegung Trockene, feuchte und nasse Räume. Auf, in und unter Putz und in Rohren Im Freien: Wenn vor direkter Sonneneinstrahlung geschützt Biegeradius: > 30 mm bei fester Verlegung > 7 mm für Eingänge in Dosen und Hohlräumen
J-Y(St)Y 2X2X0,8	DIN VDE 0851 Adern: rot = +EIB schwarz = -EIB gelb = frei, optional +EIB weiß = frei, optional –EIB Schirmfolie mit Beilaufdraht Adern und Schirm mit gemeinsamer Umhüllung	Feste Verlegung Trockene und feuchte Betriebsstätten:Aufputz, Unterputz und in Rohren Im Freien:In und unter Putz Biegeradius: > 30 mm bei fester Verlegung > 7 mm für Eingänge in Dosen und Hohlräumen

Leitungskennzeichnung
Eine Kennzeichnung der Busleitungsenden wird dringend empfohlen. Der Hinweis „BUS" oder „EIB" sollte deutlich enthalten sein. Die Kennzeichnung muss eindeutig, hinreichend dauerhaft und lesbar sein (DIN VDE 0100-510).

10.5 Das OSI-Schichtenmodell

Der Aufbau eines Netzwerks ist in verschiedene Schichten aufgeteilt. Die ISO (International Standards Organisation) hat 1978 hierfür einen Vorschlag erarbeitet. Das heute verwendete und auf diesem Vorschlag aufbauende Schichtenmodell heißt ISO-OSI-Referenzmodell. Das Kürzel OSI steht für *Open Systems Interconnection*, also Kommunikation offener Systeme untereinander. In Netzwerkkreisen spricht man kurz vom OSI-Schichtenmodell oder OSI-Modell. Das OSI-Modell besteht aus sieben Schichten, die aufgrund folgender Überlegungen entstanden sind.
Ist die Einführung eines neuen Abstraktionsgrads erforderlich, so muss eine neue Schicht angesetzt werden. Jede Schicht soll eine eigene, eindeutige

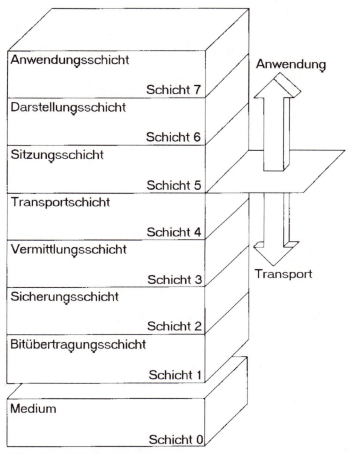

Abb. 10.20: Das OSI-Schichtenmodell

Funktion besitzen, unter Beachtung internationaler Protokoll-Normungen. Schichtgrenzen sollen einen möglichst geringen Informationsfluss über die Schnittstellen verlangen. Die Schichtenzahl soll so bemessen werden, dass keine Schicht zwei oder mehr Funktionen gleichzeitig ausüben muss und dennoch die gesamte Struktur noch überschaubar bleibt.

Im Folgenden sollen die sieben Schichten, beginnend mit der untersten Schicht, kurz angerissen werden. Eine komplette Beschreibung würde ein eigenes Buch füllen.

Anwendungsorientierte Schichten 5...7
Transportorientierte Schichten 1...4
Medium Schicht (Kabel / LWL) 0.

Schicht 0: Medium Kabel, LWL, PLC oder Funkstrecke
Das eigentliche Übertragungsmedium wird in der Literatur manchmal in die
Schicht 1 gelegt, meistens finden wir es aber in der zusätzlichen Schicht „0".

Schicht 1: Physikalische oder Bitübertragungsschicht (Physical Layer)
Diese Schicht regelt die Bitübertragung in einem Kommunikationskanal. Hier
werden Fragen der Elektrizität behandelt, z.B. was bedeutet der Wert eins für
ein Bit in Volt, welche Zeit erhält ein Bit als Längeneinheit, ist die Kommunikation in beiden Richtungen möglich, wie ist der Verbindungsaufbau, wie wird
das Ende der Verbindung gekennzeichnet und andere Fragen betreffend der
Datenübertragung in der Leitung.

Schicht 2: Sicherungschicht (Data Link Layer)
Hauptaufgabe dieser Schicht ist es, die ankommenden Dateien in eine geord-
nete Reihe zu bringen, und diese dann ohne Fehler an die nächste Schicht, der
sogenannten Vermittlungsschicht zu übergeben. Diese Aufgabe wird mittels
Datenübertragungsrahmen (data frames) mit einigen hundert Byte Länge gelöst. Die ankommenden Daten werden in diese data frames zerlegt, sequenti-
ell, also nacheinander, an den Empfänger weitergeleitet und anschließend mit
den zurückgegebenen Quittungsrahmen vom Empfänger bestätigt. Die Bitübertragungsschicht kümmert sich nicht um das Was und Wie der Bits, sondern schickt einfach das was ankommt weiter. Daher ist es Aufgabe der Sicherungsschicht, Rahmengrenzen zu setzen und bei empfangenen Daten diese
Grenzen zu erkennen. Die Grenzen lassen sich durch einfache Bitmuster, die
nur hierfür verwendet werden dürfen, realisieren. Allerdings ist dabei darauf
zu achten, dass diese Muster nicht durch Zufall im Rahmen selbst auftreten
können. Tritt eine Bündelstörung in der Übertragungsleitung ein, so ist es
möglich, dass ein ganzer Rahmen verlorengeht. Bei Verlust eines Rahmens
muss dieser erneut übertragen werden. Dies birgt allerdings die Gefahr in sich,
dass ein Rahmen versehentlich doppelt übertragen wird. Das führt dann zur
Rahmenduplizierung, und tritt beispielsweise dann auf, wenn der Quittierungsrahmen des Empfängers defekt ist oder verlorengeht. Das bedeutet, dass
sich die Sicherungsschicht mit den durch beschädigte, verlorengegangene und
versehentlich duplizierte Rahmen entstandenen Problemen beschäftigen muss.
Zusätzlich tritt das Problem der Datenüberschwemmung auf. Dieses Problem
wird dann verursacht, wenn der Sender schneller ist als der Empfänger. Hierzu
muss eine Methode entwickelt werden, die dem Sender mitteilt, wieviel Puffer
er noch zur Verfügung hat und wann er stoppen muss. Bei einer gleichzeitigen
Übertragung der Daten in beide Richtungen tritt ein neues Problem auf. Hierbei stehen der Rahmen für die Datenübertragung und der Quittierungsrahmen

im Wettbewerb zueinander. Für diesen Fall wurde das Piggybacking, ein Hu-
ckepack-Verfahren, entwickelt. Eine genauere Beschreibung der Funktion des
Piggybacking würde allerdings zu weit abschweifen lassen und somit sei dieses Verfahren hier nur kurz erwähnt.

Schicht 3: Vermittlungsschicht (Network Layer)
Diese Schicht ist für die Steuerung des Subnet-Betriebs verantwortlich. Eine
der wichtigsten Aufgaben ist die Auswahl der Paketleitwege vom Ursprung
zum Bestimmungsort. Eine Möglichkeit ist, dass die Leitwege auf statistische
Tabellen zurückgreifen, die im Netz verdrahtet sind. Eine andere Möglichkeit
wäre es, dass sie vor jedem „Gespräch" neu festgelegt werden. Die komplexe-
ste Möglichkeit ist, dynamisch für jedes Paket die Leitwege neu zu bestimmen. Dadurch wird eine optimale Nutzung des Netzwerks erreicht.
Engpässe, verursacht durch eine zu hohe Anzahl von Paketen im Subnet, müssen ebenfalls von der Vermittlungsschicht behandelt werden. Um die Nutzung
für die Subnet-Besitzer deutlich zu machen, ist häufig eine Art Abrechnungs-
funktion in der Vermittlungsschicht enthalten. Hier wird die Paketzahl, die
Zahl der Bits oder der Zeichen der sendenden Teilnehmer gezählt und diese
dann in Rechnung gestellt. Bei internationalem Senden, und damit verbunde-
nen unterschiedlichen Preisen, kann eine Abrechnung schnell kompliziert werden. Eine Besonderheit kommt bei der Übertragung von Datenpaketen zwischen verschiedenen Netzwerken noch hinzu. Hier sind eventuell
unterschiedliche Adressierungen vorhanden oder andere Paketgrößen vorge-
schrieben. Auch ist es denkbar, dass es in den verschiedenen Netzen unterschiedliche Protokolle gibt.

Schicht 4: Transportschicht (Transport Layer)
Diese Schicht, übernimmt die Daten von der nächsthöheren Sitzungsschicht
und zerlegt sie gegebenenfalls in verwaltbare Einheiten. Im Anschluss daran
werden diese Einheiten an die Vermittlungsschicht weitergereicht. Dabei wird
die korrekte Übertragung zum Empfänger überwacht. Die Schicht ist so ausgelegt, dass die Sitzungsschicht auch bei Hardware-Änderungen nicht angetastet
werden muss.
Im Normalfall wird von der Transportschicht für jede Datenübertragung, welche die Sitzungsschicht anfordert, eine eigene Netzwerkverbindung aufgebaut.
Wird eine hohe Durchsatzrate benötigt, ist es allerdings möglich, dass mehrere
Verbindungen erstellt werden. Die Transportschicht verteilt die Daten dann auf
diese Verbindungen und erreicht damit eine deutlich höhere Geschwindigkeit
bei der Datenübertragung. Umgekehrt ist es selbstverständlich auch möglich,
dass eine Transportschicht mehrere Verbindungen zusammenfasst, um z.B.

Kosten einzusparen. Von der Transportschicht wird auch die Art des Diensts verwaltet, die dem Netzwerkanwender in der Sitzungsschicht zur Verfügung gestellt wird. Am häufigsten ist hier wohl der Einsatz einer Standleitung, das heißt die Verbindung ist immer aufgebaut, mit sequentieller Übertragung der Daten. Möglich ist aber auch die Rundsendung einer Nachricht an mehrere Teilnehmer oder das Verschicken von Nachrichten ohne auf ihre Reihenfolge zu achten. Die jeweilige Art wird bereits beim Aufbau der Verbindung bestimmt. Im Gegensatz zu den drei unteren Schichten, die miteinander verkettet sind, (das heißt, dass sie nicht alleine arbeiten, sondern nur im Verbund) ist die Transportschicht eine echte Ende-zu-Ende-Schicht. Das bedeutet im Klartext, dass die Verbindung direkt zwischen zwei Rechnern aufgebaut wird. In den „unteren" Rechnern muss die Verbindung immer zum nächsten Nachbarn erstellt werden, sodass zwischen dem Empfänger und dem Sender viele andere Rechner hängen können.

Da viele Host-Rechner im Mehrprogrammbetrieb arbeiten und somit auch mehrere Verbindungen möglich sind, ist es erforderlich, dass die Transportschicht bestimmt, welche Nachricht zu welcher Verbindung gehört. Dies geschieht durch den sogenannten Transport-Nachrichtenkopf.

Zusätzlich muss sich die Transportschicht um den Aufbau und dem abschließenden Abbau einer Verbindung kümmern. Es muss weiterhin eine Möglichkeit bestehen, dass ein Programm auf einem Rechner mitteilen kann, mit wem es kommunizieren will.

Schicht 5: Sitzungsschicht (Session Layer)

Hier werden Hilfsmittel zum Verbindungsauf- und -abbau definiert. Ebenfalls erfolgt hier die Dialogsteuerung.

Mittels dieser Schicht ist es möglich, dass zwei oder mehr Anwender an verschiedenen Rechnern zu einer sogenannten Sitzung zusammenkommen. Grundsätzlich wird in der Sitzungsschicht der Datentransport ähnlich wie in der Transportschicht geregelt. Zusätzlich finden sich hier aber Dienste, die dem Anwender z.B. die Übertragung von Dateien ermöglichen. Nachfolgend sollen drei der Dienste kurz erläutert werden.

Die Dialogsteuerung ist ein solcher Dienst. Er sorgt für die einwandfreie Übertragung bei Sitzungen mit einem Datenfluss in beide Richtungen. Bei Sitzungen mit einem Datenfluss nur in eine Richtung regelt dieser Dienst, wer gerade dran ist.

Ein weiterer Dienst, der ähnlich der Dialogsteuerung funktioniert, ist das Token-Management, vergleichbar etwa mit der Vorfahrtsregelung im Straßenverkehr. Hier wird mittels einem sogenannten Token geregelt, dass immer nur einer das „Sagen" hat und somit wird vermieden, dass gleichzeitig zwei Teilnehmer ein und dieselbe Prozedur aufrufen.

Ein sehr wichtiger Dienst ist die Synchronisierung. Dies ist vor allem bei der Übertragung großer Datenmengen, die eine lange Zeit in Anspruch nehmen, sinnvoll. Es wäre wenig vorteilhaft, bei einer unterbrochenen Datenübertragung wieder ganz von vorne anzufangen und dabei Gefahr zu laufen, wieder nur einen Teil übertragen zu können. Dies wird mittels sogenannter Checkpoints, also Kontrollpunkten, gelöst. Wird nun eine Übertragung unterbrochen, so kann bei einer erneuten Übertragung ab dem letzen noch übertragenen Checkpoint mit dem Senden begonnen werden.

Schicht 6: Darstellungsschicht (Presentation Layer)
Diese Schicht definiert Prozeduren zur Konvertierung und Formatanpassung und sorgt damit für die korrekte Interpretation der Daten. Im Gegensatz zu den bisherigen Schichten ist hier auch die Syntax und die Semantik der Informationen von Interesse. Als typisches Beispiel soll hier die Kodierung der übertragenen Daten sein. Anwendungsprogramme übertragen in der Regel keine Binärbitketten, sondern Namen, ein Datum oder etwa Zahlen. Dargestellt wird so etwas z.B durch Zeichenketten, Zahlenreihen, Gleitkommazahlen oder bestimmte Datenstrukturen. Hier gibt es aber verschiedene Codes für die Darstellung. Bei Zeichen kann es der ASCII-Code oder der EBCDI-Code sein. Ganze Zahlen werden als Komplement von eins oder als Komplement von zwei dargestellt. Um hier eine Kommunikationsbasis zu schaffen, kann eine abstrakte Art gefunden werden, um diesen Daten eine Struktur zu verpassen und ihnen eine Standardkodierung zuzuordnen. Die Darstellungsschicht sorgt für die Handhabung dieser Datenstrukturen und die Umwandlung der computerinternen Darstellung in die Standard-Darstellung der Netzwerke. Eine weitere Aufgabe der Darstellungsschicht ist z.B. die Reduzierung der zu übertragenden Datenmenge durch Datenkompression oder der Schutz der Daten vor unerlaubtem Zugriff durch Kryptographie.

Schicht 7: Anwendungsschicht (Application Layer)
Die Anwendungsschicht bildet die Schnittstelle zwischen dem Benutzer und dem Netzwerk. Hier werden die eigentlichen Netzwerk-Dienste wie z. B. Dateitransfer definiert.
Diese Schicht bildet den Rahmen einer großen Anzahl von Protokollen. Diese Protokolle werden zum Beispiel für den Aufbau eines virtuellen Terminals benötigt. Virtuelle Terminals finden dann Anwendung, wenn in einem Netzwerk viele unterschiedliche Terminalarten miteinander kommunizieren sollen. Hierzu werden die Terminals mit einem kleinen Programm versehen, das alle Steuersequenzen des virtuellen Terminals auf das echte Terminal umlenkt. Somit sind Bewegungen des Cursors auch am echten Terminal zu sehen. In der Ap-

plikationsschicht wird auch der Datentransfer geregelt. Hier muss zum Bei-spiel darauf geachtet werden, dass Dateien im Unix-Bereich anders behandelt werden, als dies auf einem DOS-PC erfolgt. Angefangen von den Dateinamen, die bei DOS maximal acht Zeichen vor und maximal drei nach dem Punkt ha-ben dürfen, bis hin zu den Darstellungsarten muss hier das gesamte Handling durchgeführt werden.

11 Datensicherung: Speicherkarte und EASY-Soft

11.1 Schaltpläne speichern und laden

„easy" bietet Ihnen zwei externe Speichermöglichkeiten für Schaltpläne:
A) Sichern mit Speicherkarte
B) Sichern auf einem PC mit EASY-SOFT.
Gesicherte Programme können wieder in „easy" geladen, bearbeitet und ausgeführt werden.
Alle Schaltplandaten werden in „easy" gespeichert.
Bei Spannungsausfall bleiben die Daten bis zum nächsten Überschreiben oder Löschen sicher gespeichert.

Speicherkarte
Jede Speicherkarte fasst einen Schaltplan und wird in die Schnittstelle von „easy" eingeschoben.

„easy"-X
Bei den „easy"-Varianten ohne Tastenfeld kann der „easy"-Schaltplan mit EASY-SOFT oder bei jedem Einschalten der Versorgungsspannung automatisch von der gesteckten Speicherkarte geladen werden.

Schnittstelle
Die „easy"-Schnittstelle ist abgedeckt.

Achtung Stromschlaggefahr bei „easy"-AC-Geräten!
Sind die Spannnungsanschlüsse für Außenleiter L und Neutralleiter N vertauscht, liegt die Anschlussspannung von 230 V/115 V an der „easy"-Schnittstelle an. Bei unsachgemäß em Anschluss an den Stecker oder durch Einführung leitender Gegenstände in den Schacht besteht Stromschlaggefahr.
Entfernen Sie die Abdeckung vorsichtig mit einem Schraubendreher.
Um den Schacht wieder zu schließen, drücken Sie die Abdeckung wieder auf den Schacht.

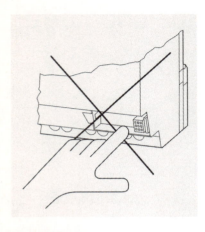

Abb. 11.1: Stromschlaggefahr

Speicherkarte

Die Karte ist als Zubehör „easy-M-8K" für EASY 412 oder „easy-M-16K" für EASY 600 erhältlich.

Schaltpläne mit allen Daten können von der Speicherkarte „easy-M-8K" nach EASY 600 übertragen werden. Die umgekehrte Richtung ist gesperrt.

Jede Speicherkarte speichert einen „easy"-Schaltplan.

Alle Informationen auf der Speicherkarte bleiben im spannungslosen Zustand erhalten, so dass Sie die Karte zur Archivierung, zum Transport und zum Kopieren von Schaltplänen einsetzen können.

Auf der Speicherkarte sichern Sie:

1. den Schaltplan
2. alle Parametersätze zum Schaltplan
3. alle Anzeigetexte mit Funktionen
4. die Systemeinstellungen
5. Eingangsverzögerung
6. P-Tasten
7. Passwort
8. Remanenz ein/aus.

Hinweis:

Bei „easy" können Sie die Speicherkarte ohne Datenverlust auch bei eingeschalteter Versorgungsspannung ein- und ausstecken.

Schaltplan von Speicherkarte laden oder darauf speichern

Schaltpläne können Sie nur in der Betriebsart „Stop" übertragen.

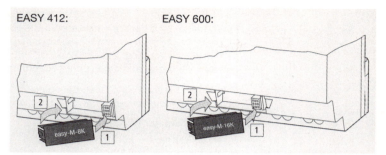

Abb. 11.2: Stecken Sie die Speicherkarte in die geöffnete Schnittstelle

Die „easy"-Varianten ohne Tastenfeld und LCD übertragen bei einer gesteckten Speicherkarte beim Einschalten der Spannung automatisch den Schaltplan von der Speicherkarte nach „easy"-X.
Ist ein ungültiger Schaltplan auf der Speicherkarte, bleibt der in „easy" befindliche Schaltplan erhalten.

→ Wechseln Sie die Betriebsart auf „Stop".
→ Wählen Sie im Hauptmenü „PROGRAMM...".
→ Wählen Sie den Menüpunkt „KARTE...".

Der Menüpunkt „KARTE..." wird nur angezeigt, wenn die Karte gesteckt und funktionsfähig ist.

```
PROGRAMM
_OESCHE PROG
KARTE...
```

Abb. 11.3: Der Menüpunkt „KARTE..." wird nur angezeigt, wenn die Karte gesteckt und funktionsfähig ist

Sie können einen Schaltplan von „easy" zur Karte und von der Karte in den „easy"-Speicher übertragen oder den Inhalt auf der Karte löschen.

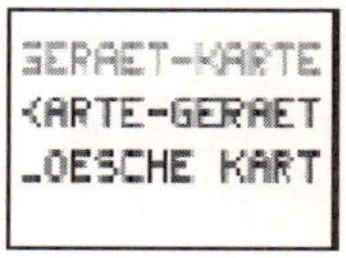

```
GERAET-KARTE
KARTE-GERAET
_OESCHE KART
```

Abb. 11.4: Wahl der Übertragungsrichtung

Hinweis:
Wenn während der Kommunikation mit der Karte die Betriebsspannung ausfällt, wiederholen Sie den letzten Vorgang. Es kann sein, dass „easy" nicht alle Daten übertragen oder gelöscht hat.
→Entnehmen Sie nach einer Übertragung die Speicherkarte und schließen Sie die Abdekkung.

Schaltplan auf der Karte sichern

➔Wählen Sie „GERAET-KARTE".

➔Bestätigen Sie die Sicherheitsabfrage mit **OK**, um den Inhalt der Speicherkarte zu löschen und durch den „easy"-Schaltplan zu ersetzen.

Mit **ESC** brechen Sie den Vorgang ab.

Abb. 11 5: Abfrage Ersetzen?

Schaltplan von der Karte laden

➔Wählen Sie den Menüpunkt „KARTE-> GERAET".

➔Bestätigen Sie die Sicherheitsabfrage mit **OK**, wenn Sie den „easy"-Speicher löschen und durch den Karteninhalt ersetzen möchten.

Mit **ESC** brechen Sie den Vorgang ab.

Bei einem Übertragungsproblem zeigt „easy" die Meldung „PROG UNGUELT" an. Entweder ist die Speicherkarte leer oder im Schaltplan auf der Karte werden Funktionsrelais eingesetzt, die das „easy"-Gerät nicht kennt.

Abb. 11.6: Anzeige: „PROG UNGUELT"

Funktionsrelais „Schaltuhr" wird nur von „easy"-Typen mit Echtzeituhr (Typ „easy"-C) verarbeitet.

Funktionsrelais „Analogwertvergleicher" gibt es nur bei 24-V-DC-Geräten „easy"-DC.

Relais wie Textanzeige, Sprünge, Merker „S", „R" werden nur von EASY 600 verarbeitet.

Ein Passwortschutz wird von der Speicherkarte mit in den „easy"-Speicher übertragen und ist sofort aktiv.

Schaltplan auf der Karte löschen

➔Wählen Sie den Menüpunkt „LOESCHE KART".

➔Bestätigen Sie die Sicherheitsabfrage mit **OK**, wenn Sie den Karteninhalt löschen möchten.

Mit **ESC** brechen Sie den Vorgang ab.

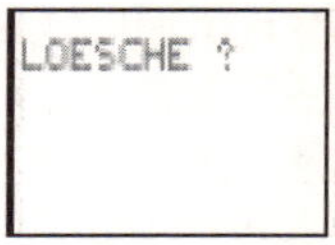

LOESCHE ?

Abb. 11.7: Sicherheitsabfrage: LOESCHE?

11.2 EASY-SOFT

EASY-SOFT ist ein PC-Programm, mit dem Sie „easy"-Schaltpläne erstellen, testen und verwalten können.
Fertige Schaltpläne werden über das Verbindungskabel zwischen PC und „easy" ausgetauscht.
Nach einer Schaltplanübertragung können Sie „easy" direkt vom PC aus starten.

Hinweis: Benutzen Sie zur Übertragung von Daten zwischen PC und „easy" nur das „easy"-PC- Kabel, das Sie als Zubehör „EASY-PC-CAB" erhalten.
Achtung Stromschlaggefahr bei „easy"-AC-Geräten!
Nur mit dem Kabel „EASY-PC-CAB" ist eine sichere elektrische Trennung von der Schnittstellenspannung gewährleistet.

➔Schließen Sie das PC-Kabel an die serielle PC-Schnittstelle.
➔Stecken Sie den „easy"-Stecker in die geöffnete Schnittstelle.
➔Stellen Sie „easy" auf die Statusanzeige.

Hinweis: „easy" kann keine Daten mit dem PC austauschen, wenn die Schaltplananzeige eingeblendet ist.
Mit EASY-SOFT übertragen Sie Schaltpläne vom PC ins „easy" und umgekehrt.
➔Schalten Sie „easy" vom PC aus in die Betriebsart „Run", um das Programm in der realen Verdrahtung zu testen.
EASY-SOFT bietet Ihnen ausführliche Hilfen für die Bedienung an.
➔Starten Sie EASY-SOFT.
➔Klicken Sie auf „Hilfe".

Abb. 11.8: EASY-PC-CAB anschließen

Bei einem Übertragungsproblem zeigt „easy" die Meldung „PROG UN-
GUELT" an.

➜Prüfen Sie, ob der Schaltplan Funktionsrelais einsetzt, die das „easy"-Gerät
nicht kennt.

➜Schließen Sie die Schnittstelle, wenn Sie nach einer Übertragung das Kabel
entfernt haben.

Hinweis: Wenn während der Kommunikation mit dem PC die Betriebsspannung ausfällt, wiederholen Sie den letzten Vorgang. Es kann sein, dass nicht
alle Daten zwischen PC und „easy" übertragen wurden.

12 Die Software EASY-Soft 3.0

12.1 Allgemeines

Die EASY-SOFT Version 3.0 ist eine 32-Bit-Applikation und ist unter den folgenden Betriebssystemen lauffähig:

Microsoft Windows 95®
Microsoft Windows 98®
Microsoft Windows-NT®

EASY-SOFT wartet mit einer Reihe von funktionalen Verbesserungen auf. Es entstanden zusätzliche Menüpunkte, die das Arbeiten mit EASY-SOFT effizienter und komfortabler gestalten. So eröffnet Ihnen Version 3 die Möglichkeit, Schaltpläne in jedem Stadium ihres Entstehens zu simulieren und somit bereits ohne Verwendung von Hardware offline auf logische Fehler hin zu überprüfen (simuliertes Powerflow, Anzeige von übersprungenen Bereichen usw.).

Die Änderungen im Überblick

Vollständige Offline-Simulation Ihres Schaltplans mit den zugehörigen Hilfsmitteln zur Fehlersuche.

Neue abschaltbare Werkzeugleiste zur Simulation.

Für jeden verwendeten Kontakt bzw. für jede verwendete Spule können Sie Kommentare neu vergeben oder ändern, ohne die Querverweisliste zu öffnen.

Es lassen sich aus einem beliebigen mit EASY-SOFT V2.x erstellten Schaltplan Kommentare in den aktuellen Schaltplan übernehmen.

Die Betriebssystem-Version des angeschlossenen Geräts lässt sich auf Wunsch anzeigen.

Sie können die Systemeinstellungen »Input-Entprellung«, »P-Tasten«, »Anlauf« und »Remanenz« ändern, unabhängig von den Schaltplan-Einstellungen in Geräten, die mit dem Betriebssystem >= V2.3 ausgestattet sind. Bisher waren diese Angaben mit Ausnahme des Anlaufverhaltens ausschließlich an den Schaltplan gekoppelt und konnten nur über das Übertragen des Schaltplans auf das angeschlossene Gerät verändert werden. Das Ändern des Anlaufverhaltens war mit EASY-SOFT V2.x nicht möglich.

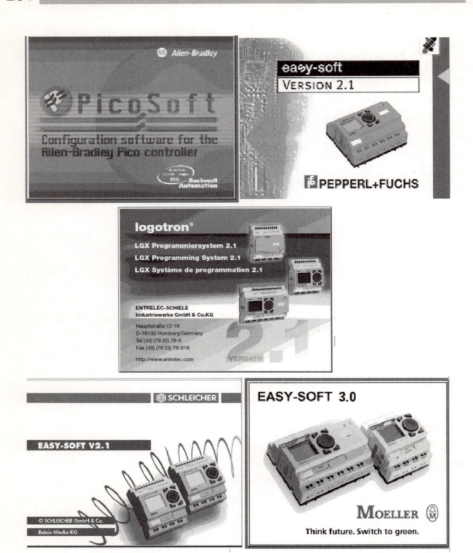

Abb. 12.1: Fünf Firmen, eine Software

Der Online-Dialog zum Stellen der Geräte-Uhr ermöglicht ab sofort die Einstellung »Sommerzeit«/»Winterzeit«.

EASY-SOFT V3.0 ermittelt für Sie auf Wunsch die voraussichtliche Abarbeitungszeit (Zykluszeit) des Schaltplans.

Neues, vollständig überarbeitetes Hilfesystem bietet neben der kontextsensitiven Hilfe die grafisch aufbereitete Form der HTML-Hilfe mit Online-Handbuch.

Mit der EASY-SOFT 3.0 können Sie Schaltpläne für die folgenden Geräte schreiben und austesten:

EASY412-DC-R	EASY620-DC-TC
EASY412-DC-RC	EASY621-DC-TC
EASY412-DC-TC	EASY621-DC-TCX
EASY412-DC-TCX	EASY618-AC-RC
EASY412-DC-RC	EASY619-DC-RC
EASY412-AC-R	EASY618-AC-RC
EASY412-AC-RC	EASY619-AC-RC
EASY412-AC-RCX	EASY619-AC-RCX

Hinweis:
Bitte beachten Sie, dass die Geräte EASY412-DC-R und EASY412-AC-R keine Schaltuhr besitzen und dass nur die DC-Geräte mit Analog-Eingängen ausgestattet sind.
Schaltpläne, in denen die Schaltuhr oder Analog-Eingänge verwendet werden, können nur auf Geräte übertragen werden, die diese Funktionalität unterstützen. Ansonsten ist ein Schaltplan-Download nicht möglich.

12.2 Die Menüleiste

Das Menü Schaltplan
Neu öffnet einen neuen Schaltplan.
Öffnen öffnet einen bereits erstellten Schaltplan.
Schließen schließt den aktuellen Schaltplan.
Speichern speichert den aktuellen Schaltplan unter dem gleichen Namen, wurde noch kein Name vergeben, so wird der Schaltplan als „unbenannt.eas" abgespeichert.
*Speichern unter...*speichert den aktuellen Schaltplan unter dem festgelegten Namen.
*Drucken...*druckt den Schaltplan.
Seitenansicht zeigt den Schaltplan oder die Dokumentation an, wie diese beim Druck erscheinen.
*Formular einrichten...*ermöglicht spezielle Einstellungen für die Dokumentation.
Dokumentation zum Projekt erstellen
Mit EASY-SOFT können Sie ihre Projekte komfortabel dokumentieren. EASY-SOFT bietet Ihnen hierfür vorgefertigte Formblätter an, die Sie mit Ihren Angaben ergänzen können.

Wählen Sie dazu aus dem Menü „Schaltplan" den Befehl „Formular einrichten".

Im Dialogfeld „Formular einrichten" können Sie die Informationen zu Ihrem Projekt eingeben, wie z. B. Datum des Projekts, Ersteller, Kunde, Auftragsnummer etc.

Hier legen Sie auch den Umfang Ihrer Dokumentation fest:

➔ Deckblatt

➔ Schaltplan

➔ Querverweise.

Mit dem Befehl „Seitenansicht" im Menü „Schaltplan" können Sie die Dokumentation am Bildschirm betrachten, so wie Sie später auf dem Drucker ausgegeben wird.

Druckereinrichtung... wählt den Drucker und die Druckereinstellungen.

1, 2, 3, ... zeigt die 4 zuletzt geöffneten Schaltpläne.

Beenden beendet das Programm.

Das Menü Bearbeiten

Rückgängig macht die letzte Aktion rückgängig.

Wiederherstellen stellt eine rückgängig gemachte Aktion wieder her.

Ausschneiden entfernt die Markierung aus dem aktiven Schaltplan und legt sie in der Zwischenablage ab.

Kopieren kopiert die Markierung in die Zwischenablage.

Einfügen fügt den Inhalt der Zwischenablage an der Einfügemarke ein und ersetzt die Markierung.

Löschen Löscht den markierten Teil des Schaltplans.

Strompfad markieren markiert den kompletten Strompfad an der Cursorposition.

Strompfad einfügen fügt einen leeren Strompfad an der Cursorposition ein.

Strompfad löschen löscht einen kompletten Strompfad an der Cursorposition.

Suchen... sucht nach Elementen im Schaltplan.

Gehe zu... öffnet das Dialogfeld „Gehe zu Strompfad".

Dialogbox „Gehe zu Strompfad"

Um direkt zu dem gewünschten Strompfad zu gelangen geben Sie hier die entsprechende Nummer ein. Die Schaltplananzeige wechselt zum angegeben Strompfad und die Eingabe kann dort fortgesetzt werden.

Kontakt/Spule einfügen... öffnet das Auswahlregister der Schaltplanelemente.

Querverweisliste... öffnet die Querverweisliste.

Das Menü Ansicht

Darstellung... wählt zwischen den Darstellungsarten EASY, DIN/IEC, ANSI/CSA.

Größe ermöglicht die Größenanpassung der Schaltplandarstellung.

Statusleiste schaltet die Anzeige der Statuszeile ein bzw. aus.

Symbolleiste schaltet die Anzeige der Symbolzeile ein bzw. aus.

Gitter schaltet das Hilfsgitter ein bzw. aus.

Das Menü Fenster

Überlappend die geöffneten Fenster werden versetzt hintereinander angeordnet.

Nebeneinander zeigt mehrere Fenster nebeneinander an, so dass alle geöffneten Fenster gleichzeitig sichtbar sind.

Übereinander zeigt mehrere Fenster übereinander an, so dass alle Fenster gleichzeitig sichtbar sind.

Symbole anordnen zeigt die Symbole für alle minimierten EASY-SOFT-Fenster in einer Reihe an, die links unten im EASY-SOFT-Hauptfenster beginnt.

1, 2, 3 ... listet die geöffneten Fenster auf.

Das Menü Online

Schaltplan

Hier können Sie den Schaltplan in das „easy" laden, einen Schaltplan aus dem „easy" in die EASY-SOFT laden oder den Schaltplan in EASY-SOFT mit dem Schaltplan im „easy" vergleichen.

Schaltplan in „easy" übertragen

Mit dem Befehl „Schaltplan – Auf Gerät übertragen" laden Sie Ihren Schaltplan in das „easy".

Verbinden Sie dazu das „easy" mit der seriellen Schnittstelle Ihres PCs über das Verbindungskabel EASY-PC-CAB.

Zur Übertragung des Schaltplans muss sich das „easy" im Statusbildschirm befinden. Ansonsten werden Sie dazu aufgefordert, das Gerät umzustellen.

Zustandsanzeige Schaltplan öffnet ein neues Fenster und zeigt die Zustände im Programm des angeschlossenen „easy" an.

Zustandsanzeige Relais zeigt den Zustand der Schaltplanelemente an.

RUN easy startet das „easy".

STOP easy stoppt das „easy".

Anlaufverhalten... wählt das Verhalten bei Start des „easy" nach einem Spannungsausfall.

Dialogbox „Anlaufverhalten easy"

Hier legen Sie das Verhalten des „easy" bei Start nach einem Spannungsausfall fest.

Easy RUN „easy" startet nach Wiederkehr der Spannung automatisch.

Easy HALT „easy" stoppt nach Wiederkehr der Spannung. Das Gerät muss manuell in die Betriebsart RUN gesetzt werden.

Sprachauswahl easy... schaltet die Menüsprache des „easy" um.

Serielle Schnittstelle einrichten... ermöglicht die Auswahl der Kommunikationsschnittstelle.

Uhr stellen stellt die Uhr im „easy".

Das Menü Optionen

Gerät wählen... begrenzt die Auswahl der Schaltplanelemente auf die Fähigkeiten des ausgewählten Geräts.

Geräteprüfung... öffnet das Dialogfeld „Geräteprüfung".

Anzeige Geräteprüfung

In der Anzeige „Geräteprüfung" werden die Ergebnisse der Geräteprüfung angezeigt.

Wenn das gewählte Gerät die Funktionen des angezeigten Schaltplans unterstützt, erhalten Sie die Meldung „Schaltplan zulässig".

Werden im Schaltplan Funktionen verwendet, die das ausgewählte Gerät nicht unterstützt, so erhalten Sie die Meldung „Die folgenden Operanden sind im gewählten Easy-Gerät nicht verfügbar", sowie eine Übersicht dieser Operanden.

Easy Systemeinstellungen...

hier tätigen Sie die Einstellungen für Passwort, Remanenz, Input-Entprellung und P-Tasten.

Einstellungen bei Beenden speichern

speichert alle getätigten Einstellungen nach Beendigung des Programms.

12.3 Die Symbolleiste

Die Symbolleiste ermöglicht Ihnen einen schnellen Zugriff auf häufig benötigte Befehle.

Neu öffnet ein neues Schaltplanfenster.

Öffnen öffnet den ausgewählten Schaltplan und zeigt ihn auf dem Bildschirm an.

Speichern speichert den aktiven Schaltplan mit dem aktuellen Dateinamen und Ablageort.

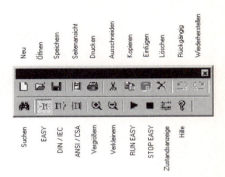

Abb. 12.2: Symbolleiste

Wurde noch kein Name vergeben, erscheint das Dialogfeld „Speichern unter" Hier müssen Sie einen Namen eingeben.

Seitenansicht zeigt den Schaltplan oder die Dokumentation an, wie diese beim Drucken erscheinen. Die Anzeige in der Seitenansicht ist abhängig von den Einstellungen in „Formular einrichten".

Drucken druckt den Schaltplan auf dem angewählten Drucker aus.

Ausschneiden entfernt die Markierung aus dem aktuellen Dokument und legt sie in der Zwischenablage ab.
Im Schaltplan können nur ganze Strompfade markiert und ausgeschnitten werden.

Kopieren kopiert die aktuelle Markierung in die Zwischenablage.
Im Schaltplan können nur ganze Strompfade markiert und kopiert werden.

Einfügen fügt an der Markierung den Inhalt der Zwischenablage ein.
Dieser Befehl steht nur zur Verfügung, wenn Sie einen Strompfad ausgeschnitten bzw. in die Zwischenablage kopiert haben.

Löschen löscht den markierten Teil des Schaltplans.

Rückgängig letzte Aktion macht die letzte Aktion rückgängig.

Wiederherstellen macht die Aktion des Befehls „Rückgängig" rückgängig.

Suchen ruft das Dialogfeld „Suchen" auf. Hier können Sie nach Elementen in Ihrem Schaltplan suchen.

Easy zeigt den Schaltplan in der EASY-Darstellung an.

DIN IEC zeigt den Schaltplan in der DIN IEC-Darstellung an.

ANSI CSA zeigt den Schaltplan in der ANSI CSA-Darstellung an.

Vergrößern vergrößert die Ansicht des Schaltplans in 25%-Schritten.

Verkleinern verkleinert die Ansicht des Schaltplans in 25%-Schritten.

RUN easy startet das EASY.

STOP easy stoppt das EASY.

Zustandsanzeige ein/aus

öffnet ein neues Fenster und zeigt die aktuellen Zustände der Schaltplanver-
knüpfungen des angeschlossenen EASY an. Die aktuellen Verknüpfungen
werden durch eine dicke rote Verbindungslinie gekennzeichnet.

Hilfe der Cursor verwandelt sich in ein Fragezeichen. Klicken Sie auf ein Ele-
ment in der EASY-SOFT, zu dem Sie Hilfe benötigen.

Querverweisliste

Die Querverweisliste gibt Ihnen einen Überblick über die verwendeten Relais
und Spulen. In der Querverweisliste wird auch die Nummer des Strompfads
angegeben, an der das Schaltplanelement verwendet wird.

In der Querverweisliste können Sie die einzelnen Schaltplanelemente mit
Kommentaren versehen. Kommentare können max. 12 Zeichen lang sein.

Elemente der Querverweisliste

Kontakt/Spule hier werden alle im Schaltplan verwendeten Elemente angezeigt.

Strompfad gibt an, in welchem Strompfad das Schaltplanelement verwendet
wird.

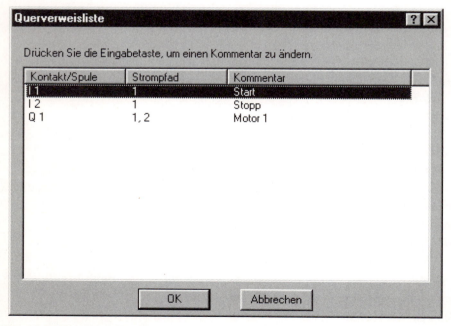

Abb. 12.3. Dialogbox Querverweisliste

Kommentar hier können Sie für jedes Schaltplanelement einen Kommentar vergeben

Der Kommentar kann bis zu 12 Zeichen lang sein.

Um die Kommentare im Schaltplan anzeigen zu lassen, machen Sie ein Häkchen neben „Kommentare anzeigen" im Dialogfeld Ansicht-Darstellung.

Kommentare

Kommentare dienen dazu, Ihre Kontakte und Spulen näher zu beschreiben. Damit erhält Ihr Schaltplan eine bessere Übersicht und kann von anderen besser gelesen werden.

Kommentare vergeben Sie in der Querverweisliste unter Menü „Bearbeiten". Doppelklicken Sie auf die entsprechende Zeile in der Spalte „Kommentar", um einen Text einzugeben.

Wenn Sie die Kommentare im Schaltplan anzeigen lassen wollen, so machen Sie ein Häkchen neben „Kommentare anzeigen" in der Dialogbox „Darstellung", die sich im Menü „Ansicht" befindet.

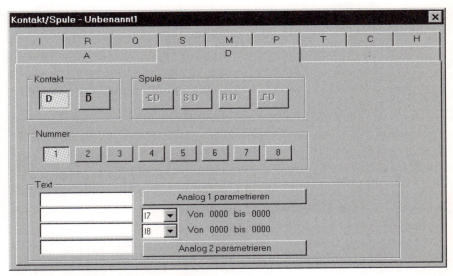

Abb. 12.4: Auswahl und Eingabe Texte

Die Online Zustandsanzeige

In der Online-Zustandsanzeige erhalten Sie die aktuellen Zustände der Kontakte und Spulen des EASY im Schaltplan angezeigt. Beschaltete Strompfade werden im Schaltplan mit einer dicken roten Verbindungslinie dargestellt.

Mit der Online-Zustandsanzeige haben Sie die Möglichkeit, Ihr Projekt mit dem angeschlossenem EASY zu testen. Doppelklicken Sie auf die Relais

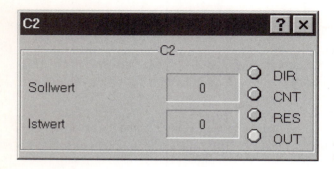

Abb. 12.5: Online Zu-
standsanzeige Zähler

(T,C,A,D,) im Schaltplan, um die aktuellen Statuswerte in einem Dialogfens-
ter zu sehen.

Haben Sie Sprungbefehle in Ihrem Schaltplan verwendet, so werden die übersprungenen Bereiche im Schaltplan mit grauen Verbindungslinien dargestellt.

TIP:

Sie können Teile Ihres Schaltplans testen, ohne das gesamte Projekt fertiggestellt zu haben.

EASY ignoriert offene, noch nicht funktionierende Verdrahtungen einfach und
führt nur die fertigen Verdrahtungen aus.

Uhr stellen

Sie können die Uhrzeiteinstellung für das „easy" direkt aus der EASY-SOFT
heraus vornehmen.

Dabei wählen Sie, ob Sie Uhrzeit und Wochentag des PCs für das EASY übernehmen wollen oder ob Sie die Werte manuell eingeben.

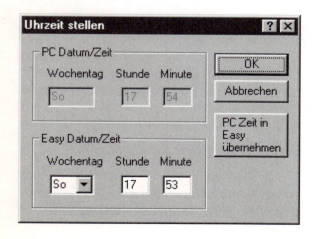

Abb. 12.6: Uhrzeit stellen

12.4 Mit EASY-SOFT arbeiten

Aufbau und Eingabe eines Schaltplans

Mit dem folgenden kleinen Beispiel werden Sie Schritt für Schritt Ihren ersten EASY-SOFT- Schaltplan erstellen.

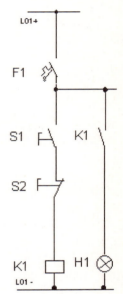

Abb. 12.7: Beispiel-Schaltplan

Dabei lernen Sie alle Regeln kennen, um EASY-SOFT bereits nach kurzer Zeit für Ihre Projekte einzusetzen.

Der EASY-Schaltplan besteht aus 3 Kontaktfeldern und einem Spulenfeld pro Strompfad. Zwischen den Kontaktfeldern und dem Spulenfeld liegen die Verbindungsfelder.

Wie bei der herkömmlichen Verdrahtung benutzen Sie im EASY-SOFT-Schaltplan Kontakte und Relais. In der EASY-SOFT verdrahten Sie die einzelnen Komponenten mit dem Stiftwerkzeug.

Ausgangspunkt für unsere kleine Lektion ist ein leerer Schaltplan.

➔Positionieren Sie den Cursor auf das erste Kontaktfeld. Das erste Kontaktfeld befindet sich im ersten Strompfad auf der linken Seite.

➔Den Cursor bewegen Sie mit der Maus oder mit den Pfeiltasten bzw. der Tab-Taste der Tastatur.

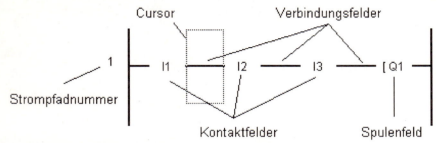

Abb. 12.8: Kontaktfelder Verbindungsfelder und Spulenfeld

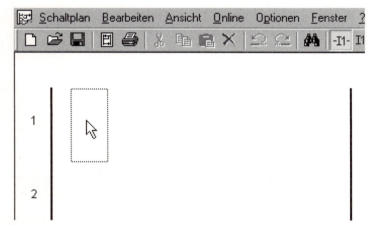

Abb. 12.9: Position erstes Kontaktfeld

➜Doppelklicken Sie auf das erste Kontaktfeld. Das Auswahlregister für Kontakte öffnet sich. Wählen Sie den Eingang 1 (I1) aus .

Sie können den Kontakt I1 auch über die Tastatur eingeben.

➜Positionieren Sie den Cursor auf das erste Kontaktfeld und geben Sie „i" ein.

➜Positionieren Sie nun den Cursor auf dem zweiten Kontaktfeld und geben Sie hier den Eingang 2 ein. Verfahren Sie dabei wie beim ersten Kontakt.

➜Positionieren Sie den Cursor auf das Spulenfeld, ganz rechts im Strompfad, und wählen Sie den Ausgang 1 (Q1) als Schützfunktion aus.

Ihr Schaltplan sollte nun so aussehen:

Was fehlt, ist die Verbindung zwischen Eingängen und Ausgängen.

Bei hintereinander liegenden Kontaktfeldern werden die Verbindungen von EASY-SOFT selbst erstellt. Ist jedoch ein Kontaktfeld nicht belegt, so muss

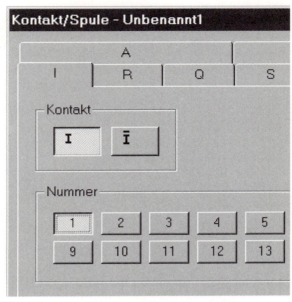

Abb. 12.10: Eingang I1 ausgewählt

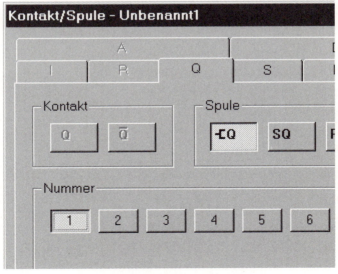

Abb. 12.11: Spule Q1 ausgewählt

Abb. 12.12: Schaltplan mit noch fehlender Verbindung

die Verbindung von Hand nachgezogen werden. Dazu benutzen Sie das Stift-werkzeug.

Sobald Sie mit dem Cursor auf ein Verbindungsfeld kommen, ändert sich die Form des Cursors in einen Stift. Drücken Sie die linke Maustaste und halten Sie diese gedrückt. Ziehen Sie die Verbindung zum gewünschten Kontakt oder zur gewünschten Spule. Sobald Sie die Maustaste loslassen, wird das Stift-werkzeug verlassen.

Ziehen Sie nun mit dem Stiftwerkzeug die Verbindung zwischen I2 und Q1.

Geschafft! Ihr erster Schaltplan ist fertig.

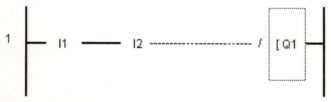

Abb. 12.13: Schaltplan mit Verbindungswerkzeug

Sie können den Schaltplan jetzt ins EASY übertragen und austesten.

Schließer- / Öffnerverhalten ändern

Das Verhalten der Eingänge können Sie auf verschiedene Arten festlegen.

Mit der Maus:

Doppelklicken Sie auf ein Kontaktfeld. Es öffnet sich der Auswahldialog. Wählen Sie zwischen der Schließer- bzw. der Öffnerfunktion.

Mit der Tastatur:

Die Eingabe von Kleinbuchstaben erzeugt Schließerkontakte, Öffnerkontakte geben Sie als Großbuchstaben ein.

Verbinden von Ein- und Ausgängen

Zur Verbindung von Ein- und Ausgängen benutzen Sie das Stiftwerkzeug.
Sobald Sie mit dem Cursor auf ein Verbindungsfeld kommen, ändert sich die
Form des Cursors in einen Stift. Drücken Sie die linke Maustaste und halten
Sie diese gedrückt. Ziehen Sie die Verbindung zum gewünschten Kontakt oder
zur gewünschten Spule. Sobald Sie die Maustaste loslassen, wird das Stift-
werkzeug verlassen.
Sie können Verbindungen auch über mehrere Strompfade ziehen.
Verbindungen können immer nur von links nach rechts erfolgen. Rückwärtige
Verbindungen sind im Schaltplan unwirksam.

Spule löschen / ändern

Mit der Maus:
Doppelklicken Sie auf das Spulenfeld, das geändert werden soll. Der Aus-
wahldialog wird geöffnet, und Sie können die Funktion der Spule ändern.
Um die Spule zu löschen, klicken Sie auf das Lösch-Symbol in der Symbolleiste.

Mit der Tastatur:
Positionieren Sie den Cursor auf das Spulenfeld und geben Sie die Spule über
die Tastatur ein.
Die Spulen und Spulenfunktionen können wie folgt mit der Tastatur erreicht
werden:

q	Schützfunktion „Ausgang"
m	Schützfunktion „Hilfsrelais" (Merker)
t	Triggerspule „Zeitrelais"
c	Triggerspule „Zähler"
d	Schützfunktion „Funktionsrelais" (Textmerker)
s	Schützfunktion „Hilfsrelais" (S-Merker)

Um die Spulenfunktion zu wählen, drücken Sie die Shift-Taste und wählen Sie
den entsprechenden Buchstaben der Spulenfunktion:

Shift + E Stromstoßfunktion
Shift + S Verklinken (Setzen)
Shift + R Verklinkung lösen (Rücksetzen)
Shift + D Richtungsspule beim Zähler

Die Schützfunktion ist als Standardwert vorgegeben. Wollen Sie wieder zur
einfachen Schützfunktion der Spule zurück, so drücken Sie den Buchstaben
für die Spule.
Um die Spule zu löschen, drücken Sie die Entf.-Taste.

Kontakt löschen / ändern

Mit der Maus:

Doppelklicken Sie auf das Kontaktfeld, das geändert werden soll. Der Auswahldialog wird geöffnet, und Sie können die Funktion der Kontakts ändern.

Um den Kontakt zu löschen, klicken Sie auf das Kreuz-Symbol in der Symbolleiste.

Mit der Tastatur:

Positionieren Sie den Cursor auf das Kontaktfeld und geben Sie den Kontakt über die Tastatur ein.

Die Kontakte und Funktionsrelais können wie folgt mit der Tastatur erreicht werden:

i, I	Eingang
p, P	P-Taste
q, Q	Ausgang
m, M	Hilfsrelais (Merker)
c, C	Funktionsrelais „Zähler"
T; T	Funktionsrelais „Zeit"
w, W	Funktionsrelais „Zeitschaltuhr"
a, A	Funktionsrelais „Analogwertvergleicher"
d, D	Hilfsrelais (Textmerker)
s, S	Send (Ausgänge des Erweiterungsgeräts)
r, R	Receive (Eingänge des Erweiterungsgeräts)

Um den Kontakt zu löschen, drücken Sie die Entf.-Taste.

Leere Zeile einfügen

Mit der Maus:

➔Klicken Sie mit der Maus rechts außerhalb des Strompfads, an den eine leere Zeile eingefügt werden soll. Der gesamte Strompfad wird markiert (Darstellung invertiert).

➔Wählen Sie den Befehl „Strompfad einfügen" aus dem Menü „Bearbeiten", um einen leeren Strompfad vor der Markierung einzufügen.

Sie können auch die rechte Maustaste drücken, um das Kontextmenü aufzurufen. Im Kontextmenü befinden sich alle Befehle, die Sie an der Cursorposition ausführen können.

Mit der Tastatur:

➔Positionieren Sie den Cursor auf den Strompfad, vor dem der leere Strompfad eingefügt werden soll.

➔Mit Strg+I fügen Sie einen leeren Strompfad ein.

Strompfad löschen

Mit der Maus:
➜Klicken Sie mit der Maus rechts außerhalb des Strompfads, der gelöscht werden soll. Der gesamte Strompfad wird angewählt (Darstellung invertiert).
➜Wählen Sie das Lösch-Symbol aus der Symbolleiste, um die ganze Zeile zu löschen.

Mit der Tastatur:
➜Positionieren Sie den Cursor auf den Strompfad, der gelöscht werden soll.
➜Mit Strg+D löschen Sie den gesamten Strompfad.

Verbindung löschen

Mit der Maus:
➜Klicken Sie auf die Verbindung, die gelöscht werden soll.
➜Klicken Sie auf das Lösch-Symbol in der Symbolleiste, um die Verbindung zu löschen.

Mit der Tastatur:
➜Positionieren Sie den Cursor auf das Verbindungsfeld der Verbindung, die gelöscht werden soll.
➜Mit der Entf-Taste löschen Sie die Verbindung.
Befinden sich im Strompfad Verzweigungen, so wird die ausgewählte Verbindung nur bis zum nächsten Knotenpunkt gelöscht.

Schaltplan in EASY übertragen
Mit dem Befehl „Schaltplan – Auf Gerät übertragen" aus dem Menü „Online" laden Sie Ihren Schaltplan in das „easy".
Verbinden Sie dazu das EASY mit der seriellen Schnittstelle Ihres PCs über das Verbindungskabel EASY-PC-CAB.
Zur Übertragung des Schaltplans muss sich das EASY im Statusbildschirm befinden. Ansonsten werden Sie dazu aufgefordert, das Gerät umzustellen.

Abb. 12.14: Schaltplan übertragen

Schaltplan testen

Mit der Online-Zustandsanzeige können Sie Ihren Schaltplan im EASY austesten. Verbinden Sie das EASY per Verbindungskabel (EASY-PC-CAB) mit Ihrem PC. Wählen Sie den Befehl „Zustandsanzeige Schaltplan" aus dem Menü „Online" oder klicken Sie auf das entsprechende Symbol in der Symbolleiste.

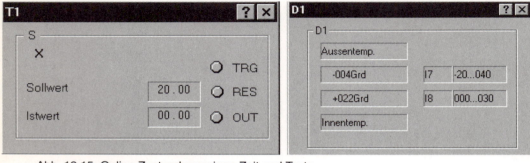

Abb. 12.15: Online Zustandsanzeigen Zeit und Texte

Dokumentation zum Projekt erstellen

Mit EASY-SOFT können Sie ihre Projekte komfortabel dokumentieren. EASY-SOFT bietet Ihnen hierfür vorgefertigte Formblätter an, die Sie mit Ihren Angaben ergänzen können.

Wählen Sie dazu aus dem Menü „Schaltplan" den Befehl „Formular einrichten".

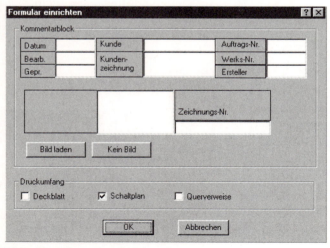

Abb. 12.16: Dialogbox „Formular einrichten"

Im Dialogfeld „Formular einrichten" können Sie die Informationen zu Ihrem Projekt eingeben, wie z. B. Datum des Projekts, Ersteller, Kunde, Auftragsnummer etc.

Hier legen Sie auch den Umfang Ihrer Dokumentation fest:

Deckblatt
Schaltplan
Querverweise

Mit dem Befehl „Seitenansicht" im Menü „Schaltplan" können Sie die Dokumentation am Bildschirm betrachten, so wie Sie später auf dem Drucker ausgegeben wird.

13 Anwendungen

In diesem Kapitel werden einige Applikationen gezeigt, zu den verschiedenen Themen.
Programmdateien zu diesen Beispielschaltungen finden Sie im Internet unter:
www.moeller.net/easy
ftp://ftp.moeller.net

13.1 Beleuchtungen

13.1.1 Bürobeleuchtung mit Zentral EIN/ AUS

Aufgabe:
In einem Bürogebäude soll mit Hilfe von EASY das Licht der einzelnen Räume sowohl vom jeweiligen Lichtschalter vor Ort, als auch komplett aus der Pförtnerloge zu schalten sein.

Verdrahtung:
1. Eingänge:
I1 Lichttaster S1 (Büro 1)
I2 Lichttaster S2 (Büro 2)
I3 Lichttaster S3 (Büro 3)
I4 Lichttaster S4 (Büro 4)
I5 Lichttaster S5 (Büro 1- 4 Zentral EIN)
I6 Lichttaster S6 (Büro 1- 4 Zentral AUS).

2. Ausgänge:
Q1 Beleuchtung H1 Büroraum 1
Q2 Beleuchtung H2 Büroraum 2
Q3 Beleuchtung H3 Büroraum 3
Q4 Beleuchtung H4 Büroraum 4.

Kostenvergleich (Listenpreise)
1 easy 412- AC- R = 207 DM
4 Stromstoßschalter mit Zentral EIN / AUS (ca. 80 DM pro Stück) = 320 DM
Ersparnis: = 113 DM (= 35%).

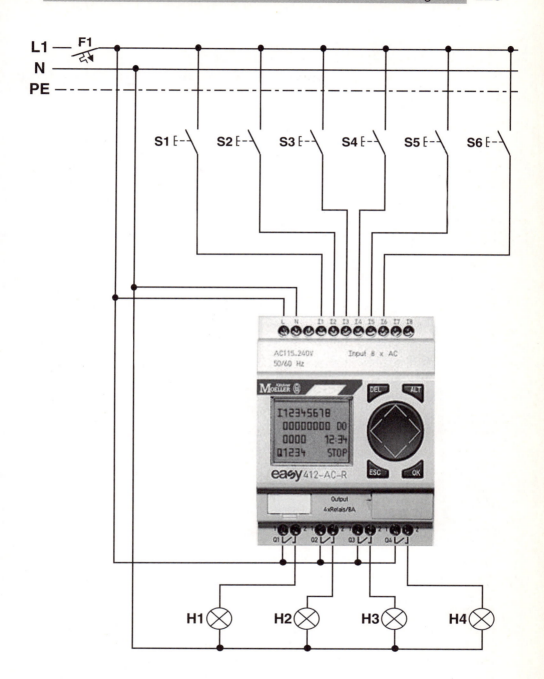

Steuerrelais easy - Schaltplan

Kunde: **Fa. Mustermann**   Programm: **Bürobeleucht. mit Zentral EIN / AUS**

Datum: **1. Dezember 1998**   Seite: **1**

Kommentar:

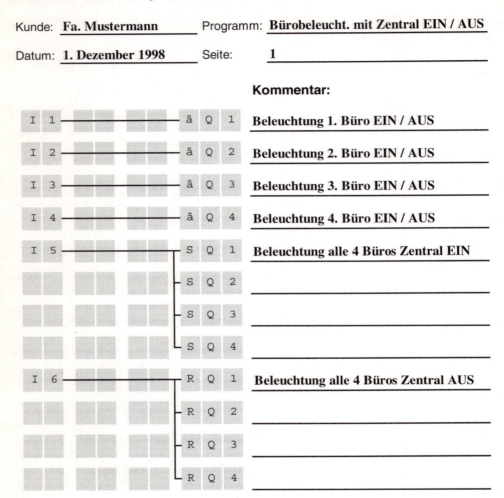

Beleuchtung 1. Büro EIN / AUS

Beleuchtung 2. Büro EIN / AUS

Beleuchtung 3. Büro EIN / AUS

Beleuchtung 4. Büro EIN / AUS

Beleuchtung alle 4 Büros Zentral EIN

Beleuchtung alle 4 Büros Zentral AUS

13.1.2 Schaufensterbeleuchtung

Aufgabe:

EASY steuert drei Lichtgruppen, die eine Schaufensterauslage ausleuchten sollen.

Die erste Lichtgruppe wird durch eine Zeitschaltuhr angesteuert.

Bei eintretender Dunkelheit wird über einen Dämmerungsschalter auch die zweite Lichtgruppe zugeschaltet.

Außerhalb dieser Zeiten soll bei Dunkelheit (Dämmerungsschalter aktiv) nur die dritte Lichtgruppe leuchten.

Wenn sich jemand dem Geschäft nähert wird über einen Bewegungsmelder die Leuchtreklame für eine bestimmte Zeit zugeschaltet.

Die Anlage wird über einen Hauptschalter ein- und ausgeschaltet. Ein weiterer Lichttaster dient zur Überprüfung der gesamten Lichtanlage. Wird dieser Lichttaster betätigt, so werden alle Leuchten für eine Minute aktiviert.

Verdrahtung:

1. Eingänge:
I1 Hauptschalter S1 (EIN/ AUS)
I2 Dämmerungsschalter S2
I3 Bewegungsmelder S3
I4 Lichttaster S4 (Überprüfung).

2. Ausgänge:
Q1 1. Lichtgruppe H1
Q2 2. Lichtgruppe H2
Q3 3. Lichtgruppe H3
Q4 Leuchtreklame H4.

3. Parameter:
T1 Beleuchtungsdauer Lampentest
T2 Beleuchtungsdauer der Leuchtreklame
🕐 1 Beleuchtungszeiten für Lichtgruppe 1.

Kostenvergleich (Listenpreise)
1 easy 412- AC- RC = 222 DM
2 Zeitrelais (ca. 70 DM pro Stück) = 140 DM
1 Zeitschaltuhr (ca. 100 DM pro Stück) = 100 DM
= 240 DM
Ersparnis: = 18 DM (= 7%).

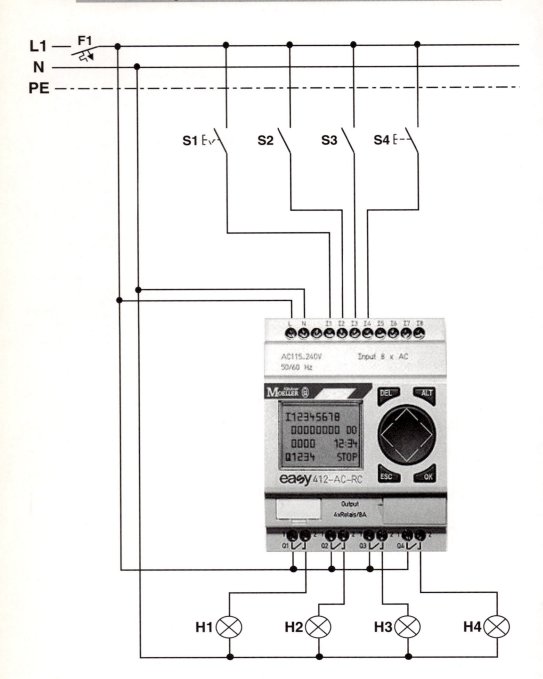

Steuerrelais easy - Schaltplan

Kunde: **Fa. Mustermann**   Programm: **Schaufensterbeleuchtung**

Datum: **1. Dezember 1998**   Seite: **1**

Kommentar:

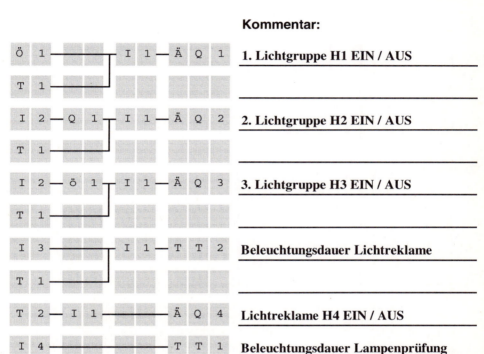

1. Lichtgruppe H1 EIN / AUS

2. Lichtgruppe H2 EIN / AUS

3. Lichtgruppe H3 EIN / AUS

Beleuchtungsdauer Lichtreklame

Lichtreklame H4 EIN / AUS

Beleuchtungsdauer Lampenprüfung

Steuerrelais easy - Parameter

Kunde: **Fa. Mustermann**		Programm:	**Schaufensterbeleuchtung**
Datum: **1. Dezember 1998**		Seite:	**1**

Zeitrelais:

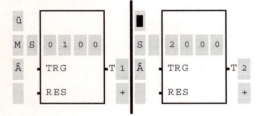

Zeitschaltuhren:

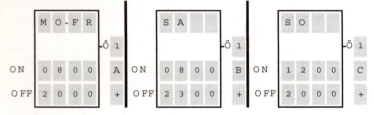

13.1.3 Beleuchtung mit Lichtstärke-Messung

Aufgabe:

Eine Gewächshausbeleuchtung ist in vier Lichtgruppen unterteilt und soll mit Hilfe von EASY, in Abhängigkeit von der gemessenen Lichtstärke, bei Bedarf zugeschaltet werden.

Im Automatikbetrieb wird die Lichtstärke mit einem Beleuchtungsmesser ermittelt. Sie ist ausschlaggebend für die Anzahl der zu schaltenden Beleuchtungsgruppen. Je geringer die gemessene Lichtstärke desto mehr Beleuchtungsgruppen werden zugeschaltet. Die Vergleichswerte zum Zu- und Abschalten der Lichtgruppen sind individuell einstellbar. Die Beleuchtungszeiten werden mit einer Zeitschaltuhr festgelegt.

Der Automatikbetrieb ist über einen Schalter EIN- und AUS- zuschalten. Sowohl bei abgeschalteter Automatik, als auch außerhalb der Beleuchtungszeiten können die einzelnen Lichtgruppen über die dafür vorgesehenen Taster geschaltet werden.

Verdrahtung:

1. Eingänge:
I1 Schalter S1 (Automatik EIN / AUS)
I2 Lichttaster S2 (Beleuchtungsgruppe H1)
I3 Lichttaster S3 (Beleuchtungsgruppe H2)
I4 Lichttaster S4 (Beleuchtungsgruppe H3)
I5 Lichttaster S5 (Beleuchtungsgruppe H4)
I7 Analogeingang Lichtstärke–Messung.

2. Ausgänge:
Q1 Beleuchtungsgruppe H1
Q2 Beleuchtungsgruppe H2
Q3 Beleuchtungsgruppe H3
Q4 Beleuchtungsgruppe H4.

3. Parameter:
A1 Einschalten Lichtgruppe H1
A2 Ausschalten Lichtgruppe H1
A3 Einschalten Lichtgruppe H2
A4 Ausschalten Lichtgruppe H2
A5 Einschalten Lichtgruppe H3
A6 Ausschalten Lichtgruppe H3
A7 Einschalten Lichtgruppe H4
A8 Ausschalten Lichtgruppe H4
🕐 1 Beleuchtungszeiten der Automatik.

Kostenvergleich (Listenpreise)
1 easy 412- DC- RC = 239 DM
1 Zeitschaltuhr (ca. 100 DM pro Stück) = 100 DM
4 Analogvergleicher (ca. 300 DM pro Stück) = 1200 DM
= 1300 DM
Ersparnis: = 1061 DM (= 81%).

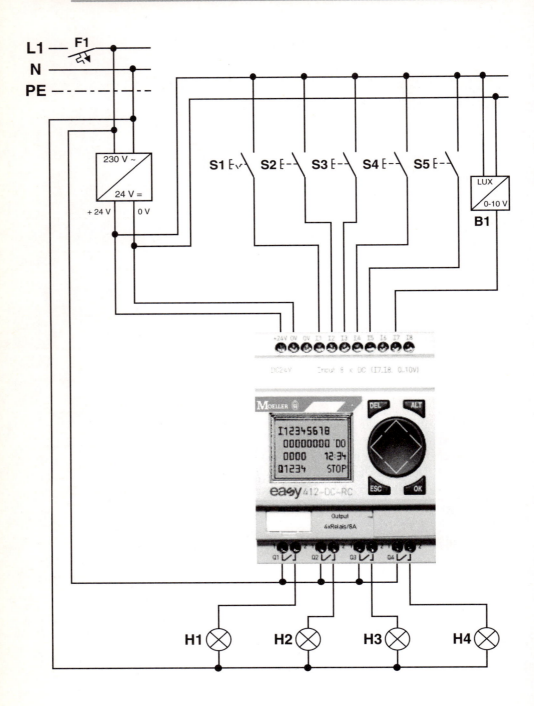

Steuerrelais easy - Schaltplan

Kunde: **Fa. Mustermann**   Programm: **Beleuchtung mit Lichtstärke-Messung**

Datum: **1. Dezember 1998**   Seite: **1**

Kommentar:

I 1 — Ö 1 ———— Ä M 1	**Zwischenspeicher Automatik**
A 1 — M 1 ———— S Q 1	**Beleuchtungsgruppe H1 EIN**
I 2 — m 1 ———— ä Q 1	**Beleuchtungsgruppe H1 EIN / AUS**
A 2 — M 1 ———— R Q 1	**Beleuchtungsgruppe H1 AUS**
T 1	
A 3 — M 1 ———— S Q 2	**Beleuchtungsgruppe H2 EIN**
I 3 — m 1 ———— ä Q 2	**Beleuchtungsgruppe H2 EIN / AUS**
A 4 — M 1 ———— R Q 2	**Beleuchtungsgruppe H2 AUS**
T 1	
A 5 — M 1 ———— S Q 3	**Beleuchtungsgruppe H3 EIN**
I 4 — m 1 ———— ä Q 3	**Beleuchtungsgruppe H3 EIN / AUS**
A 6 — M 1 ———— R Q 3	**Beleuchtungsgruppe H3 AUS**
T 1	
A 7 — M 1 ———— S Q 4	**Beleuchtungsgruppe H4 EIN**
I 5 — m 1 ———— ä Q 4	**Beleuchtungsgruppe H4 EIN / AUS**

Steuerrelais easy - Schaltplan

Kunde: **Fa. Mustermann**   Programm: **Beleuchtung mit Lichtstärke-Messung**

Datum: **1. Dezember 1998**   Seite: **2**

Kommentar:

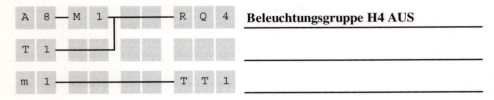

Beleuchtungsgruppe H4 AUS

Steuerrelais easy - Parameter

Kunde: **Fa. Mustermann**   Programm: **Beleuchtung mit Lichtstärke-Messung**

Datum: **1. Dezember 1998**   Seite: **1**

Zeitrelais:

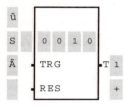

Analogwertvergleicher:

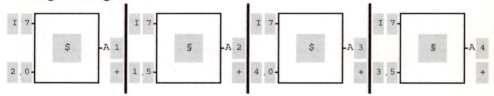

Analogwertvergleicher:

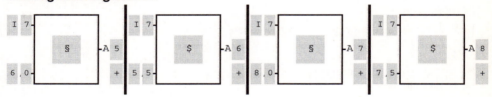

Zeitschaltuhren:

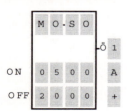

13.1.4 Treppenhausbeleuchtung mit zwei Zeiten

Aufgabe:
EASY soll als Automat für die Beleuchtung eines Treppenhauses und eines Kellers eingesetzt werden.
In diesen Räumen können über je vier Taster (S1- S4 und S5- S8) jeweils zwei Lampen angesteuert werden.
Bei einmaligem Betätigen eines Tasters soll die Beleuchtung für eine Zeit von z. B. 2 Minuten aktiviert werden. Wird nach Ablauf von mindestens einer Sekunde nochmals ein Taster betätigt, so verlängert sich die Beleuchtungszeit auf z. B. 6 Minuten.

Verdrahtung:
1. Eingänge:
I1- I4 Lichttaster S1- S4 (Treppenhaus)
I5- I8 Lichttaster S5- S8 (Keller).

2. Ausgänge:
Q1- Q2 Lampen H1- H2 (Treppenhaus)
Q3- Q4 Lampen H3- H4 (Keller).

3. Parameter:
Treppenhaus:
T1 Beleuchtungsdauer erstmalig tasten
T2 Wartezeit
T3 Beleuchtungsdauer nochmaliges tasten.

Keller:
T4 Beleuchtungsdauer erstmalig tasten
T5 Wartezeit
T6 Beleuchtungsdauer nochmaliges tasten.

Kostenvergleich (Listenpreise)
1 easy 412- AC- R = 207 DM
6 Zeitrelais (ca. 70 DM pro Stück) = 420 DM
hier fehlt die Berechnung der Ersparnis = 213 DM (= 54%)

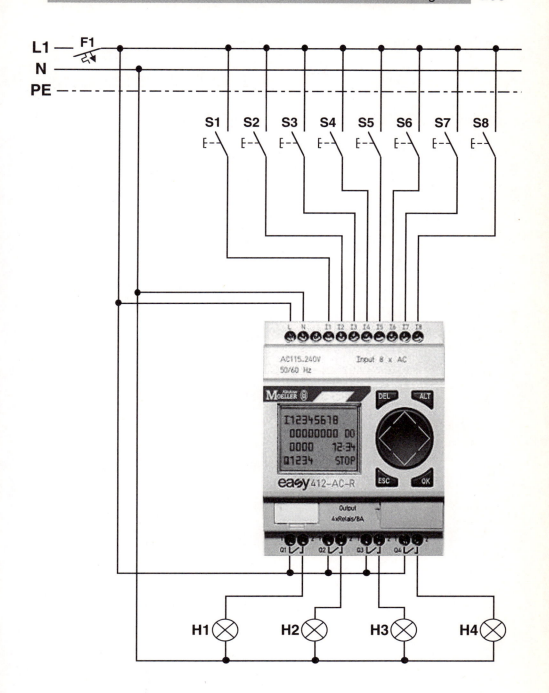

Steuerrelais easy - Parameter

Kunde: **Fa. Mustermann**   Programm: **Treppenhausbeleucht. mit 2 Zeiten**

Datum: **1. Dezember 1998**   Seite: **1**

Zeitrelais:

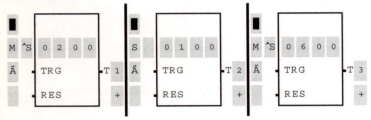

Zeitrelais:

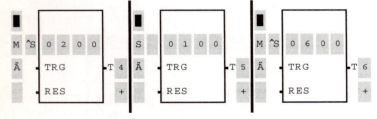

Steuerrelais easy - Schaltplan

Kunde: **Fa. Mustermann**   Programm: **Treppenhausbeleucht. mit zwei Zeiten**

Datum: **1. Dezember 1998**   Seite: **1**

Kommentar:

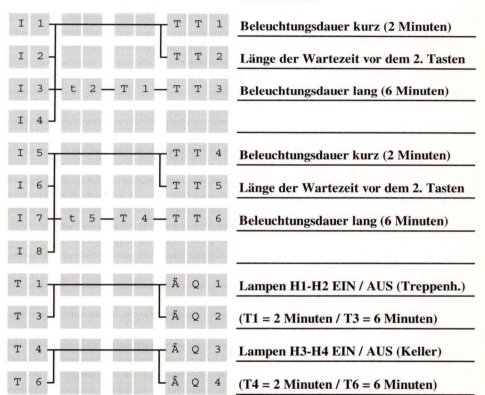

Beleuchtungsdauer kurz (2 Minuten)

Länge der Wartezeit vor dem 2. Tasten

Beleuchtungsdauer lang (6 Minuten)

Beleuchtungsdauer kurz (2 Minuten)

Länge der Wartezeit vor dem 2. Tasten

Beleuchtungsdauer lang (6 Minuten)

Lampen H1-H2 EIN / AUS (Treppenh.)

(T1 = 2 Minuten / T3 = 6 Minuten)

Lampen H3-H4 EIN / AUS (Keller)

(T4 = 2 Minuten / T6 = 6 Minuten)

13.1.5 Treppenhaus- und Kellerbeleuchtung mit Dauerlicht

Aufgabe:

EASY soll als Automat für die Beleuchtung eines Treppenhauses und eines Kellers eingesetzt werden.

In diesen Räumen können über je vier Taster (S1-S4 und S5-S8) jeweils zwei Lampengruppen angesteuert werden.

Bei einmaligem Betätigen eines Tasters soll die Beleuchtung für eine Zeit von z. B. drei Minuten aktiviert werden.

Wird innerhalb der drei Minuten nochmals ein Taster betätigt, dann bleibt die Beleuchtung dauerhaft eingeschaltet.

Um die Beleuchtung wieder auszuschalten muss ein drittes Mal einer der vier Taster betätigt werden.

Verdrahtung:

1. Eingänge:
I1-I4 Lichttaster S 1 -S4 (Treppenhaus)
I5-I8 Lichttaster S5-S8 (Keller).

2. Ausgänge:
QI-Q2 Lampen H 1 -H2 (Treppenhaus)
Q3-Q4 Lampen H3-H4 (Keller).

3. Parameter.
Treppenhaus:
TI Beleuchtungsdauer erstmalig tasten
C1 Zäliler (Betätigungsanzahl).

Keller:
T3 Beleuchtungsdauer erstmalig tasten
C3 Zähler (Betätigungsanzahl).

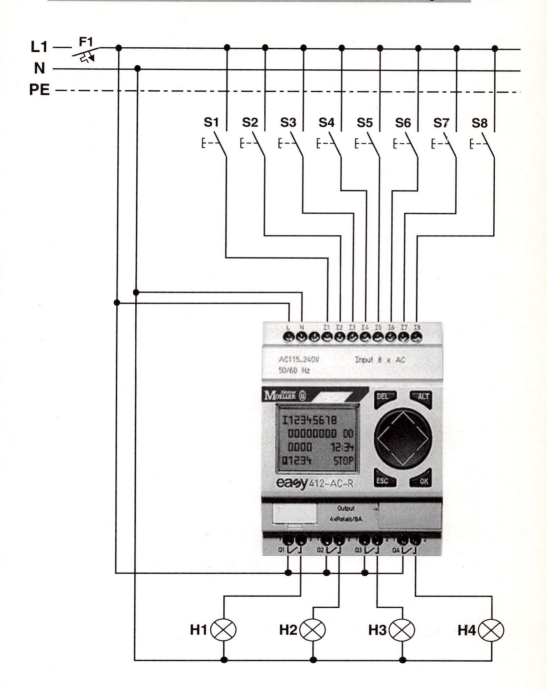

Steuerrelais easy - Schaltplan

Kunde: **Fa. Mustermann**　　　　Programm: **T / K - Beleuchtung mit Dauerlicht**

Datum: **1. Dezember 1998**　　　Seite: **1**

Kommentar:

					Kommentar
t 1 — q 1 ——— R C 1					**Zähler 1 zurücksetzen (Treppenhaus)**
M 1 — M 2					
C 1 ——————— R T 1					**Zeitrelais 1 zurücksetzen (Treppenhaus)**
I 1 ————— T T 1					**Beleuchtungsdauer (Treppenhaus 4 Min.)**
I 2 ————— Ä M 1					**Zwischenspeicher Zählimpuls**
I 3					
I 4					
M 1 ——————— C C 1					**Anzahl der Betätigungsimpulse Zähler 1**
C 1 — m 1 ——— S M 2					**Zwischenspeicher Zähler 1 EIN**
m 1 — c 1 ——— R M 2					**Zwischenspeicher Zähler 1 AUS**
T 1 ————— Ä Q 1					**Lampen H1-H2 EIN / AUS**
C 1 ————— Ä Q 2					**(T1 = 4 Minuten / C1 = Dauerlicht)**
t 3 — q 3 ——— R C 3					**Zähler 3 zurücksetzen (Keller)**
M 3 — M 4					
C 3 ——————— R T 3					**Zeitrelais 3 zurücksetzen (Keller)**

Steuerrelais easy - Schaltplan

Kunde: **Fa. Mustermann**   Programm: **T / K - Beleuchtung mit Dauerlicht**

Datum: **1. Dezember 1998**   Seite: **2**

Kommentar:

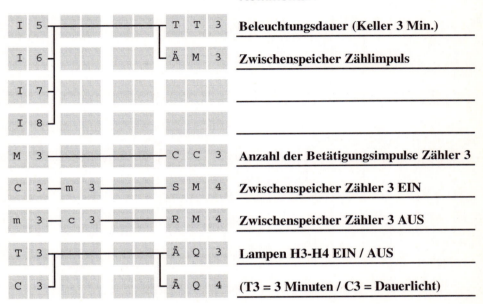

Beleuchtungsdauer (Keller 3 Min.)

Zwischenspeicher Zählimpuls

Anzahl der Betätigungsimpulse Zähler 3

Zwischenspeicher Zähler 3 EIN

Zwischenspeicher Zähler 3 AUS

Lampen H3-H4 EIN / AUS

(T3 = 3 Minuten / C3 = Dauerlicht)

Steuerrelais easy - Parameter

Kunde: **Fa. Mustermann**   Programm: **T / K - Beleuchtung mit Dauerlicht**

Datum: **1. Dezember 1998**   Seite: **1**

Zeitrelais:

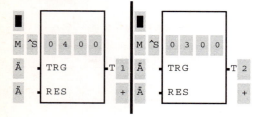

Vor- und Rückwärtszähler:

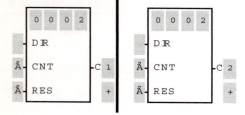

13.1.6 Sporthallenbeleuchtung mit Zeitschaltuhr

Aufgabe:

Mit EASY soll die Beleuchtung in einer Sporthalle gesteuert werden.

Bei der Sporthalle ist es möglich, eine Unterteilung in drei Einzelsektionen vorzunehmen.

Die Beleuchtung kann entweder für die gesamte Halle oder aber für jede Sektion einzeln geschaltet werden.

Über einen Schlüsselschalter S1 kann zwischen Handbetrieb (ohne Zeitbegrenzung z. B. bei einer bestimmten Veranstaltung) oder Automatikbetrieb (mit Zeitschaltuhr) gewählt werden.

Die Nutzungsdauer der Halle ist von montags bis samstags jeweils von 8.00 bis maximal 22.00 Uhr vorgesehen. Um 21.50 Uhr ertönt für fünf Sekunden eine Hupe, um auf die endende Hallennutzung hinzuweisen.

Um 22.00 Uhr erfolgt die Abschaltung der Beleuchtung in den Sektionen 1 und 3. Die Sektion 2 wird noch bis 22.05 Uhr beleuchtet, weil sich in diesem Hallenteil der Durchgang zu den Umkleideräumen und der für die Beleuchtungssteuerung zuständige Schaltraum befindet.

Verdrahtung:

1. Eingänge:

I1 Schlüsselschalter S1 (Hand /Automatik)

I2 Lichtschalter S2 (Sektion 1)

I3 Lichtschalter S3 (Sektion 2)

I4 Lichtschalter S4 (Sektion 3)

I5 Lichtschalter S5 (Sektionen 1-3

I6 Lichttaster S6 (Nur bei Hand, Sektionen 1-3 ohne ⊕).

2. Ausgänge:

Q1 Beleuchtungsgruppe H1 (Sektion 1)

Q2 Beleuchtungsgruppe H2 (Sektion 2)

Q3 Beleuchtungsgruppe H3 (Sektion 3).

Q4 Hupe E1

3. Parameter:

T1 Impulsdauer des Hupen-Signals

⊕ 1 Beleuchtungszeit Sektionen 1-3

⊕ 2 Beleuchtungszeit Sektion 2

⊕ 3 Einschaltzeitpunkt der Hupe.

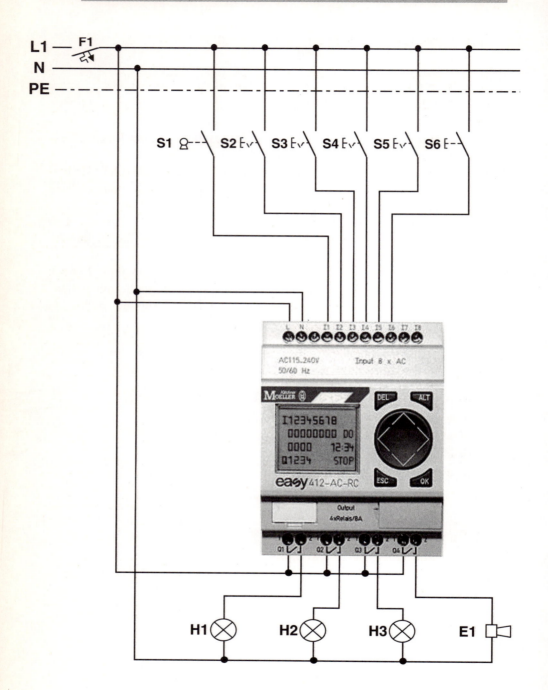

Steuerrelais easy - Schaltplan

Kunde: **Fa. Mustermann**   Programm: **Sporthallenbeleuchtung**

Datum: **1. Dezember 1998**   Seite: **1**

Kommentar:

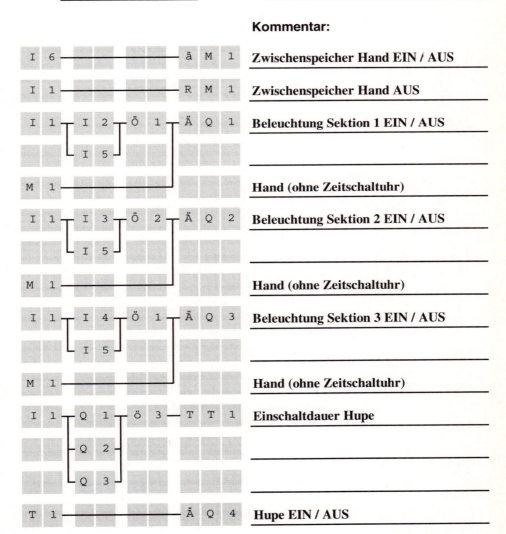

I 6 —————————— ä M 1	**Zwischenspeicher Hand EIN / AUS**
I 1 —————————— R M 1	**Zwischenspeicher Hand AUS**
I 1 — I 2 — Ö 1 — Ä Q 1 / I 5	**Beleuchtung Sektion 1 EIN / AUS**
M 1 ——————————	**Hand (ohne Zeitschaltuhr)**
I 1 — I 3 — Ö 2 — Ä Q 2 / I 5	**Beleuchtung Sektion 2 EIN / AUS**
M 1 ——————————	**Hand (ohne Zeitschaltuhr)**
I 1 — I 4 — Ö 1 — Ä Q 3 / I 5	**Beleuchtung Sektion 3 EIN / AUS**
M 1 ——————————	**Hand (ohne Zeitschaltuhr)**
I 1 — Q 1 — ö 3 — T T 1 / Q 2 / Q 3	**Einschaltdauer Hupe**
T 1 —————————— Ä Q 4	**Hupe EIN / AUS**

Steuerrelais easy - Parameter

Kunde: **Fa. Mustermann**   Programm: **Sporthallenbeleuchtung**

Datum: **1. Dezember 1998**   Seite: **1**

Zeitrelais:

Zeitschaltuhren:

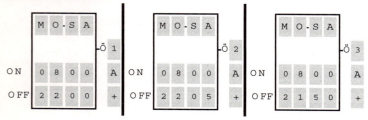

13.1.7 Außenbeleuchtung eines Einfamilienhauses

Aufgabenstellung

Mit EASY soll die gesamte Außenbeleuchtung eines Ein- bis Zweifamilienhauses gesteuert werden.

Die Außenbeleuchtung umfasst sowohl den Garten als auch eine Grundstückszufahrt mit anschließender Garage und den Hauseingangsbereich.

Die Beleuchtungsanlage lässt sich über den Hauptschalter (S1) EIN / AUS schalten.

Wenn die Anlage in Betrieb ist, werden die Beleuchtungen erst bei eintretender Dunkelheit in Abhängigkeit eines Dämmerungsschalters (S2) eingeschaltet.

Die Gartenbeleuchtung soll im Automatikbetrieb mit Hilfe einer Zeitschaltuhr jeden Abend zur gleichen Zeit eingeschaltet werden.

Im Handbetrieb kann die Gartenbeleuchtung unabhängig von der Zeitschaltuhr EIN /AUS getastet werden.

Durch drei Bewegungsmelder (S5-S7) werden die Hofeinfahrt, der Garagenvorplatz und auch der Hauseingang für jeweils bestimmte Zeiten beleuchtet.

Über einen Paniktaster (S8) lassen sich alle Beleuchtungsgruppen sofort, ohne zeitliche Einschränkung und ohne Einfluss des Dämmerungsschalters (S2) EIN / AUS schalten.

Verdrahtung:

1. Eingänge:

I1 Hauptschalter S 1 (EIN/ AUS)

I2 Dämmerungsschalter S2

I3 Lichtschalter Garten S3 (Automatik / Hand)

I4 Lichttaster S4 (Bei Handbetrieb > Garten EIN AUS)

I5 Bewegungsmelder S5 (Grundstückszufahrt)

I6 Bewegungsmelder S6 (Garagenvorplatzl)

I7 Bewegungsmelder S7 (Hauseingang)

I8 Paniktaster S8.

2. Ausgänge:

Q1 Garten – Beleuchtung H1

Q2 Hofeinfahrt – Beleuchtung H2

Q3 Garagenvorplatz – Beleuchtung H3

Q4 Hauseingang – Beleuchtung H4.

3. Parameter:

T1 Beleuchtungsdauer Hofzufahrt

T2 Beleuchtungsdauer Garage

T3 Beleuchtungsdauer Hauseingang

🕐 1 Beleuchtungszeiten für Garten

🕐 2 Beleuchtungszeiten Hofeinfahrt.

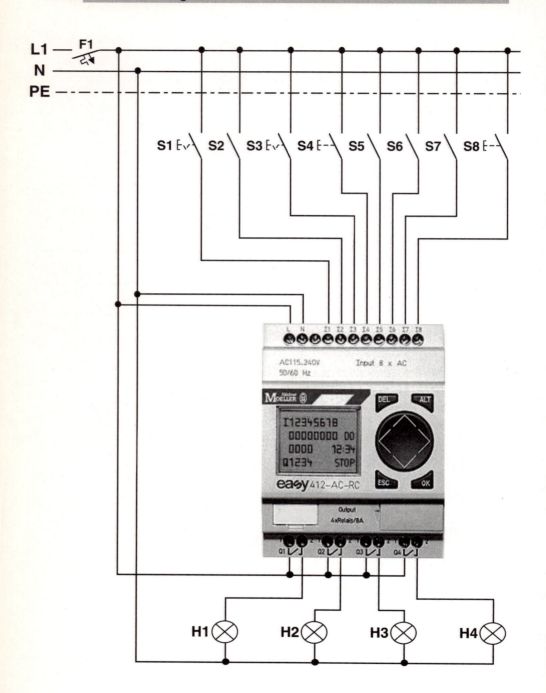

Steuerrelais easy - Schaltplan

Kunde: **Fa. Mustermann**   Programm: **Einfamilienhaus - Beleuchtung**

Datum: **1. Dezember 1998**   Seite: **1**

Kommentar:

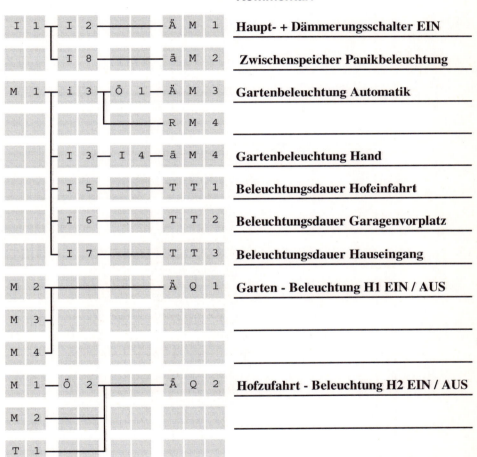

Haupt- + Dämmerungsschalter EIN

Zwischenspeicher Panikbeleuchtung

Gartenbeleuchtung Automatik

Gartenbeleuchtung Hand

Beleuchtungsdauer Hofeinfahrt

Beleuchtungsdauer Garagenvorplatz

Beleuchtungsdauer Hauseingang

Garten - Beleuchtung H1 EIN / AUS

Hofzufahrt - Beleuchtung H2 EIN / AUS

Steuerrelais easy - Schaltplan

Kunde: **Fa. Mustermann**   Programm: **Einfamilienhaus - Beleuchtung**

Datum: **1. Dezember 1998**   Seite: **2**

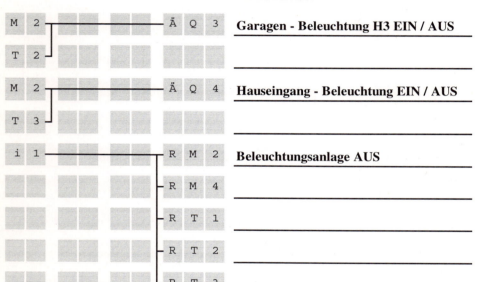

Kommentar:

Garagen - Beleuchtung H3 EIN / AUS

Hauseingang - Beleuchtung EIN / AUS

Beleuchtungsanlage AUS

Steuerrelais easy - Parameter

Kunde: **Fa. Mustermann**　　　Programm: **Einfamilienhaus - Beleuchtung**

Datum: **1. Dezember 1998**　　　Seite: **1**

Zeitrelais:

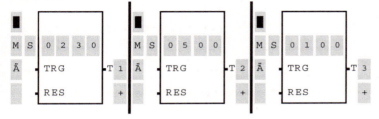

Zeitschaltuhren:

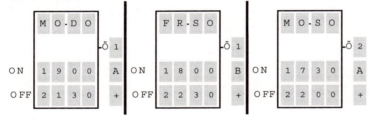

13.2 Bewässerungen

13.2.1 Außenbewässerung mit Zeitschaltuhr

Aufgabe:
EASY soll eine Außenbewässerungsanlage, mit der z. B. Felder bewässert werden, steuern.
Zur Bewässerung können vier verschiedene Pumpen angesteuert werden.
Die Pumpen werden über Zeitschaltuhren aktiviert.
Über einen Wahlschalter kann zwischen Impulsbewässerung oder Dauerbewässerung gewählt werden.
Ist die Betriebsart Impulsbewässerung eingestellt, so wird das Wasser in kurzen Stößen abgegeben.

Verdrahtung:
1. Eingänge:
I1 Schlüsselschalter S1 (EIN / AUS)
I5 Wahlschalter S2 (Impuls- / Dauerbewässerung).

2. Ausgänge:
Q1 Bewässerungspumpe E1
Q2 Bewässerungspumpe E2
Q3 Bewässerungspumpe E3
Q4 Bewässerungspumpe E4.

3. Parameter:
T1 Takt für Impulsbetrieb
🕐 1 Bewässerungszeit Pumpe 1
🕐 2 Bewässerungszeit Pumpe 2
🕐 3 Bewässerungszeit Pumpe 3
🕐 4 Bewässerungszeit Pumpe 4.

Kostenvergleich (Listenpreise)
1 easy 412- AC- RC = 222 DM
1 Zeitrelais (ca. 70 DM pro Stück) = 70 DM
4 Zeitschaltuhr (ca. 100 DM pro Stück) = 400 DM
= 470 DM
Ersparnis: = 248 DM (= 53 %).

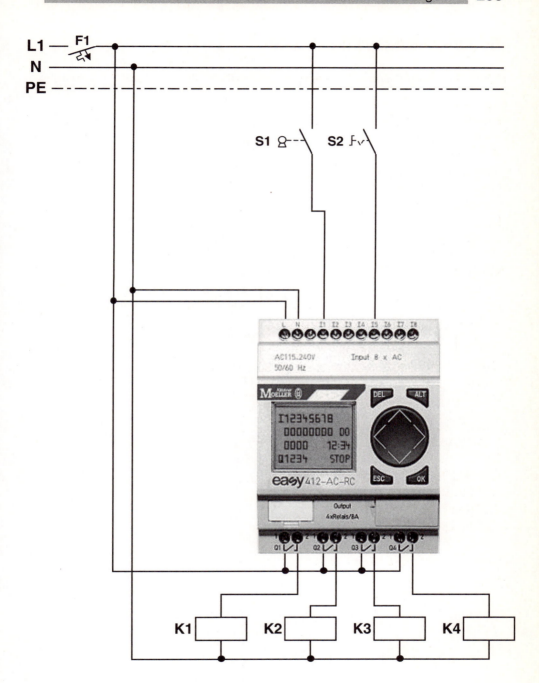

Steuerrelais easy - Schaltplan

Kunde: **Fa. Mustermann**   Programm: **Außenbewässerung mit Zeitschaltuhr**

Datum: **1. Dezember 1998**   Seite: **1**

Kommentar:

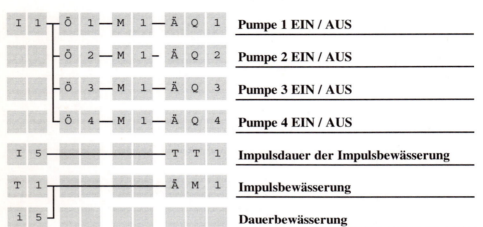

	Kommentar:
I 1 — Ö 1 — M 1 — Ä Q 1	**Pumpe 1 EIN / AUS**
Ö 2 — M 1 — Ä Q 2	**Pumpe 2 EIN / AUS**
Ö 3 — M 1 — Ä Q 3	**Pumpe 3 EIN / AUS**
Ö 4 — M 1 — Ä Q 4	**Pumpe 4 EIN / AUS**
I 5 — T T 1	**Impulsdauer der Impulsbewässerung**
T 1 — Ä M 1	**Impulsbewässerung**
i 5	**Dauerbewässerung**

Steuerrelais easy - Parameter

Kunde: **Fa. Mustermann**   Programm: **Außenbewässerung mit Zeitschaltuhr**

Datum: **1. Dezember 1998**   Seite: **1**

Zeitrelais:

Zeitschaltuhren:

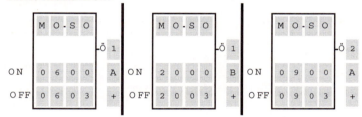

Zeitschaltuhren:

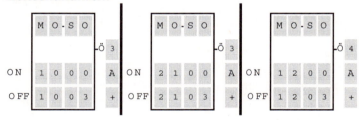

13.2.2 Außenbewässerung nach Trockenzeit

Aufgabe:

EASY soll eine Außenbewässerungsanlage, mit der z. B. Felder bewässert werden, steuern.

Zur Bewässerung können vier verschiedene Pumpen angesteuert werden.

Sobald es eine bestimmte Anzahl von Tagen nicht mehr geregnet hat, schalten sich die verschiedenen Pumpen, unabhängig von einander, automatisch für eine bestimmte Zeit ein.

Die Laufzeit der einzelnen Pumpen sowie die Anzahl der Tage ist einstellbar. Über einen Wahlschalter kann zwischen Impulsbewässerung oder Dauerbewässerung gewählt werden.

Ist die Betriebsart Impulsbewässerung eingestellt, so wird das Wasser in kurzen Stößen abgegeben.

Verdrahtung:

1. Eingänge:

I1 Schlüsselschalter S1 (EIN/ AUS)

I5 Wahlschalter S2 (Impuls-/ Dauerbewässerung)

I6 Sensorkontakt S3 (Regensensor).

2. Ausgänge:

Q1 Bewässerungspumpe E1

Q2 Bewässerungspumpe E2

Q3 Bewässerungspumpe E3

Q4 Bewässerungspumpe E4.

3. Parameter:

T1 Impuls für Zählerbaustein

T2 Bewässerungsdauer Pumpe 1

T3 Bewässerungsdauer Pumpe 2

T4 Bewässerungsdauer Pumpe 3

T5 Bewässerungsdauer Pumpe 4

T6 Takt für Impulsbetrieb

C1 Zahl der Trockentage, nach der sich

Pumpe 1 einschaltet

C2 Zahl der Trockentage, nach der sich

Pumpe 2 einschaltet

C3 Zahl der Trockentage, nach der sich

Pumpe 3 einschaltet

C4 Zahl der Trockentage, nach der sich

Pumpe 4 einschaltet

🕘 1 Bewässerungszeit.

Kostenvergleich (Listenpreise)

1 easy 412- AC- RC = 222 DM

6 Zeitrelais (ca. 70 DM pro Stück) = 420 DM

1 Zeitschaltuhr (ca. 100 DM pro Stück) = 100 DM

4 Zähler (nicht berechnet) ----------- -

= 520 DM

Ersparnis: = 298 DM (= 57 %).

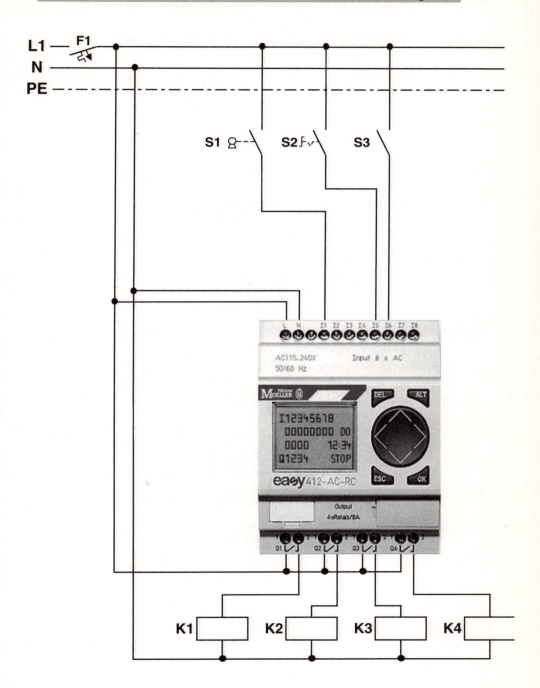

Steuerrelais easy - Schaltplan

Kunde: **Fa. Mustermann**   Programm: **Außenbewässerung nach Trockenzeit**

Datum: **1. Dezember 1998**   Seite: **1**

Kommentar:

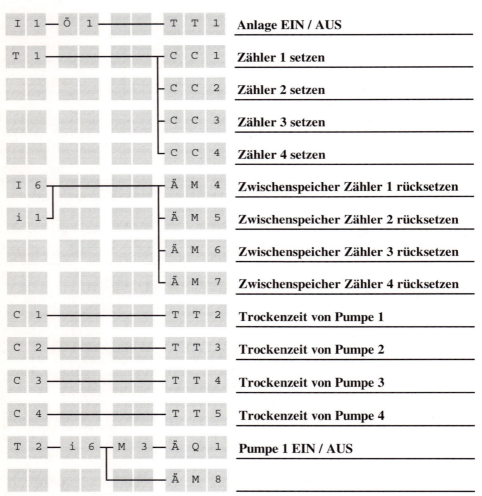

	Kommentar:
I 1 — Ö 1 ———————— T T 1	**Anlage EIN / AUS**
T 1 ———————————— C C 1	**Zähler 1 setzen**
C C 2	**Zähler 2 setzen**
C C 3	**Zähler 3 setzen**
C C 4	**Zähler 4 setzen**
I 6 ————————— Ä M 4	**Zwischenspeicher Zähler 1 rücksetzen**
i 1 — Ä M 5	**Zwischenspeicher Zähler 2 rücksetzen**
Ä M 6	**Zwischenspeicher Zähler 3 rücksetzen**
Ä M 7	**Zwischenspeicher Zähler 4 rücksetzen**
C 1 —————————— T T 2	**Trockenzeit von Pumpe 1**
C 2 —————————— T T 3	**Trockenzeit von Pumpe 2**
C 3 —————————— T T 4	**Trockenzeit von Pumpe 3**
C 4 —————————— T T 5	**Trockenzeit von Pumpe 4**
T 2 — i 6 — M 3 — Ä Q 1	**Pumpe 1 EIN / AUS**
Ä M 8	

Steuerrelais easy - Schaltplan

Kunde: **Fa. Mustermann**   Programm: **Außenbewässerung nach Trockenzeit**

Datum: **1. Dezember 1998**   Seite: **2**

Kommentar:

| T | 3 | — | i | 6 | ┬ | M | 3 | — | Ä | Q | 2 |

Pumpe 2 EIN / AUS

| | | | | | └ | | | — | Ä | M | 9 |

| T | 4 | — | i | 6 | ┬ | M | 3 | — | Ä | Q | 3 |

Pumpe 3 EIN / AUS

| | | | | | └ | | | — | Ä | M | 10 |

| T | 5 | — | i | 6 | ┬ | M | 3 | — | Ä | Q | 4 |

Pumpe 4 EIN / AUS

| | | | | | └ | | | — | Ä | M | 11 |

| M | 4 | ┬ | | | | — | | | R | C | 1 |

Zähler 1 zurücksetzen

| M | 8 | ┘ |

| M | 5 | ┬ | | | | — | | | R | C | 2 |

Zähler 2 zurücksetzen

| M | 9 | ┘ |

| M | 6 | ┬ | | | | — | | | R | C | 3 |

Zähler 3 zurücksetzen

| M | 10 | ┘ |

| M | 7 | ┬ | | | | — | | | R | C | 4 |

Zähler 4 zurücksetzen

| M | 11 | ┘ |

| I | 5 | — | | | | | | | T | T | 6 |

Impulsdauer der Impulsbewässerung

Steuerrelais easy - Schaltplan

Kunde: **Fa. Mustermann**   Programm: **Außenbewässerung nach Trockenzeit**

Datum: **1. Dezember 1998**   Seite: **3**

Kommentar:

T 6 —————— Ä M 1	**Zwischenspeicher Impulsbewässerung**
i 5 —————— Ä M 2	**Zwischenspeicher Dauerbewässerung**
M 1 —————— Ä M 3	**Impulsbewässerung oder**
M 2	**Dauerbewässerung**

13.2.3 Außenbewässerung mit verschiedenen Programmen

Aufgabe:

EASY soll eine Außenbewässerungsanlage, mit der z. B. Felder bewässert werden, steuern.

Über verschiedene Taster können drei Bewässerungsprogramme abgerufen werden, die bis zu drei verschiedene Pumpen ansteuern.

Im ersten Programm läuft die Anlage im Dauerbetrieb, d. h. es wird ununterbrochen bewässert.

Das zweite Programm bewässert zu programmierbaren Tageszeiten.

Wählt man das dritte Programm, so wird immer wenn es eine bestimmte Anzahl von Tagen nicht geregnet hat bewässert. Auch hierbei ist die Tageszeit einstellbar.

Über einen Wahlschalter kann zwischen Impulsbewässerung oder Dauerbewässerung gewählt werden.

Ist die Betriebsart Impulsbewässerung eingestellt, so wird das Wasser in kurzen Stößen abgegeben.

Über einen Hauptschalter kann die gesamte Anlage EIN / AUS geschaltet werden.

Eine Meldeleuchte zeigt an, ob ein Programm aktiviert ist.

Steuerrelais easy - Parameter

Kunde: **Fa. Mustermann**   Programm: **Außenbewässerung nach Trockenzeit**

Datum: **1. Dezember 1998**   Seite: **1**

Zeitrelais:

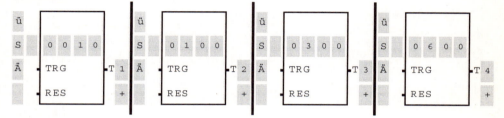

Zeitrelais:

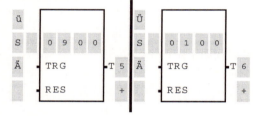

Vor- und Rückwärtszähler:

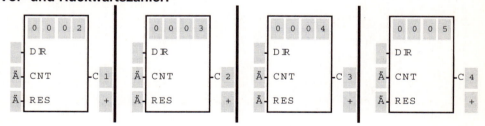

Zeitschaltuhren:

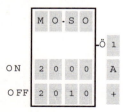

Verdrahtung:

1. Eingänge:

I1 Hauptschalter S1 (EIN/ AUS)

I2 Taster S2 (Programm1: Dauerbetrieb)

I3 Taster S3 (Programm2: Zeitschaltuhr)

I4 Taster S4 (Programm3: Trockenzeit)

I5 Wahlschalter S5 (Impuls-/ Dauerbewässerung)

I6 Regensensor S6.

2. Ausgänge:

Q1 Bewässerungspumpe E1

Q2 Bewässerungspumpe E2

Q3 Bewässerungspumpe E3

Q4 Meldeleuchte H4.

3. Parameter:

T1 Takt für Meldeleuchte

T2 Takt für Impulsbetrieb

T3 Impuls für Zählbaustein

🕐 1 Bewässerungszeit Programm 3 (Trockenzeit)

🕐 2 Bewässerungszeit Programm 2 (Zeitschaltuhr)

C1 Zähler (nach wieviel regenfreien Tagen bewässert wird).

Kostenvergleich (Listenpreis)

1 easy 412- AC- RC = 222 DM

3 Zeitrelais (ca. 70 DM pro Stück) = 210 DM

2 Zeitschaltuhren (ca. 100 DM pro Stück) = 200 DM

1 Zähler (nicht berechnet) ----------- -

= 410 DM

Ersparnis: = 188 DM (= 46%).

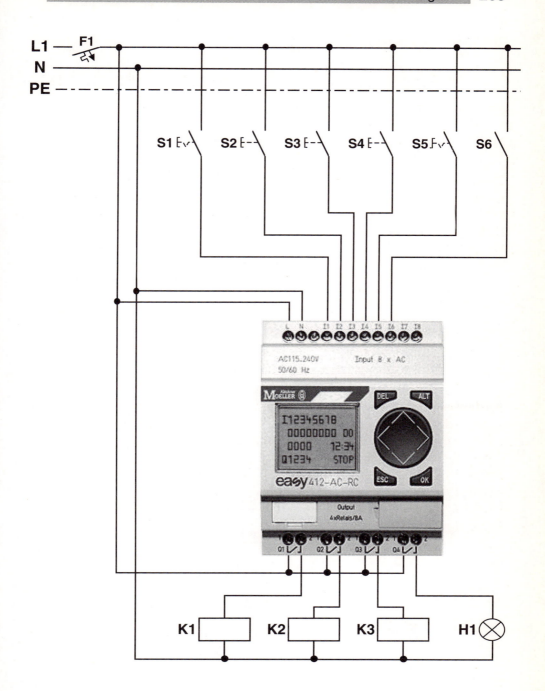

Steuerrelais easy - Schaltplan

Kunde: **Fa. Mustermann**   Programm: **Außenbewässerung mit versch. Prog.**

Datum: **1. Dezember 1998**   Seite: **1**

Kommentar:

i 1	—		—	R M 3	**Trockenzeitbewässerung AUS**
M 1					
M 2					
i 1	—		—	R M 2	**Zeitschaltuhrbewässerung AUS**
M 1					
M 3					
i 1	—		—	R M 1	**Dauerbewässerung AUS**
M 2					
M 3					
I 1	I 2	—		S M 1	**Dauerbewässerung EIN**
	I 3	—		S M 2	**Zeitschaltuhrbewässerung EIN**
	I 4	—		S M 3	**Trockenzeitbewässerung EIN**
M 1	—		—	T T 1	**Takt für Meldeleuchte H1**
M 2					
M 3					

Steuerrelais easy - Schaltplan

Kunde: **Fa. Mustermann**   Programm: **Außenbewässerung mit versch. Prog.**

Datum: **1. Dezember 1998**   Seite: **2**

Kommentar:

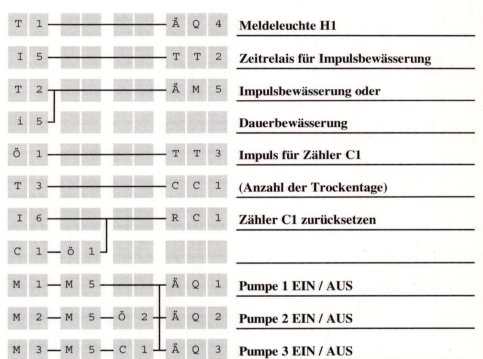

Schaltung	Kommentar
T 1 —— Ä Q 4	**Meldeleuchte H1**
I 5 —— T T 2	**Zeitrelais für Impulsbewässerung**
T 2 ─┐ Ä M 5	**Impulsbewässerung oder**
i 5 ─┘	**Dauerbewässerung**
Ö 1 —— T T 3	**Impuls für Zähler C1**
T 3 —— C C 1	**(Anzahl der Trockentage)**
I 6 ─┐ R C 1	**Zähler C1 zurücksetzen**
C 1 — ö 1 ─┘	
M 1 — M 5 ─┐ Ä Q 1	**Pumpe 1 EIN / AUS**
M 2 — M 5 — Ö 2 ─┤ Ä Q 2	**Pumpe 2 EIN / AUS**
M 3 — M 5 — C 1 ─┘ Ä Q 3	**Pumpe 3 EIN / AUS**

Steuerrelais easy - Parameter

Kunde: **Fa. Mustermann**　　　　Programm: **Außenbewässerung mit versch. Prog.**

Datum: **1. Dezember 1998**　　　Seite: **1**

Zeitrelais:

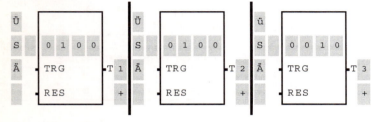

Vor- und Rückwärtszähler:

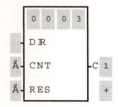

Zeitschaltuhren:

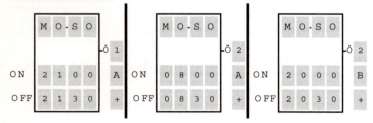

13.2.4 Bewässerung mit Zeitschaltuhr

Aufgabe:
EASY hat die Aufgabe, Pflanzen mit Hilfe von Zeitschaltuhren automatisch zu bewässern.
Es besteht die Möglichkeit, vier Pumpen unabhängig voneinander anzusteuern.
Über einen Zentralschalter kann die gesamte Anlage EIN und AUS geschaltet werden.

Verdrahtung:
1. Eingänge:
I1 Zentralschalter S1 (EIN/ AUS).

2. Ausgänge:
Q1 Bewässerungspumpe E1
Q2 Bewässerungspumpe E2
Q3 Bewässerungspumpe E3
Q4 Bewässerungspumpe E4.

3. Parameter:
🕑 1 Bewässerungszeit Pumpe 1
🕑 2 Bewässerungszeit Pumpe 2
🕑 3 Bewässerungszeit Pumpe 3
🕑 Bewässerungszeit Pumpe 4.

Kostenvergleich (Listenpreise)
1 easy 412- AC- RC = 222 DM
4 Zeitschaltuhren (ca. 100 DM pro Stück) = 400 DM
Ersparnis: = 178 DM (= 44%).

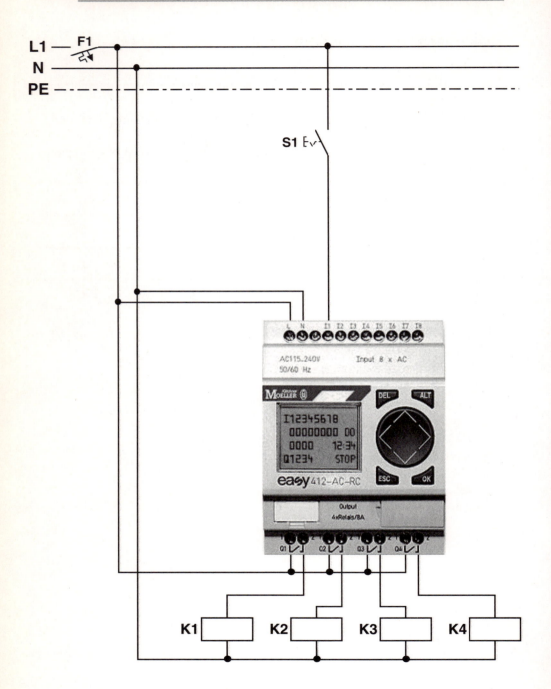

Steuerrelais easy - Schaltplan

Kunde: **Fa. Mustermann**   Programm: **Bewässerung mit Zeitschaltuhr**

Datum: **1. Dezember 1998**   Seite: **1**

Kommentar:

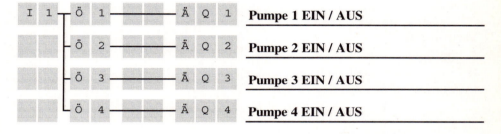

Pumpe 1 EIN / AUS

Pumpe 2 EIN / AUS

Pumpe 3 EIN / AUS

Pumpe 4 EIN / AUS

13.2.5 Bewässerung mit verschiedenen Tagesabständen

Aufgabe:
Durch EASY wird die Bewässerung von Pflanzen, bei Einbruch der Dunkelheit, in unterschiedlichen Tagesabständen realisiert.
Es ist möglich, bis zu vier Pumpen unabhängig voneinander anzusteuern.
Über einen Zentralschalter kann die gesamte Anlage EIN und AUS geschaltet werden.

Verdrahtung:
1. Eingänge:
I1 Dämmerungsschalter S1
I6 Zentralschalter S2 (EIN / AUS)

2. Ausgänge:
Q1 Bewässerungspumpe E1
Q2 Bewässerungspumpe E2
Q3 Bewässerungspumpe E3
Q4 Bewässerungspumpe E4.

3. Parameter:
T1 Bewässerungsdauer Pumpe 1
T2 Bewässerungsdauer Pumpe 2
T3 Bewässerungsdauer Pumpe 3
T4 Bewässerungsdauer Pumpe 4.
Kostenvergleich (Listenpreise)
1 easy 412- AC- R = 207 DM
4 Zeitrelais (ca. 70 DM pro Stück) = 280 DM
Ersparnis: = 73 DM (= 26%).

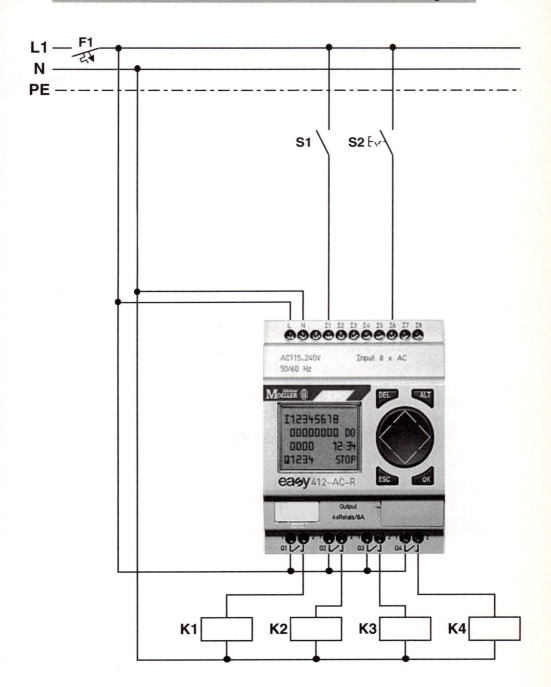

Steuerrelais easy - Schaltplan

Kunde: **Fa. Mustermann**   Programm: **Bewässerung in verschied. Tagesabst.**

Datum: **1. Dezember 1998**   Seite: **1**

Kommentar:

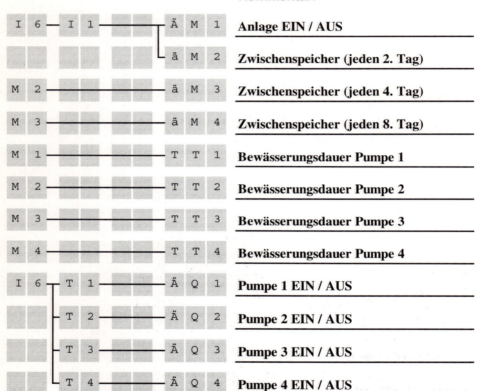

Anlage EIN / AUS

Zwischenspeicher (jeden 2. Tag)

Zwischenspeicher (jeden 4. Tag)

Zwischenspeicher (jeden 8. Tag)

Bewässerungsdauer Pumpe 1

Bewässerungsdauer Pumpe 2

Bewässerungsdauer Pumpe 3

Bewässerungsdauer Pumpe 4

Pumpe 1 EIN / AUS

Pumpe 2 EIN / AUS

Pumpe 3 EIN / AUS

Pumpe 4 EIN / AUS

Steuerrelais easy - Parameter

Kunde: **Fa. Mustermann**   Programm: **Bewässerung in verschied. Tagesabst.**

Datum: **1. Dezember 1998**   Seite: **1**

Zeitrelais:

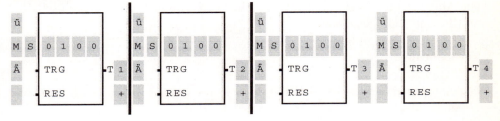

13.2.6 Bewässerung mit Feuchtigkeitsmessung

Aufgabe:
EASY soll die automatische Bewässerung von Pflanzen mit Hilfe von Feuchtigkeitssensoren steuern.
Es ist möglich, zwei Sensoren, welche die Feuchtigkeit der Pflanzenerde messen, an die Analogeingänge von EASY anzuschließen.
Die Anlage ist für zwei Pumpen vorgesehen und wird über einen Zentralschalter EIN und AUS geschaltet.

Verdrahtung:
1. Eingänge:
I1 Zentralschalter S1 (EIN / AUS)
I7 Analogeingang für Feuchtigkeitsmesser 1
I8 Analogeingang für Feuchtigkeitsmesser 2.

2. Ausgänge:
Q1 Bewässerungspumpe E1
Q2 Bewässerungspumpe E2.

3. Parameter:
A1 I7 <= 4,8 Bewässerung Pumpe 1 AUS
A2 I7 >= 5,2 Bewässerung Pumpe 1 EIN
A3 I8 <= 2,8 Bewässerung Pumpe 2 AUS
A4 I8 >= 3,2 Bewässerung Pumpe 2 EIN.

Kostenvergleich (Listenpreis)
1 easy 412- DC- R = 207 DM
2 Analogvergleicher (ca. 300 DM pro Stück) = 600 DM
Ersparnis: = 393 DM (= 65%).

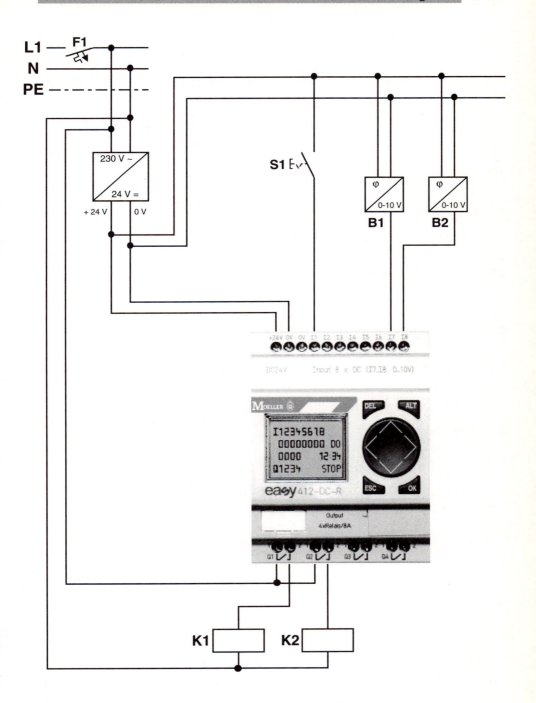

Steuerrelais easy - Schaltplan

Kunde: **Fa. Mustermann**   Programm: **Bewässerung mit Feuchtigkeitsmes.**

Datum: **1. Dezember 1998**   Seite: **1**

Kommentar:

Pumpe 1 AUS

Pumpe 1 EIN

Pumpe 2 AUS

Pumpe 2 EIN

Steuerrelais easy - Parameter

Kunde: **Fa. Mustermann**   Programm: **Bewässerung mit Feuchtigkeitsmes.**

Datum: **1. Dezember 1998**   Seite: **1**

Analogwertvergleicher:

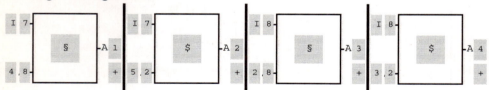

13.2.7 Bewässerung mit verschiedenen Steuerungen

Aufgabe:

Mit EASY sollen verschiedene Pflanzen durch vier unterschiedliche Programme automatisch bewässert werden.

Die Bewässerung bei Pflanzentyp 1 wird mit Schwimmerschaltern realisiert, welche durch Abfragen der Maximal- und Minimalwerte des Pegelstands zu einer optimalen Bewässerung der Pflanze führt.

Pflanzentyp 2 wird mit Hilfe einer Zeitschaltuhr zu vorher festgelegten Zeiten bewässert.

Der Pflanzentyp 3 soll jeden zweiten Tag immer abends, wenn der Dämmerungsschalter anspricht, über eine beliebig einstellbare Zeitdauer bewässert werden.

Bei Pflanzentyp 4 erfolgt die Bewässerung durch einen Feuchtigkeitssensor. Der Sensor misst die Feuchtigkeit der Pflanzenerde und steuert dementsprechend die Bewässerungspumpe für Pflanzentyp 4.

Die Anlage ist für vier Pumpen ausgelegt und wird über einen Zentralschalter EIN und AUS geschaltet.

Verdrahtung:

1. Eingänge:

I1 Schwimmerschalter S1 (Max. Pflanze1)

I2 Schwimmerschalter S2 (Min. Pflanze1)

I3 Dämmerungsschalter S3

I4 Zentralschalter S4 (EIN / AUS)

I7 Analogeingang für Feuchtigkeitsmesser.

2. Ausgänge:

Q1 Bewässerungspumpe E1 (Pflanzentyp 1)

Q2 Bewässerungspumpe E2 (Pflanzentyp 2)

Q3 Bewässerungspumpe E3 (Pflanzentyp 3)

Q4 Bewässerungspumpe E4 (Pflanzentyp 4).

3. Parameter:

T1 Bewässerungsdauer von Pflanzentyp 3

A1 I7 <= 4,8V Bewässerung AUS für Pflanzentyp 4

A2 I7 >= 5,2V Bewässerung EIN für Pflanzentyp 4

⏱ 1 Bewässerungszeit Pflanzentyp 2.

Kostenvergleich (Listenpreis)

1 easy 412- DC- RC = 239 DM

1 Zeitrelais (ca. 70 DM pro Stück) = 70 DM

1 Analogvergleicher (ca. 300 DM pro Stück) = 300 DM

1 Zeitschaltuhr (ca. 100 DM pro Stück) = 100 DM

= 470 DM

Ersparnis: = 231 DM (= 49%).

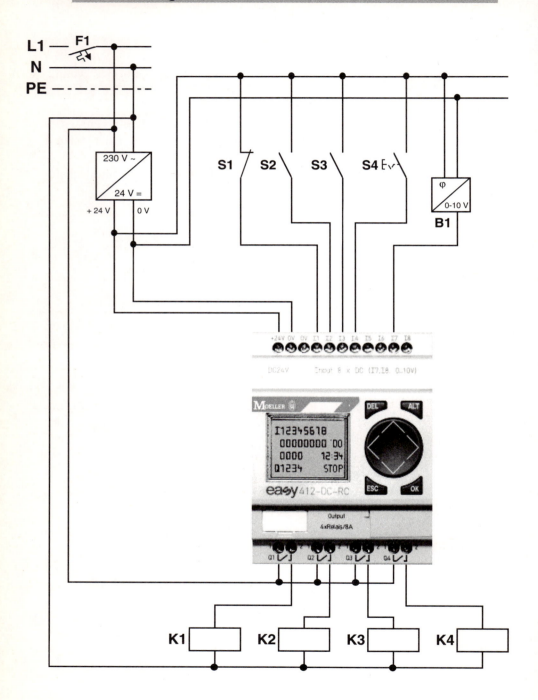

Steuerrelais easy - Schaltplan

Kunde: **Fa. Mustermann**   Programm: **Bewässerung mit versch. Steuerungen**

Datum: **1. Dezember 1998**   Seite: **1**

Kommentar:

I 4	I 2	—	S Q 1	**Pumpe 1 EIN**
	i 1	—	R Q 1	**Pumpe 1 AUS**
	Ö 1	—	Ä Q 2	**Pumpe 2 EIN / AUS**
	I 3	—	ä M 1	**Zwischenspeicher Pumpe 3**
	M 1	—	T T 1	**Bewässerungsdauer Pumpe 3**
	T 1	—	Ä Q 3	**Pumpe 3 EIN / AUS**
	A 1	—	R Q 4	**Pumpe 4 AUS**
	A 2	—	S Q 4	**Pumpe 4 EIN**

Steuerrelais easy - Parameter

Kunde: **Fa. Mustermann**   Programm: **Bewässerung mit versch. Steuerungen**

Datum: **1. Dezember 1998**   Seite: **1**

Zeitrelais:

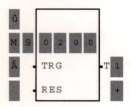

Analogwertvergleicher:

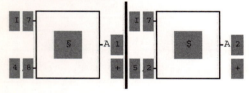

Zeitschaltuhren:

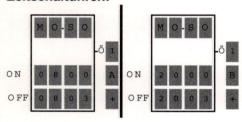

13.2.8 Springbrunnen – Steuerung

Aufgabe:
EASY soll die Steuerung von vier verschiedenen Springbrunnendüsen übernehmen.
Nach dem Einschalten der Anlage durch den Hauptschalter Sl werden die Düsen in bestimmten Zeitabständen der Reihe nach zugeschaltet. Sind alle Düsen
eingeschaltet, so werden nach einer Wartezeit Düse 2-4 abgeschaltet, um nacheinander wieder zugeschaltet zu werden. Düse 1 ist dauerhaft zugeschaltet.
Mit Hilfe einer Zeitschaltuhr und einer Analogwertverarbeitung ist die Anlage
nur zu vorgegebenen Tageszeiten und ab +4„C in Betrieb.

Verdrahtung:
1. Eingänge:
11 Hauptschalter S 1 (EIN / AUS)
I7 Analogeingang für Temperaturmessung.

2. Ausgänge:
Ql Springbrunnendüse EI
Q2 Spiingbrunnendüse E2
Q3 Springbrunnendüse E3
Q4 Springbrunnendüse E4.

3.Parameter
T1 Einschaltverzögerung Düse 2
T2 Einschaltverzögerung Düse 3
T3 Einschaltverzögerung Düse 4
T4 Ausschaltdauer Düse 2-4
A1 I7>=4,4V Außentemperatur=+4°C Anlage EIN
A2 I7>=4,2V Außentemperatur=+2°C Anlage AUS
🕐1A Einschaltzeit Mo.-Fr.
🕐1B Einschaltzeit Sa.-So.

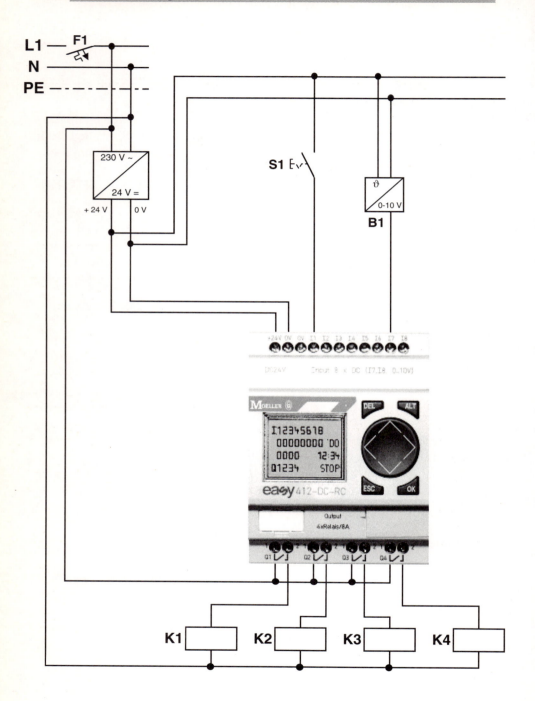

Steuerrelais easy - Schaltplan

Kunde: **Fa. Mustermann** Programm: **Springbrunnen - Steuerung**

Datum: **1. Dezember 1998** Seite: **1**

Kommentar:

I 1 — Ö 1 — M 1 — Ä Q 1	**Düse 1 EIN**
Q 1 — t 4 ——————— T T 1	**Zeitdauer nach der Düse 2 EIN**
T 1 ——————— Ä Q 2	**Düse 2 EIN**
Q 2 ——————— T T 2	**Zeitdauer nach der Düse 3 EIN**
T 2 ——————— Ä Q 3	**Düse 3 EIN**
Q 3 ——————— T T 3	**Zeitdauer nach der Düse 4 EIN**
T 3 ——————— Ä Q 4	**Düse 4 EIN**
Q 4 ——————— T T 4	**Zeitdauer nach der Düsen 2-4 AUS**
A 1 ——————— S M 1	**Anlage EIN (Temperaturabfrage)**
A 2 ——————— R M 1	**Anlage AUS (Temperaturabfrage)**

Steuerrelais easy - Parameter

Kunde: **Fa. Mustermann**   Programm: **Springbrunnen - Steuerung**

Datum: **1. Dezember 1998**   Seite: **1**

Zeitrelais:

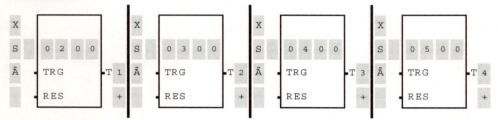

Analogwertvergleicher:

Zeitschaltuhren:

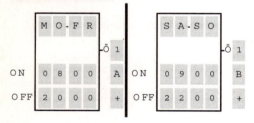

13.2.9 Bewässerung mit Berieselungsschlitten

Aufgabe:

Mit EASY soll ein Berieselungsschlitten gesteuert werden, der die Bewässerung in verschiedenen Räumlichkeiten, wie z. B. einem Gewächshaus oder einer Reithalle übernimmt.

Über den Schlüsselschalter Sl lässt sich die Anlage ein- und ausschalten.

Mit Hilfe des Wahlschalters S2 kann zwischen Handbetrieb und Automatikbetrieb umgeschaltet werden.

Die automatische Berieselung findet viermal täglich zu bestimmten Zeiten (Voreinstellung: 00.00-00.05, 06.00-06.05, 12.00-12.05 und 18.00-18.05 Uhr) statt.
Der Berieselungsschlitten fährt bei jeder Bewässerung dreimal vor- und rückwärts (A>B / B>A).
Über den Schalter S5 kann die Bewässerungspumpe ein- und ausgeschaltet werden. Wird die Automatik eingeschaltet, so überprüft die Anlage zuerst die Position des Schlittens.
Ist der Endschalter vorn (Punkt A) nicht angefahren so wird der Schlitten dorthin gefahren (Grundstellung) jedoch ohne die Bewässerungspumpe einzuschalten. Danach fährt der Schlitten nur zu den festgelegten Zeiten.
Im Handbetrieb (Tipp-Betrieb) kann der Schlitten über die EASY-eigenen P-Tasten vorwärts und rückwärts gefahren werden (z. B. bei Servicearbeiten).
Durch die eingebauten Endschalter werden die Motoren des Schlittens sowohl beim Vorwärts- als auch beim Rückwärtsfahren gestoppt.
Eine Meldeleuchte zeigt den Betriebszustand der Anlage:
H1 Dauerlicht = Automatik, Hl Blinklicht = Hand.

Verdrahtung:
1. Eingänge:
P1 EASY-Taste ◁Tipp Motor M2 (rückwärts B>A)
P3 EASY-Taste ▷ Tipp Motor M1 (vorwärts A>B)
I1 Schlüsselschalter S1 (Anlage EIN/AUS
I2 Wahlschalter S2 (Hand/Automatik)
I3 Endschalter S3 (Schlitten vorn, Punkt A)
I3 Endschalter S4 (Schlitten hinten, Punkt B)
Schalter S5 (Bewässerungspumpe E1 EIN/AUS.

2.Ausgänge:
Q1 Motor M1 (vorwärts A>B)
Q2 Motor M2 (rückwärts B>A)
Q3 Bewässerungspumpe E1
Q4 Meldeleuchte H1.

3.Parameter:
T1 Blinkimpuls (Handbetrieb)
C1 Anzahl der kompletten Fahrten (z.B.:3) pro Schaltzeit
🕐1 Berieselungszeiten.

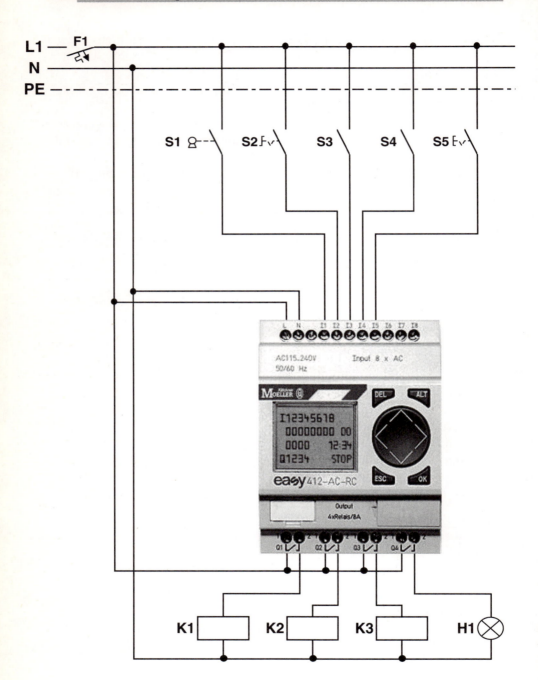

Steuerrelais easy - Schaltplan

Kunde: **Fa. Mustermann**   Programm: **Bewässerungsschlitten**

Datum: **1. Dezember 1998**   Seite: **1**

Kommentar:

Schaltplan	Kommentar
I 1 ─────────── Ä M 1	**Anlage EIN / AUS**
└─ T T 1	**Blinkimpuls (Handbetrieb)**
M 1 ┬ I 2 ────── Ä M 2	**Zwischenspeicher Automatikbetrieb**
├ i 2 ────── Ä M 3	**Zwischenspeicher Handbetrieb**
└ M 2 ┬ i 3 ─ S M 4	**Zwischenspeicher Grundstellung EIN**
└ m 4 ─ Ä M 5	**Grundstellung anfahren**
m 1 ┬───────── R M 4	**Zwischenspeicher Grundstellung AUS**
M 3 ┘	
M 2 ─ Ö 1 ─ I 4 ─ Ä M 6	
M 6 ─ m 12 ─────── Ä M 7	**Zwischenspeicher Automatik vorwärts**
M 3 ─ P 3 ─ I 4 ─ Ä M 8	**Zwischenspeicher Hand vorwärts**
M 7 ┬──────── q 2 ─ Ä Q 1	**Automatik vorwärts (A>B)**
M 8 ┘	**Hand vorwärts (A>B)**
M 2 ─ Ö 1 ─ I 3 ─ Ä M 9	
M 9 ─ m 12 ─────── Ä M 10	**Zwischenspeicher Automatik rückwärts**

Steuerrelais easy - Schaltplan

Kunde: **Fa. Mustermann**   Programm: **Bewässerungsschlitten**

Datum: **1. Dezember 1998**   Seite: **2**

Kommentar:

Schaltplan	Kommentar
M 3 — P 1 — I 3 — Ä M 11	**Zwischenspeicher Hand rückwärts**
M 5 — q 1 — Ä Q 2	**Grundstellung anfahren (>A)**
M 10	**Automatik rückwärts (B>A)**
M 11	**Hand rückwärts (B>A)**
i 4 — C C 1	**Anzahl der kompletten Fahrten**
C 1 — i 3 — S m 12	**Zwischenspeicher Fahrt beenden EIN**
ö 1 — R C 1	**Zähler C1 zurücksetzen**
M 3 — R m 12	**Zwischenspeicher Fahrt beenden AUS**
Q 1 — I 5 — m 5 — Ä Q 3	**Bewässerungspumpe E1 EIN / AUS**
Q 2	
M 1 — I 2 — Ä Q 4	**Meldeleuchte H1**
i 2 — T 1	

Steuerrelais easy - Parameter

Kunde: **Fa. Mustermann**   Programm: **Bewässerungsschlitten**

Datum: **1. Dezember 1998**   Seite: **1**

Zeitrelais:

Vor- und Rückwärtszähler:

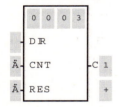

Zeitschaltuhren:

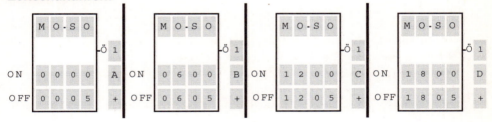

13.3 Aquarium + Gartenteich

13.3.1 Aquarium

Aufgabe:
Mit EASY soll ein Aquarium gesteuert und überwacht werden.
Die Aquariumbeleuchtung kann wahlweise über eine abschaltbare Automatik, welche das Licht zu vorher festgelegten Zeiten einschaltet, oder manuell über einen Schalter eingeschaltet werden.
Um die Wassertemperatur konstant zu halten wird bei einer Unterschreitung von 22 °C die Aquariumheizung zugeschaltet und bei Überschreiten von 28 °C wieder abgeschaltet.
Eine Sauerstoffpumpe wird über einen Taster geschaltet.

Verdrahtung:
1. Eingänge:
I1 Beleuchtungsschalter S1 (manuell EIN/ AUS)
I2 Beleuchtungsschalter S2 (Automatik EIN/ AUS)
I3 Taster S3 (Sauerstoffpumpe)
I7 Analogeingang Temperaturmessung.

2. Ausgänge:
Q1 Beleuchtung H1
Q2 Heizung E1
Q3 Sauerstoffpumpe E2.

3. Parameter:
A1 Spannungswert für das Einschalten der Heizung
A2 Spannungswert für das Ausschalten der Heizung
🕒 1 Beleuchtungszeit.

Kostenvergleich (Listenpreis)
1 easy 412- DC- RC = 239 DM
1 Stromstoßrelais (ca. 30 DM pro Stück) = 30 DM
1 Analogvergleicher (ca. 300 DM pro Stück) = 300 DM
1 Zeitschaltuhr (ca. 100 DM pro Stück) = 100 DM
= 430 DM
Ersparnis: = 191 DM (= 44%).

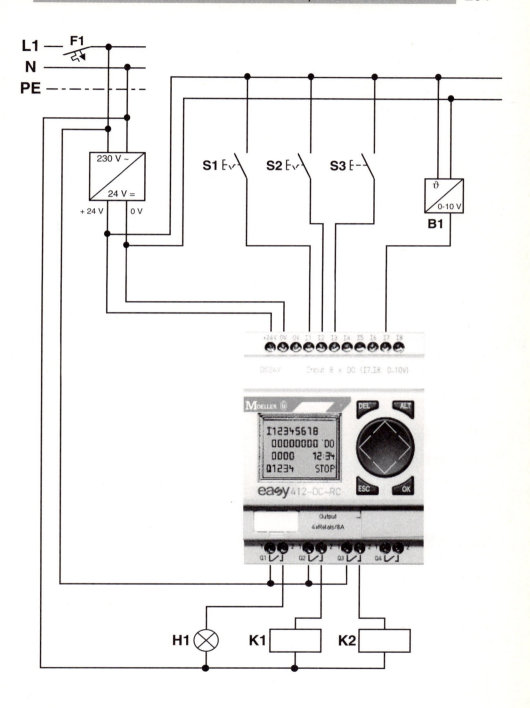

Steuerrelais easy - Schaltplan

Kunde: **Fa. Mustermann**   Programm: **Aquarium - Steuerung**

Datum: **1. Dezember 1998**   Seite: **1**

Kommentar:

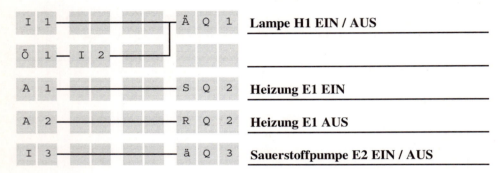

I 1 — Ä Q 1	**Lampe H1 EIN / AUS**
Ö 1 — I 2	
A 1 — S Q 2	**Heizung E1 EIN**
A 2 — R Q 2	**Heizung E1 AUS**
I 3 — ä Q 3	**Sauerstoffpumpe E2 EIN / AUS**

Steuerrelais easy - Parameter

Kunde: **Fa. Mustermann**   Programm: **Aquarium - Steuerung**

Datum: **1. Dezember 1998**   Seite: **1**

Analogwertvergleicher:

Zeitschaltuhren:

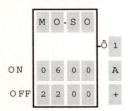

13.3.2 Gartenteich-Steuerung

Aufgabe:

EASY soll in einer Gartenanlage die Steuerung der Springbrunnen- Pumpe, sowie die Beleuchtung von Springbrunnen, Teich und Garten übernehmen.

Befindet sich die Anlage im Automatikbetrieb, so steuern Zeitschaltuhren die verschiedenen Schaltzeiten für die Wochentage Montag – Freitag und das Wochenende Samstag und Sonntag.

Die Brunnen-, Teich- und Gartenbeleuchtung wird erst aktiviert, wenn zusätzlich zu der Zeitschaltuhr auch noch ein Dämmerungsschalter anspricht.

Bei ausgeschalteter Automatik ist es möglich, sowohl die Springbrunnen– Pumpe als auch die drei Beleuchtungen jeweils separat zu schalten.

Verdrahtung:

1. Eingänge:

I1 Wahlschalter S1 (Automatik EIN/ AUS)

I2 Schalter S2 (Springbrunnen – Pumpe EIN/ AUS)

I3 Schalter S3 (Brunnenbeleuchtung EIN/ AUS)

I4 Schalter S4 (Teichbeleuchtung EIN/ AUS)

I5 Schalter S5 (Gartenbeleuchtung EIN/ AUS)

I6 Dämmerungsschalter S6.

2. Ausgänge:

Q1 Springbrunnen – Pumpe E1

Q2 Brunnenbeleuchtung H1

Q3 Teichbeleuchtung H2

Q4 Gartenbeleuchtung H3.

3. Parameter:

🕐 1A Bewässerungszeit Mo.- Fr.

🕐 1B Bewässerungszeit Sa.- So.

🕐 2A Beleuchtungszeit Mo.- Fr.(Brunnen)

🕐 2B Beleuchtungszeit Sa.- So.(Brunnen)

🕐 3 Beleuchtungszeit Mo.- So.(Teich)

🕐 4 Beleuchtungszeit Mo.- So.(Garten).

Kostenvergleich (Listenpreis)

1 easy 412- AC- RC = 222 DM

4 Zeitschaltuhren (ca. 100 DM pro Stück) = 400 DM

Ersparnis: = 178 DM (= 44%).

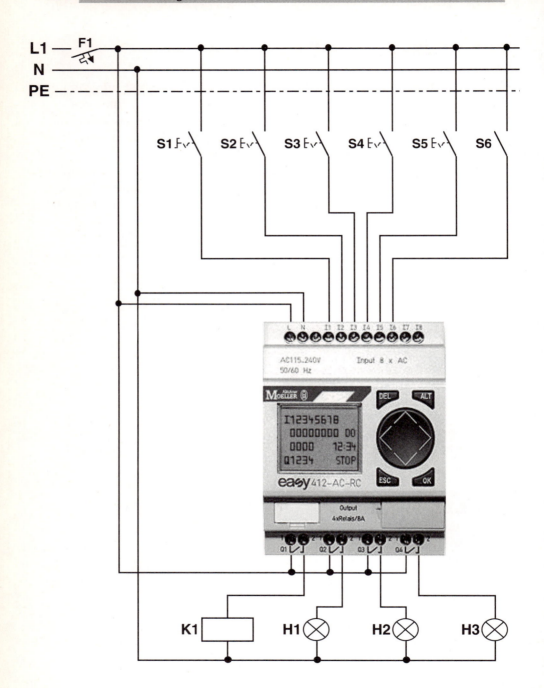

Steuerrelais easy - Schaltplan

Kunde: **Fa. Mustermann**   Programm: **Gartenteich - Steuerung**

Datum: **1. Dezember 1998**   Seite: **1**

Kommentar:

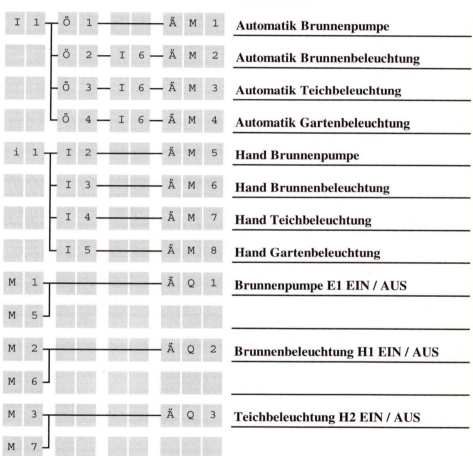

Automatik Brunnenpumpe

Automatik Brunnenbeleuchtung

Automatik Teichbeleuchtung

Automatik Gartenbeleuchtung

Hand Brunnenpumpe

Hand Brunnenbeleuchtung

Hand Teichbeleuchtung

Hand Gartenbeleuchtung

Brunnenpumpe E1 EIN / AUS

Brunnenbeleuchtung H1 EIN / AUS

Teichbeleuchtung H2 EIN / AUS

Steuerrelais easy - Schaltplan

Kunde: **Fa. Mustermann**   Programm: **Gartenteich - Steuerung**

Datum: **1. Dezember 1998**   Seite: **2**

Kommentar:

Gartenbeleuchtung H3 EIN / AUS

Steuerrelais easy - Parameter

Kunde: **Fa. Mustermann**   Programm: **Gartenteich - Steuerung**

Datum: **1. Dezember 1998**   Seite: **1**

Zeitschaltuhren:

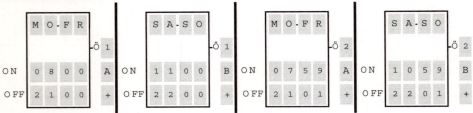

Zeitschaltuhren:

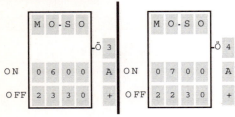

13.4 Förderbänder + Hebebühnen

13.4.1 Förderband-Steuerung mit Zeitrelais

Aufgabe:
EASY soll die Folge-Steuerung von drei Förderbändern übernehmen.
Sobald die Lichtschranke, die vor dem ersten Fließband angebracht ist, durch einen Gegenstand aktiviert wird, schaltet sich das Förderband 1 ein.
Nach 60 Sekunden wird auch das zweite Fließband eingeschaltet.
Weitere 60 Sekunden später schaltet sich das dritte Band ein.
Wenn keine weiteren Gegenstände von der Lichtschranke gemeldet werden, so schalten sich die Förderbänder nach einer eingestellten Laufzeit wieder aus.
Die Anlage kann über einen Hauptschalter EIN und AUS geschaltet werden.
Ist die Anlage in Betrieb, so wird dieses durch eine Meldeleuchte angezeigt.

Verdrahtung:
1. Eingänge:
I1 Hauptschalter S1 (EIN/ AUS)
I2 Lichtschranke S2 (vor Förderband 1).

2. Ausgänge:
Q1 Förderband M1
Q2 Förderband M2
Q3 Förderband M3
Q4 Meldeleuchte H1.

3. Parameter:
T1 Ausschaltverzögerung von Fließband 1
T2 Einschaltverzögerung von Fließband 2 (60 Sek.)
T3 Ausschaltverzögerung von Fließband 2
T4 Einschaltverzögerung von Fließband 3 (60 Sek.)
T5 Ausschaltverzögerung von Fließband 3
T6 Blinkfrequenz von Meldeleuchte H1.

Kostenvergleich (Listenpreise)
1 easy 412- AC- R = 207 DM
6 Zeitrelais (ca. 70 DM pro Stück) = 420 DM
Ersparnis: = 213 DM (= 50%).

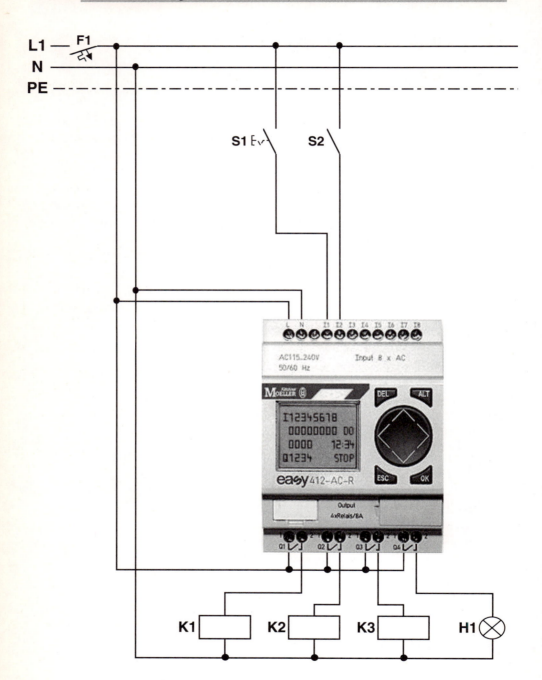

Steuerrelais easy - Schaltplan

Kunde: **Fa. Mustermann**   Programm: **Förderbandsteuerung mit Zeitrelais**

Datum: **1. Dezember 1998**   Seite: **1**

Kommentar:

I 1 — I 2 ——— S Q 1   **Förderband 1 EIN**

T T 1   **Ausschaltverzögerung Förderband 1**

Q 1 ——— T T 2   **Einschaltverzögerung Förderband 2**

i 2 — t 1 ——— Ä M 1

T T 3   **Ausschaltverzögerung Förderband 2**

T 2 ——— S Q 2   **Förderband 2 EIN**

Q 2 ——— T T 4   **Einschaltverzögerung Förderband 3**

q 1 — T 3 ——— Ä M 2

T T 5   **Ausschaltverzögerung Förderband 3**

T 4 ——— S Q 3   **Förderband 3 EIN**

q 2 — T 5 ——— Ä M 3

i 1 ——— Ä M 4

Ä M 5

Ä M 6

Steuerrelais easy - Schaltplan

Kunde: **Fa. Mustermann**   Programm: **Förderbandsteuerung mit 3 sek. Stop**

Datum: **1. Dezember 1998**   Seite: **2**

Kommentar:

| M 1 ─── R Q 1 | **Förderband 1 AUS** |
| M 4 | |

| M 2 ─── R Q 2 | **Förderband 2 AUS** |
| M 5 | |

| M 3 ─── R Q 3 | **Förderband 3 AUS** |
| M 6 | |

Q 1 ─── T T 6	**Blinktakt für Meldeleuchte H1**
Q 2	
Q 3	

| T 6 ─── Ä Q 4 | **Meldeleuchte H1 EIN / AUS** |

Steuerrelais easy - Parameter

Kunde: **Fa. Mustermann**   Programm: **Förderbandsteuerung mit Zeitrelais**

Datum: **1. Dezember 1998**   Seite: **1**

Zeitrelais:

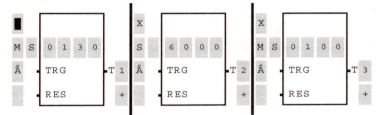

Zeitrelais:

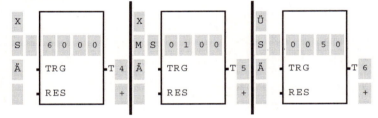

13.4.2 Förderband-Steuerung mit 3-Sekunden-Stop

Aufgabe:

EASY soll die Folge-Steuerung von vier Förderbändern übernehmen.

Sobald die erste Lichtschranke S1 am Anfang von Band 1 durch einen Gegenstand aktiviert wird, schaltet sich das Förderband EIN.

Wird die Lichtschranke S2 am Ende von Band 1 von einem Gegenstand durchlaufen, so schaltet sich das zweite Förderband EIN.

Passiert der Gegenstand nicht innerhalb von 3 Sekunden die Lichtschranke S3 am Anfang von Fließband 2, so wird Band 2 wieder AUS geschaltet.

Die Steuerung aller vier Förderbänder ist identisch.

Befindet sich kein Gegenstand mehr auf einem Fließband, so schaltet sich das jeweilige Band nach 3 Sekunden AUS.

Verdrahtung:

1. Eingänge:

I1 Lichtschranke S1 (Eingang Förderband 1)
I2 Lichtschranke S2 (Ausgang Förderband 1)
I3 Lichtschranke S3 (Eingang Förderband 2)
I4 Lichtschranke S4 (Ausgang Förderband 2)
I5 Lichtschranke S5 (Eingang Förderband 3)
I6 Lichtschranke S6 (Ausgang Förderband 3)
I7 Lichtschranke S7 (Eingang Förderband 4)
I8 Lichtschranke S8 (Ausgang Förderband 4).

2. Ausgänge:

Q1 Förderband M1
Q2 Förderband M2
Q3 Förderband M3
Q4 Förderband M4.

3. Parameter:

T1 Ausschaltverzögerung von Fließband 1 (3 Sek.)
T2 Ausschaltverzögerung von Fließband 2 (3 Sek.)
T3 Ausschaltverzögerung von Fließband 3 (3 Sek.)
T4 Ausschaltverzögerung von Fließband 4 (3 Sek.)
T5 Einschaltimpuls von Fließband 2 (3 Sek.)
T6 Einschaltimpuls von Fließband 3 (3 Sek.)
T7 Einschaltimpuls von Fließband 4 (3 Sek.)
C1 Anzahl der Gegenstände auf Förderband 1
C2 Anzahl der Gegenstände auf Förderband 2
C3 Anzahl der Gegenstände auf Förderband 3
C4 Anzahl der Gegenstände auf Förderband 4.

Kostenvergleich (Listenpreise)

1 easy 412- AC- R = 207 DM
7 Zeitrelais (ca. 70 DM pro Stück) = 490 DM
4 Zähler (nicht berechnet) ----------- -
= 490 DM
Ersparnis: = 283 DM (= 58%)

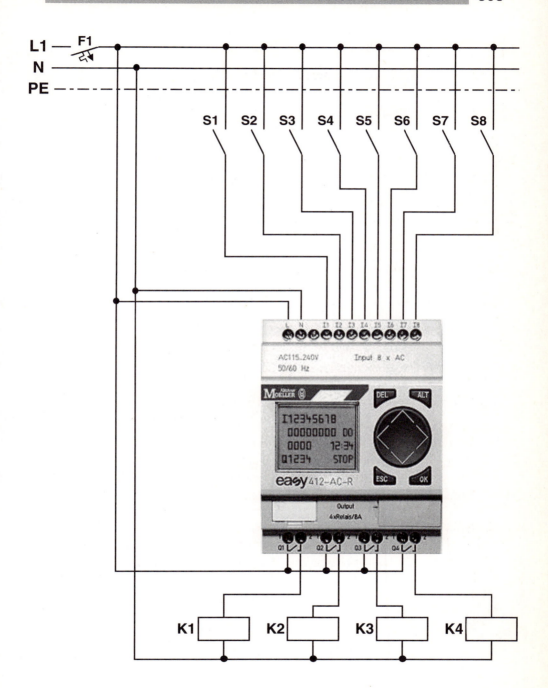

Steuerrelais easy - Schaltplan

Kunde: **Fa. Mustermann**   Programm: **Förderbandsteuerung mit 3 sek. Stop**

Datum: **1. Dezember 1998**   Seite: **1**

Kommentar:

I 2 ———————— D C 1			**Zähler 1 abwärts**
I 1 ———————— C C 1			**Zähler 1**
I 2			
I 4 ———————— D C 2			**Zähler 2 abwärts**
I 3 ———————— C C 2			**Zähler 2**
I 4			
I 6 ———————— D C 3			**Zähler 3 abwärts**
I 5 ———————— C C 3			**Zähler 3**
I 6			
I 8 ———————— D C 4			**Zähler 4 abwärts**
I 7 ———————— C C 4			**Zähler 4**
I 8			
C 1 ———————— T T 1			**Ausschaltverzögerung Förderband 1**
C 1 ———————— Ä Q 1			**Förderband 1 EIN / AUS**
T 1			

Steuerrelais easy - Schaltplan

Kunde: **Fa. Mustermann**　　Programm: **Förderbandsteuerung mit 3 sek. Stop**

Datum: **1. Dezember 1998**　　Seite: **2**

Kommentar:

I 2 ———— T T 5	**Zeitdauer EIN- Impuls Förderband 2**
C 2 ———— T T 2	**Ausschaltverzögerung Förderband 2**
C 2 ———— Ä Q 2	**Förderband 2 EIN / AUS**
T 2	
T 5	
I 4 ———— T T 6	**Zeitdauer EIN- Impuls Förderband 3**
C 3 ———— T T 3	**Ausschaltverzögerung Förderband 3**
C 3 ———— Ä Q 3	**Förderband 3 EIN / AUS**
T 3	
T 6	
I 6 ———— T T 7	**Zeitdauer EIN- Impuls Förderband 4**
C 4 ———— T T 4	**Ausschaltverzögerung Förderband 4**
C 4 ———— Ä Q 4	**Förderband 4 EIN / AUS**
T 4	
T 7	

Steuerrelais easy - Parameter

Kunde: **Fa. Mustermann**   Programm: **Förderbandsteuerung mit 3 sek. Stop**

Datum: **1. Dezember 1998**   Seite: **1**

Zeitrelais:

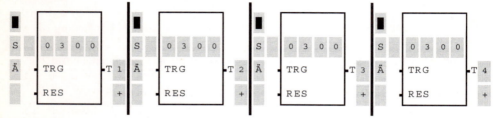

Zeitrelais:

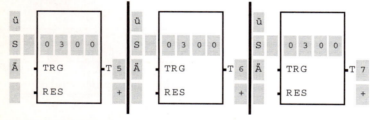

Vor- und Rückwärtszähler:

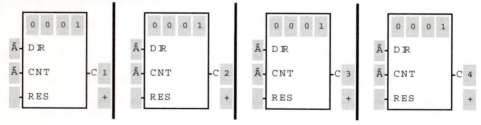

13.4.3 Mischanlage mit Drehrichtungswechsel

Aufgabe:

Mit EASY soll das Rührwerk in einem Mischbehälter gesteuert werden.

Die Anlage wird über den Hauptschalter ein- und ausgeschaltet.

Über die Meldeleuchte Hl wird die Startbereitschaft der Anlage angezeigt.

Mit dem Taster S2 wird die Mischautomatik gestartet.

Nach Ablauf einer Einschaltverzögerung (3 Sek.) dreht sich das Rührwerk erst in Richtung A.

Die Laufzeit des Rührwerks (Richtung A) ist frei einstellbar (Voreinstellung: 8 Sekunden).

Mit Beendigung des Rührvorgangs (Richtung A) dreht sich das Rührwerk nach einer zweiten Einschaltverzögerung (3 Sek.) in Richtung B.

Die Laufzeit des Rührwerks (Richtung B) ist frei einstellbar (Voreinstellung: 15 Sekunden).

Der Mischvorgang wiederholt sich noch zwei Mal, bevor die Anlage automatisch stoppt.

Das Ende des Mischvorgangs wird durch ein Hupsignal (E1, Voreinstellung 10 Sek.) gemeldet. Diese Meldung kann entweder durch erneutes Starten des Mischvorgangs oder durch Ausschalten der gesamten Anlage vorzeitig beendet werden.

Verdrahtung:

1. Eingänge

I1 Hauptschalter S 1 (EIN/ AUS)

I2 Starttaster S2.

2. Ausgänge:

Ql Rührwerk -Motor M 1 (Richtung A)

Q2 Rührwerk – Motor M2 (Richtung B)

Q3 Hupe EI (Mischautomatik beendet)

Q4 Meldeleuchte HI (Startbereitschaft).

3. Parameter:

TI Einschaltverzögerung M 1 (Richtung A)

T2 Laufzeit MI (Fichtung A)

T3 Einschaltverzögerung M2 (Richtung B)

T4 Laufzeit M2 (Richtung B)

T5 Hupdauer EI (Mischautomatik beendet).

C1 Anzahl der Mischvorgänge während der Automatik

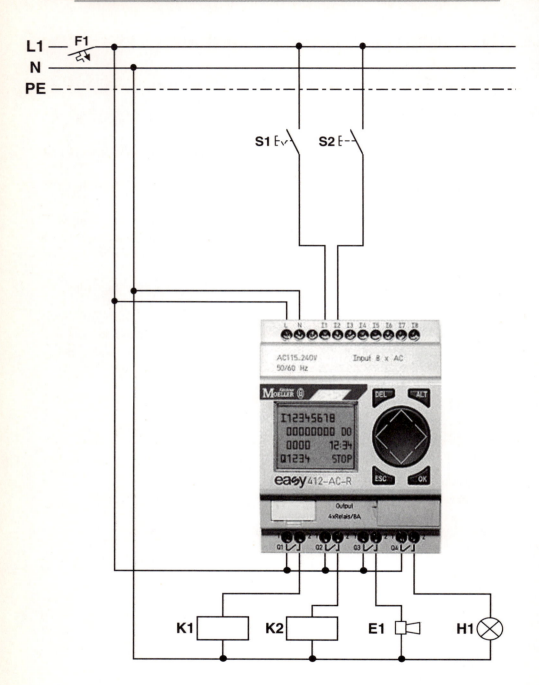

Steuerrelais easy - Schaltplan

Kunde: **Fa. Mustermann**   Programm: **Mischanlage mit Richtungswechsel**

Datum: **1. Dezember 1998**   Seite: **1**

Kommentar:

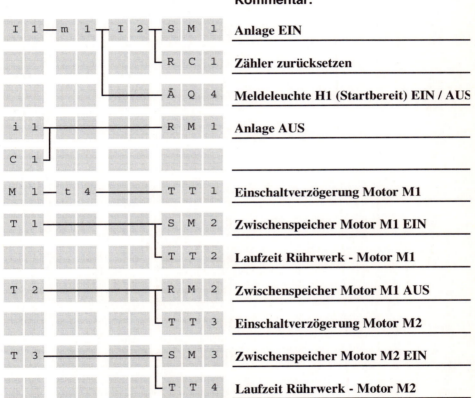

Anlage EIN

Zähler zurücksetzen

Meldeleuchte H1 (Startbereit) EIN / AUS

Anlage AUS

Einschaltverzögerung Motor M1

Zwischenspeicher Motor M1 EIN

Laufzeit Rührwerk - Motor M1

Zwischenspeicher Motor M1 AUS

Einschaltverzögerung Motor M2

Zwischenspeicher Motor M2 EIN

Laufzeit Rührwerk - Motor M2

Steuerrelais easy - Schaltplan

Kunde: **Fa. Mustermann**   Programm: **Mischanlage mit Richtungswechsel**

Datum: **1. Dezember 1998**   Seite: **2**

Kommentar:

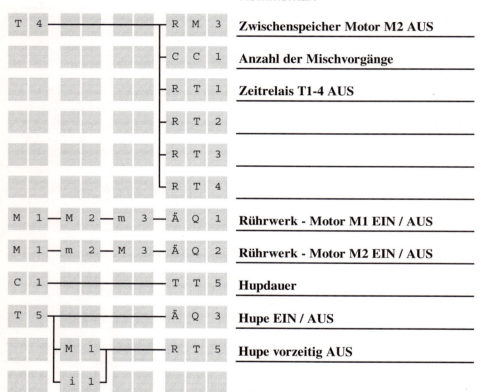

Zwischenspeicher Motor M2 AUS

Anzahl der Mischvorgänge

Zeitrelais T1-4 AUS

Rührwerk - Motor M1 EIN / AUS

Rührwerk - Motor M2 EIN / AUS

Hupdauer

Hupe EIN / AUS

Hupe vorzeitig AUS

Steuerrelais easy - Parameter

Kunde: **Fa. Mustermann**   Programm: **Mischanlage mit Richtungswechsel**

Datum: **1. Dezember 1998**   Seite: **1**

Zeitrelais:

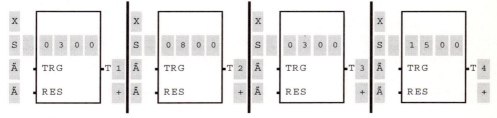

Zeitrelais:

Vor- und Rückwärtszähler:

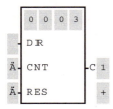

13.4.4 Mischanlage mit zwei Rührwerken

Aufgabe:
Mit EASY sollen zwei Rührwerke, welche zusammen in einem Mischbehälter arbeiten, gesteuert werden.
Die Anlage wird über den Hauptschalter (S1) ein- und ausgeschaltet.
Mit einem weiteren Schalter (S2) ist es möglich, die Laufrichtung der Rührwerke (miteinander oder gegeneinander) festzulegen. Die Laufrichtung lässt sich jedoch nur ändern, wenn die Anlage nicht in Betrieb ist.
Wird die Anlage eingeschaltet, so drehen sich die Rührwerke nach Ablauf der ersten Einschaltverzögerung (2 Sek.). Die erste Laufzeit der Rührwerke ist frei einstellbar (Voreinstellung: 10 Sekunden).
Mit Beendigung des Rührvorgangs läuft eine weitere Einschaltverzögerung (2 Sek.) ab. Nun ändert sich die Laufrichtung beider Rührwerke. Die zweite Laufzeit der Rührwerke ist auch frei einstellbar (Voreinsteilung: 20 Sekunden). Danach beginnt die Anlage wieder von vorne.
Dieser Mischvorgang wiederholt sich solange, bis die Anlage wieder ausgeschaltet wird oder einer der zwei Motorschutzschalter (PKZ-Überlastschutz) auslöst.

Verdrahtung:
1. Eingänge:
I1 Hauptschalter S 1 (EIN / AUS)
I2 Laufrichtungsschalter S2 (miteinander / gegeneinander)
I3 PKZ- Überlastschutz Q 1 (Motor M 1)
I4 PKZ- Überlastschutz Q2 (Motor M2).

2. Ausgänge:
Ql Rührwerk 1 -Motor M 1 (Rechtslauf)
Q2 Rührwerk 1 – Motor M 1 (Linkslauf)
Q3 Rührwerk 2 – Motor M2 (Rechtslauf)
Q4 Rührwerk 2 – Motor M2 (Linkslauf).

3. Parameter.
T1 1.Einschaltverzögerung M1 +M2
T2 1.Laufzeit MI + M2
T3 2.Einschaltverzögerung MI +M2
T4 2.Laufzeit MI + M2.

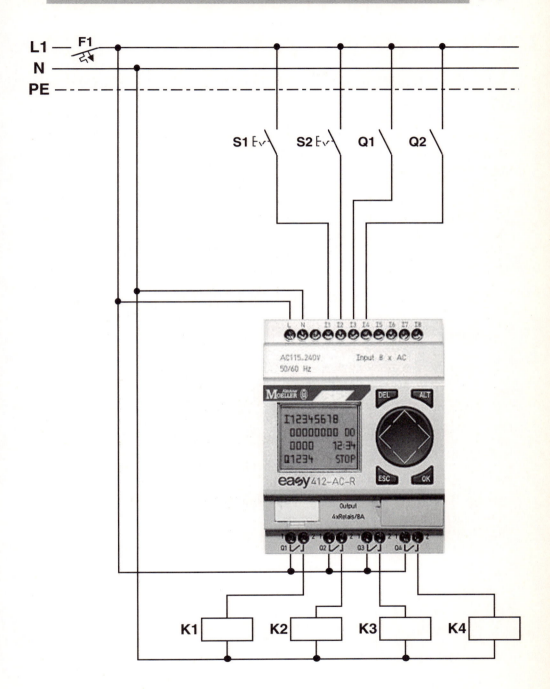

Steuerrelais easy - Schaltplan

Kunde: **Fa. Mustermann**   Programm: **Mischanlage mit zwei Rührwerken**

Datum: **1. Dezember 1998**   Seite: **1**

Kommentar:

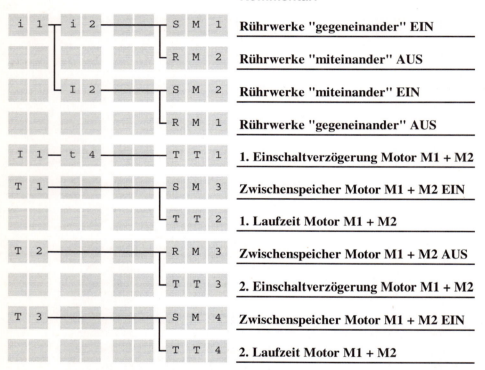

Rührwerke "gegeneinander" EIN

Rührwerke "miteinander" AUS

Rührwerke "miteinander" EIN

Rührwerke "gegeneinander" AUS

1. Einschaltverzögerung Motor M1 + M2

Zwischenspeicher Motor M1 + M2 EIN

1. Laufzeit Motor M1 + M2

Zwischenspeicher Motor M1 + M2 AUS

2. Einschaltverzögerung Motor M1 + M2

Zwischenspeicher Motor M1 + M2 EIN

2. Laufzeit Motor M1 + M2

Steuerrelais easy - Schaltplan

Kunde: **Fa. Mustermann**   Programm: **Mischanlage mit zwei Rührwerken**

Datum: **1. Dezember 1998**   Seite: **2**

Kommentar:

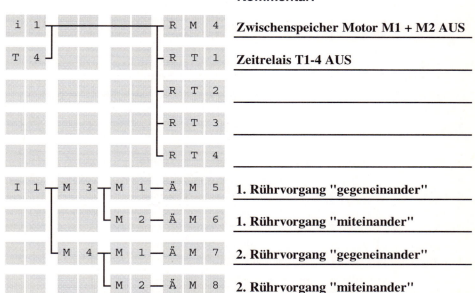

i 1 — R M 4	**Zwischenspeicher Motor M1 + M2 AUS**
T 4 — R T 1	**Zeitrelais T1-4 AUS**
R T 2	
R T 3	
R T 4	
I 1 — M 3 — M 1 — Ä M 5	**1. Rührvorgang "gegeneinander"**
M 2 — Ä M 6	**1. Rührvorgang "miteinander"**
M 4 — M 1 — Ä M 7	**2. Rührvorgang "gegeneinander"**
M 2 — Ä M 8	**2. Rührvorgang "miteinander"**

Steuerrelais easy - Parameter

Kunde: **Fa. Mustermann**   Programm: **Mischanlage mit zwei Rührwerken**

Datum: **1. Dezember 1998**   Seite: **1**

Zeitrelais:

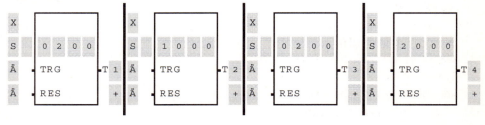

13.4.5 Befüllungs- und Mischanlage

Aufgabe:

Mit EASY soll die Befüllung eines Sammelgefäßes und der damit verbundene Mischvorgang gesteuert werden.

Die Anlage besteht aus zwei Behältern, einem Auffanggefäß, einem Rührwerk und einer Ultraschallsonde, welche die Füllmenge im Auffanggefäß steuert.

Es ist möglich, die Anlage im Automatik- sowie im Handbetrieb zu fahren.

Im Automatikbetrieb überprüft die Ultraschallsonde vor dem ersten Befüllen, ob das Auffanggefäß leer ist.

Solange der Auffangbehälter nicht leer ist, wird der Ablauf der Steuerung unterbrochen und der Behälter muss von Hand leer gefahren werden.

Wenn der Behälter leer ist, wird der Ablauf im Automatikbetrieb wie folgt gesteuert:

Das Ventil des ersten Behälters öffnet mit einer Zeitverzögerung von 2 Sekunden.

Es wird geschlossen, wenn das erste Niveau des Auffanggefäßes erreicht ist.

Das Rührwerk wird für eine festgelegte Zeitdauer (Voreinstellung 10 Sek.) eingeschaltet.

Nach einer kurzen Pause (5 Sek.) wird das Ventil des zweiten Behälters geöffnet bis die zweite Niveauhöhe erreicht ist.

Nun wird das Rührwerk für 20 Sekunden eingeschaltet.

Um die beiden Produkte ausreichend zu mischen, wird nach Ablauf einer Ruhezeit von 8 Sekunden das Rührwerk erneut zugeschaltet.

Nach Ablauf der zweiten 20 Sekunden wird das Ablaufventil des Auffanggefäßes geöffnet.

Das Rührwerk wird mit dem Erreichen des ersten Niveauwerts wieder abgeschaltet.

Erst wenn die Ultraschallsonde „Auffanggefäß leer" meldet wird das Ablaufventil geschlossen und der automatische Mischvorgang beginnt von vorne.

Im Handbetrieb können sowohl die drei Ventile als auch das Rührwerk per Schalter geöffnet und geschlossen bzw. ein- und ausgeschaltet werden.

Verdrahtung:

1. Eingänge:
I1 Hauptschalter S 1 (EIN/ AUS)
I2 Wahlschalter S2 (Automatik / Hand)
I3 Schalter S3 (Ventil Behälter 1)
I4 Schalter S4 (Ventil Behälter 2)
I5 Schalter S5 (Ventil Autfangbehälter)

I6 Schalter S6 (Rührwerk)
I7 Analogeingang für Niveauwert-Erfassung.

2. Ausgänge:
Ql Ventil Behälter 1 Yl
Q2 Ventil Behälter 2 Y2
Q3 Ventil Auffangbehälter Y3
Q4 Rührwerk-Motor M1.

3. Parameter:
T1 Zeitverzögerung Yl öffnen (Ventil Behälter 1)
T2 Zeitdauer Rührwerk 1. Einschalten (10 Sek.)
T3 Pausendauer nach 1. Einschalten (5 Sek.)
T4 Zeitdauer Rührwerk 2. Einschalten (20 Sek.)
T5 Pausendauer- nach. 2. Einschalten (8 Sek.)
T6 Zeitdauer Rührwerk 3. Einschalten (20 Sek.)
A1 I7 <= 0,0V Auffangbehälter leer =Ventil Y3 schließen
A2 I7 <= 2,5V Niveau 1 erreicht =Ventil Yl schließen
A3 I7 <= 6,0V Niveau 2 erreicht =Ventil Y2 schließen.

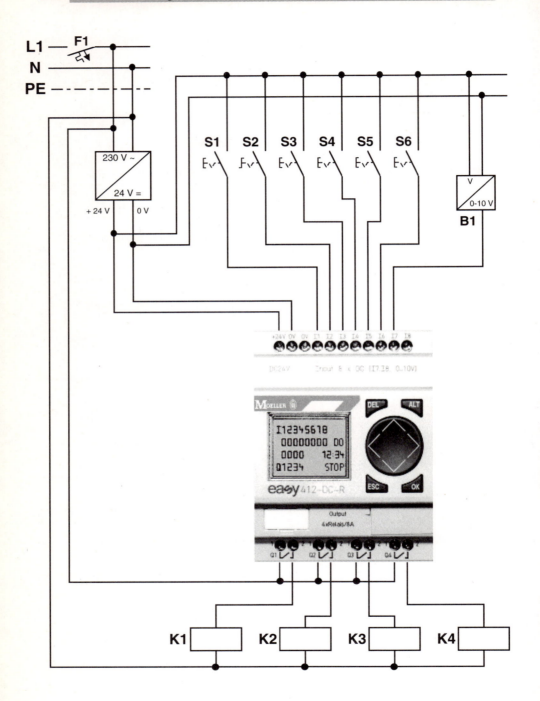

Steuerrelais easy - Schaltplan

Kunde: **Fa. Mustermann**   Programm: **Befüllungs - und Mischanlage**

Datum: **1. Dezember 1998**   Seite: **1**

Kommentar:

```
I  1 — I  2 — m  12 — Ä  M  1      Anlage Automatik EIN / AUS

M  1 — A  1 — q  3 — T  T  1       Einschaltbedingung Automatik

T  1 ——————————— S  M  2          Zwischenspeicher zeitverzögert EIN

M  2 — a  2 ——————— S  M  3

M  3 ———————————┐ T  T  2          Laufzeit Rührwerk 1. Einschalten
                └ R  M  2

T  2 ———————————┐ S  M  4
                └ R  M  3

M  4 — t  2 ——————— S  M  5

M  5 ———————————┐ T  T  3          Pausendauer nach 1. Einschalten
                └ R  M  4

T  3 ———————————┬ S  M  7
                ├ S  M  6
                └ R  M  5
```

Steuerrelais easy - Schaltplan

Kunde: **Fa. Mustermann**   Programm: **Befüllungs - und Mischanlage**

Datum: **1. Dezember 1998**   Seite: **2**

Kommentar:

M 7 — a 3 ——————— T T 4	**Laufzeit Rührwerk 2. Einschalten**
R M 6	
T 4 ——————— S M 8	
R M 7	
M 8 — t 4 ——————— S M 9	
M 9 ——————— T T 5	**Pausendauer nach 2. Einschalten**
R M 8	
T 5 ——————— T T 6	**Laufzeit Rührwerk 3. Einschalten**
T 6 ——————— S M 10	
R M 9	
M 10 — t 6 ——————— S M 11	
M 11 — A 2 ——————— R M 10	
A 1 ——————— R M 11	
i 1 ——————— S M 12	
i 2	

Steuerrelais easy - Parameter

Kunde: **Fa. Mustermann**   Programm: **Befüllungs - und Mischanlage**

Datum: **1. Dezember 1998**   Seite: **1**

Zeitrelais:

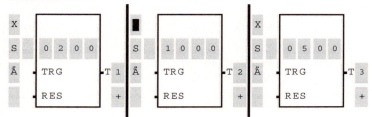

Zeitrelais:

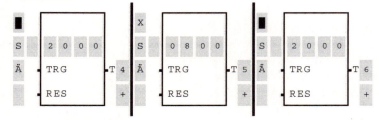

Analogwertvergleicher:

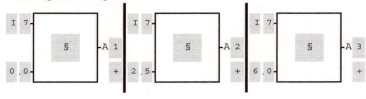

13.5 Rollos, Markisen, Jalousien

13.5.1 Jalousie- / Markisen- Steuerung

Aufgabe:
EASY soll die Steuerung von zwei Markisen oder Jalousien übernehmen.
Die Jalousien (Markisen) werden über zwei Zeitschaltuhren, sowie über die„easy"- eigenen P- Tasten auf- und abgefahren.
Durch den jeweiligen Endschalter wird der Motor beim Auf- und Abwärtsfahren gestoppt.
Der Motor wird immer mit einer Verzögerungszeit von einer Sekunde (Umschaltverriegelung) eingeschaltet und ist durch einen PKZ- Überlastschutz gesichert.

Verdrahtung:
1.Eingänge:

Pl EASY- Taste [aufwärts (stop abwärts) Markise 1]
P2 EASY- Taste [aufwärts (stop abwärts) Markise 2]
P3 EASY- Taste [abwärts (stop aufwärts) Markise l]
P4 EASY- Taste [abwärts (stop aufwärts) Markise 2]
I1 Endschalter S 1 (Jalousie / Markise 1 oben)
I2 Endschalter S2 (Jalousie / Markise 2 oben)
I3 Endschalter S3 (Jalousie / Markise 1 unten)
I4 Endschalter S4 (Jalousie / Markise 2 unten)
I5 PKZ- Überlastschutz S5
I6 Schalter S6 (Automatik / Hand).

2. Ausgänge:
Ql Motor MI (aufwärts Markise 1)
Q2 Motor M2 (aufwärts Markise 2)
Q3 Motor M3 (abwärts Markise 1)
Q4 Motor M4 (abwärts Markise 2).

3. Parameter:
TI-T4 Einschaltverzögerung (1 Sekunde)
T5 Ausschaltimpuls (Automatik > Hand)
🕐1 Öffnungszeit Markise / Jalousie 1
🕐2 Öffnungszeit Markise / Jalousie 2.

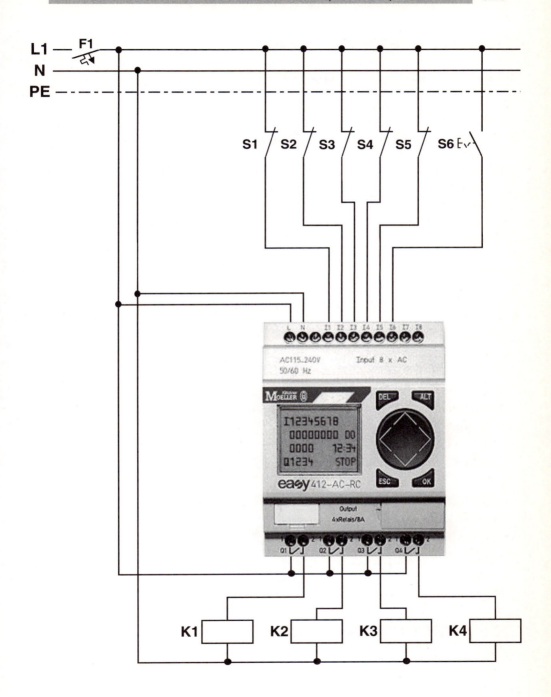

Steuerrelais easy - Schaltplan

Kunde: **Fa. Mustermann**   Programm: **Jalousie - / Markisen - Steuerung**

Datum: **1. Dezember 1998**   Seite: **1**

Kommentar:

P 1 ─────────── T T 1	**Einschaltverzögerung (1 Sekunde)**
Ö 1	
P 2 ─────────── T T 2	**Einschaltverzögerung (1 Sekunde)**
Ö 2	
P 3 ─────────── T T 3	**Einschaltverzögerung (1 Sekunde)**
Ö 1 ─ I 6	
P 4 ─────────── T T 4	**Einschaltverzögerung (1 Sekunde)**
Ö 2 ─ I 6	
i 6 ─────────── T T 5	**Ausschalt-Impuls Automatikbetrieb**
Ö 1 ─ I 6 ─ T 1 ─ S Q 1	**Motor M1 EIN (aufwärts Markise 1)**
P 1 ─ ,i 6 ──── Ä M 1	**Zwischenspeicher Motor 3 AUS**
Ö 2 ─ I 6 ─ T 2 ─ S Q 2	**Motor M2 EIN (aufwärts Markise 2)**
P 2 ─ i 6 ──── Ä M 2	**Zwischenspeicher Motor 4 AUS**
Ö 1 ─ I 6 ─ T 3 ─ S Q 3	**Motor M3 EIN (abwärts Markise 1)**
P 3 ─ i 6 ──── Ä M 3	**Zwischenspeicher Motor 1 AUS**

Steuerrelais easy - Schaltplan

Kunde: **Fa. Mustermann**   Programm: **Jalousie - / Markisen - Steuerung**

Datum: **1. Dezember 1998**   Seite: **2**

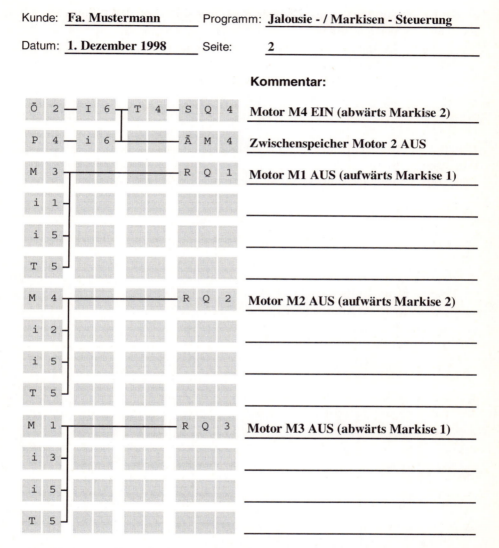

Kommentar:

Motor M4 EIN (abwärts Markise 2)

Zwischenspeicher Motor 2 AUS

Motor M1 AUS (aufwärts Markise 1)

Motor M2 AUS (aufwärts Markise 2)

Motor M3 AUS (abwärts Markise 1)

13.5.2 Jalousie-/Markisen- Steuerung mit Erfassung von Sonne, Wind und Regen

Aufgabe:

EASY soll die Steuerung einer Markise oder Jalousie übernehmen.
Mit einem Schalter kann zwischen Automatik– oder Handbetrieb gewählt werden.

Im Handbetrieb kann die Jalousie (Markise) über die EASY- eigenen P- Tasten auf- und abgefahren werden.

Ist die Betriebsart Automatik gewählt, dann wird die Markise (Jalousie) durch die Intensität von Sonneneinstrahlung, Regen und Wind gesteuert.

Übersteigt die Sonneneinstrahlung einen bestimmten Wert, so fährt die Markise (Jalousie) abwärts.

Wird der vorgegebene Wert der Sonnenstrahlung unterschritten, fährt die Jalousie (Markise) wieder aufwärts.

Aus Sicherheitsgründen fährt die Markise (Jalousie) bei starkem Wind, sowie bei Regen ebenfalls abwärts.

Durch den jeweiligen Endschalter wird der Motor sowohl beim Auf- als auch Abfahren gestoppt.

Die Absicherung des Motors erfolgt über einen PKZ-Überlastschutz.

Verdrahtung:
1. Eingänge:
P1 EASY- Taste _ (stop)
P2 EASY- Taste _ (aufwärts)
P3 EASY- Taste _ (stop)
P4 EASY- Taste _ (abwärts)
I1 Wahlschalter S1 (Automatik EIN / AUS)
I2 Endschalter S2 (Jalousie / Markise unten)
I3 Endschalter S3 (Jalousie / Markise oben)
I4 PKZ- Überlastschutz S4
I6 Feuchtigkeitsfühler S5
I7 Analogeingang Sonneneinstrahlung (A1, A2)
I8 Analogeingang Windstärke (A3, A4).

2. Ausgänge:
Q1 Motor M1 (abwärts)
Q2 Motor M2 (aufwärts).

3. Parameter:
A1 I7 >= 5,5 V (Markise / Jalousie abwärts)
A2 I7 <= 4,5 V (Markise / Jalousie aufwärts)
A3 I8 >= 5,5 V (Markise / Jalousie aufwärts)
A4 I8 <= 4,5 V (Markise / Jalousie FREI).

Kostenvergleich (Listenpreis)
1 easy 412- DC- R = 207 DM
2 Analogvergleicher (ca. 300 DM pro Stück) = 600 DM
Ersparnis: = 393 DM (= 65 %).

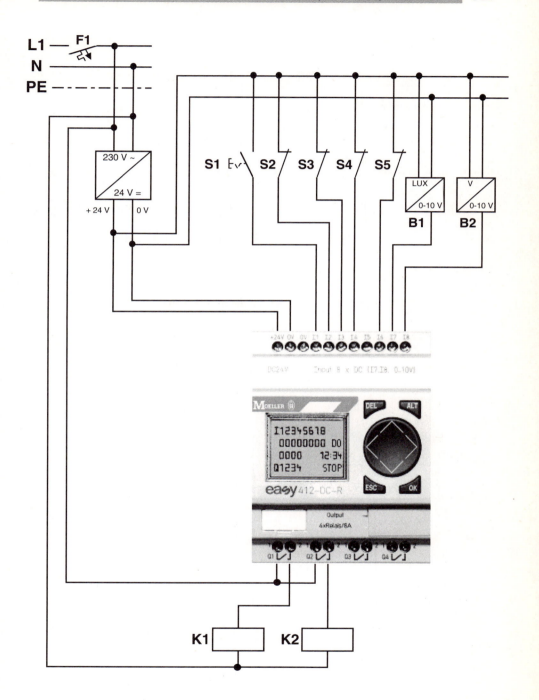

Steuerrelais easy - Schaltplan

Kunde: **Fa. Mustermann**   Programm: **Jalousie - St. / Sonne, Wind, Regen**

Datum: **1. Dezember 1998**   Seite: **1**

Kommentar:

i	1	—	P	4	——————	S	M	1	**Zwischenspeicher Hand abwärts EIN**

i	1	—	P	2	——————	S	M	2	**Zwischenspeicher Hand aufwärts EIN**

i	1	┬	P	1	┬——————	Ä	M	3	**Zwischenspeicher Hand stop**
		└	P	3	┘				

P	2	┬			——————	R	M	1	**Zwischenspeicher Hand abwärts AUS**
M	3	├						
I	1	├						
i	2	├						
i	4	┘						

P	4	┬			——————	R	M	2	**Zwischenspeicher Hand aufwärts AUS**
M	3	├						
I	1	├						
i	3	├						
i	4	┘						

I	1	—	A	1	——————	S	M	4	**Zwischensp. Automatik abwärts EIN**

Steuerrelais easy - Schaltplan

Kunde: **Fa. Mustermann**   Programm: **Jalousie - St. / Sonne, Wind, Regen**

Datum: **1. Dezember 1998**   Seite: **2**

Kommentar:

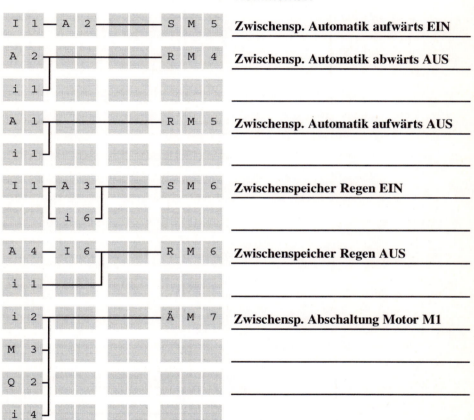

Zwischensp. Automatik aufwärts EIN

Zwischensp. Automatik abwärts AUS

Zwischensp. Automatik aufwärts AUS

Zwischenspeicher Regen EIN

Zwischenspeicher Regen AUS

Zwischensp. Abschaltung Motor M1

Steuerrelais easy - Schaltplan

Kunde: **Fa. Mustermann**   Programm: **Jalousie - St. / Sonne, Wind, Regen**

Datum: **1. Dezember 1998**   Seite: **3**

Kommentar:

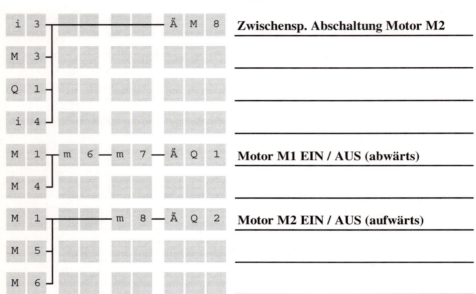

Zwischensp. Abschaltung Motor M2

Motor M1 EIN / AUS (abwärts)

Motor M2 EIN / AUS (aufwärts)

Steuerrelais easy - Parameter

Kunde: **Fa. Mustermann**   Programm: **Jalousie - / Markisen - Steuerung**

Datum: **1. Dezember 1998**   Seite: **1**

Analogwertvergleicher:

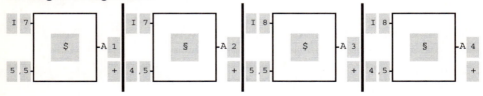

13.6 Tür, Tor, Garage, Stellplatz

13.6.1 Parkhaus-Steuerung mit Zeitschaltuhr

Aufgabe:

EASY soll die Steuerung eines Parkhauses mit jeweils einer Schranke für Ein- und Ausfahrt übernehmen. Die Schranken werden durch einen Impuls geöffnet und schließen automatisch.

Im Automatikbetrieb wird die tägliche Nutzungszeit der Garage, z. B. für Kaufhauskunden, mittels einer Zeitschaltuhr gesteuert. Diese verhindert jedoch nur das Öffnen der Einfahrt-Schranke und somit das Einfahren von Fahrzeugen nach Ladenschluss. Das Ausfahren ist zu jeder Zeit möglich.

Während der Garagen-Öffnungszeit muss vor der Einfahrt-Schranke eine Parkkarte gezogen werden, wonach sich die Schranke öffnet.

Eine Kontaktschleife, die sich hinter der Schranke befindet, steuert die Öffnungsdauer der Schranke.

Mittels der Kontaktschleifen an Ein- und Ausfahrt wird auch die Anzahl der Fahrzeuge in der Garage bestimmt und mit einem vorgegebenen Wert (z. B.: 64) verglichen.

Ist die Garage mit der maximalen Anzahl von Fahrzeugen belegt, so leuchtet an der Garageneinfahrt die Anzeige „BESETZT" auf.

Zusätzlich bleibt die Einfahrt-Schranke so lange geschlossen, bis ein Fahrzeug aus dem Parkhaus wieder hinausfährt.

Die Ausfahrt-Schranke wird mit einer entwerteten Parkkarte geöffnet und schließt sich erst, wenn die Kontaktschleife hinter der Schranke von dem Fahrzeug komplett passiert worden ist.

Außerhalb der Betriebszeiten blinkt die Anzeige „BESETZT" und an der Garageneinfahrt wird ein Schild „Parkhaus-Öffnungszeiten" beleuchtet.

Im Handbetrieb können beide Schranken über die EASY-eigenen Tasten unabhängig voneinander aufgefahren werden.

Nach dem ersten Tippen der jeweiligen P-Taste bleibt die Schranke so lange geöffnet, bis die Taste ein zweites Mal betätigt wird.

Verdrahtung:

1. Eingänge
Pl EASY- Taste (Einfahrt – Schranke auf/zu)
P2 EASY- Taste (Ausfahrt – Schranke auf/zu)
I1 Hauptschalter S1 (Anlage Automatik/Hand)
I2 Taster S2 (Parkkarte Anforderung Einfahrt)
I3 Kontakt S3 (Parkkarte Ausfahrt)

I4 Kontakt S4 (Kontaktschleife Einfahrt)
I5 Kontakt S5 (Kqntaktschleife Ausfahrt)

2. Ausgänge:
Q1 Schranke Einfahrt K1
Q2 Schranke Ausfghrt K2
Q3 Leuchte lil („BESETZT")
Q4 Leuchte W (Öffnungszeiten).

3. Parameter.-
T1 Blinkimpuls Leuchte H 1 („BESETZT")
C1 Anzahl der Fahrzeuge
🕐1 Garagenöffnungszeiten.

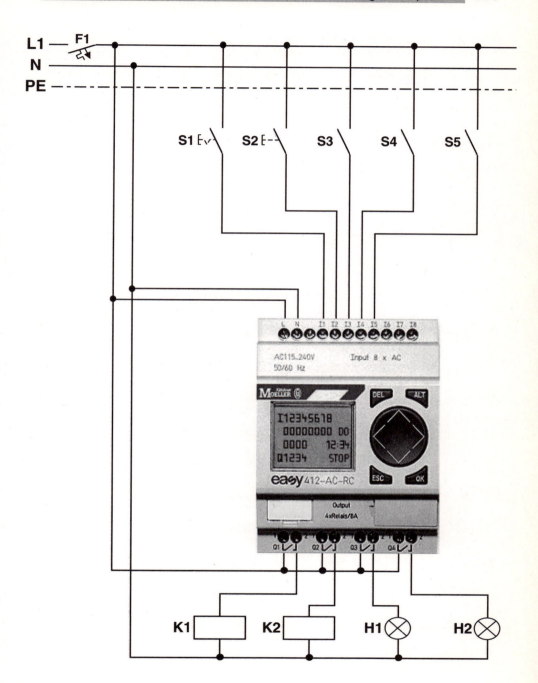

Steuerrelais easy - Schaltplan

Kunde: **Fa. Mustermann**   Programm: **Parkhaus - Steuerung mit Schaltuhr**

Datum: **1. Dezember 1998**   Seite: **1**

Kommentar:

Schaltung	Kommentar
i 1 — P 1 — ä M 1	**Handbetrieb Einfahrt - Schranke auf / zu**
P 2 — ä M 2	**Handbetrieb Ausfahrt - Schranke auf / zu**
I 1 — Ö 1 — Ä M 3	**Zwischenspeicher Automatikbetrieb**
R M 1	**Handbetrieb aus**
R M 2	**(Ein- und Ausfahrt - Schranke zu)**
M 3 — I 2 — c 1 — S M 4	**Zwischenspeicher EIN**
M 4 — I 4 — S M 5	**(Einfahrt - Schranke auf)**
M 5 — i 4 — R M 4	**Zwischenspeicher AUS**
R M 5	**(Einfahrt - Schranke zu)**
I 3 — S M 6	**Zwischenspeicher EIN**
M 6 — I 5 — S M 7	**(Ausfahrt - Schranke auf)**
M 7 — i 5 — R M 6	**Zwischenspeicher AUS**
R M 7	**(Ausfahrt - Schranke zu)**
M 3 — M 4 — Ä Q 1	**Einfahrt - Schranke auf / zu**
M 1	

Steuerrelais easy - Schaltplan

Kunde: **Fa. Mustermann**   Programm: **Parkhaus - Steuerung mit Schaltuhr**

Datum: **1. Dezember 1998**   Seite: **2**

Kommentar:

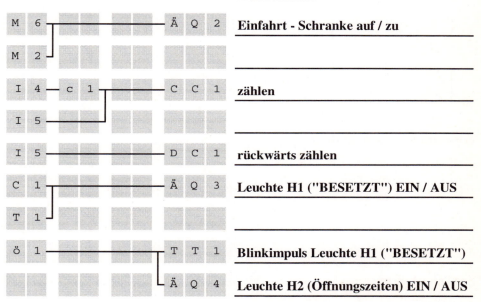

Einfahrt - Schranke auf / zu

zählen

rückwärts zählen

Leuchte H1 ("BESETZT") EIN / AUS

Blinkimpuls Leuchte H1 ("BESETZT")

Leuchte H2 (Öffnungszeiten) EIN / AUS

Steuerrelais easy - Parameter

Kunde: **Fa. Mustermann**   Programm: **Parkhaus - Steuerung mit Schaltuhr**

Datum: **1. Dezember 1998**   Seite: **1**

Zeitrelais:

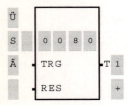

Vor- und Rückwärtszähler:

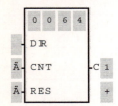

Zeitschaltuhren:

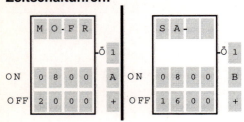

13.6.2 Tiefgaragen – Steuerung

Aufgabe:

EASY soll die Steuerung einer Tiefgaragenzufahrt sowie der Tiefgaragenbeleuchtung übernehmen.

Ein Rolltor sichert die gemeinsame Ein- und Ausfahrt.

Im Automatikbetrieb kann das Rolltor für die Ein- / Ausfahrt sowohl von innen als auch von außen mit Hilfe von Schlüsselschaltern geöffnet werden.

Das Tor bleibt für eine bestimmte Zeit nach Erreichen des oberen Endschalters geöffnet, bevor es sich wieder schließt.

Kurz vor Beginn des Schließvorgangs beginnen zwei Meldeleuchten, eine innen und eine außen, zu blinken, welche den Schließvorgang des Tors ankündigen.

Wird das Rolltor von außen geöffnet, so wird automatisch die Garagenbeleuchtung für eine vorgegebene Zeit zugeschaltet.

Über mehrere Taster kann die Beleuchtung auch von innen aktiviert werden.

Aus Sicherheitsgründen ist an der Unterkante des Rolltors eine Kontaktleiste angebracht, welche jedoch bei geschlossenem Rolltor (S4) wegen möglichem Einbruch außer Funktion ist.

Wird diese Kontaktleiste während der Abwärtsbewegung des Tors durch einen Gegenstand ausgelöst, so wird das Tor sofort gestoppt und danach für eine bestimmte Zeit (Voreinstellung: 2 Sekunden) aufwärts gefahren.

Die Auslösung der Kontaktleiste wird durch die Meldeleuchten Hl dauerhaft angezeigt.

Die Anzeige kann nur durch ein erneutes „Tor öffnen" oder durch Umschalten auf den Handbetrieb ausgeschaltet werden.

Im Handbetrieb (S1) kann das Rolltor zu Testzwecken oder nach einer Störung über die EASY-eigenen P-Tasten im Tipp Betrieb auf- und zugefahren werden.

Der Motor des Rolltors ist über einen PKZ- Überlastschutz abgesichert. Löst der Überlastschutz aus, so wird dieses durch schnelles Blinken der Meldeleuchten Hl angezeigt.

Verdrahtung:

1. Eingänge:

P2 EASY- Taste (Tipp aufwärts)

P4 EASY- Taste (Tipp abwärts)

I1 Schlüsselschalter S 1 (Hand/ Aiitomatik)

I2 Schlüsselschalter S2 (außen)

I3 Schlüsselschalter S3 (innen)

I4 Endschalter S4 (Rolltor geschlossen)

I5 Endschalter S5 (Rolltor geöffnet)
I6 PKZ- Überlastschutz S6
I7 Sicherheitsleiste S7
I8 Taster S8 (Garagenbeleuchtung).

2. Ausgänge:
Ql Motor MI (abwärts)
Q2 Motor M2 (aufwärts)
Q3 Meldeleuchten H 1 (Kontaktleiste / Tor abwärts Störung)
Q4 Garagenbeleuchttmg H2.

3. Parameter:
TI Einschaltverzögerung von Meldeblinkleuchte HI
T2 Einschaltverzögerung von Motor M 1 (abwärts)
T3 Einschaltimpuls (Sicherheitsöffnen 2 Sek.)
T4 Einschaltdauer der Garagenbeleuchtung H2
T5 Impulsdauer Meldeblinkleuchte Hl (Tor abwärts)
T6 Impulsdauer Meldeblinkleuchte HI (Störung PKZ).

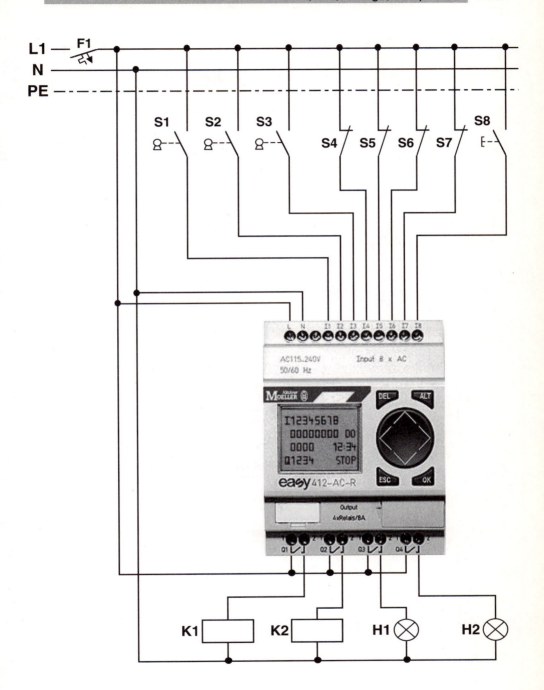

Steuerrelais easy - Schaltplan

Kunde: **Fa. Mustermann**   Programm: **Tiefgaragen - Steuerung**

Datum: **1. Dezember 1998**   Seite: **1**

Kommentar:

i 1 — P 4 — I 4 — Ä M 1   **Zwischenspeicher Tipp - Betrieb ab**

i 1 — P 2 — I 5 — Ä M 2   **Zwischenspeicher Tipp - Betrieb auf**

M 1 — I 6 — I 7 — Ä M 3   **Zwischenspeicher Hand - Betrieb ab**

M 2 — I 6 ——————— Ä M 4   **Zwischenspeicher Hand - Betrieb auf**

I 1 ┬ I 2 ———— S M 5   **Zwischenspeicher Automatik öffnen EIN**
   │
   └ I 3

i 1 ———————— R M 5   **Zwischenspeicher Automatik öffnen AUS**

i 5

i 6

I 1 — i 5 ——— T T 1   **Einschaltverzögerung Meldeleuchten**

        └ I 6 — T T 2   **Einschaltverzögerung Tor abwärts**

i 1 ———————— Ä M 6   **Zwischenspeicher Abschaltung abwärts**

i 4

i 6

i 7

Steuerrelais easy - Schaltplan

Kunde: **Fa. Mustermann**   Programm: **Tiefgaragen - Steuerung**

Datum: **1. Dezember 1998**   Seite: **2**

Kommentar:

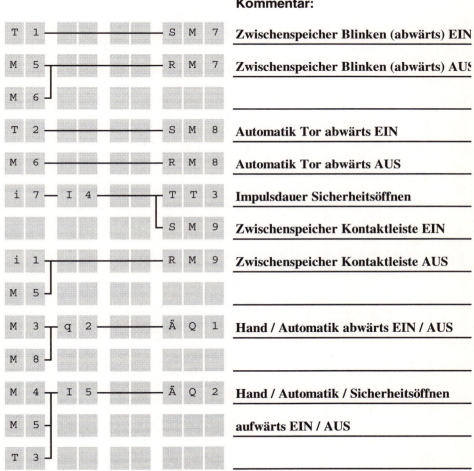

T 1 ——————— S M 7	**Zwischenspeicher Blinken (abwärts) EIN**
M 5 ——————— R M 7	**Zwischenspeicher Blinken (abwärts) AUS**
M 6	
T 2 ——————— S M 8	**Automatik Tor abwärts EIN**
M 6 ——————— R M 8	**Automatik Tor abwärts AUS**
i 7 — I 4 ——— T T 3	**Impulsdauer Sicherheitsöffnen**
S M 9	**Zwischenspeicher Kontaktleiste EIN**
i 1 ——————— R M 9	**Zwischenspeicher Kontaktleiste AUS**
M 5	
M 3 — q 2 ——— Ä Q 1	**Hand / Automatik abwärts EIN / AUS**
M 8	
M 4 — I 5 ——— Ä Q 2	**Hand / Automatik / Sicherheitsöffnen**
M 5	**aufwärts EIN / AUS**
T 3	

Steuerrelais easy - Schaltplan

Kunde: **Fa. Mustermann**   Programm: **Tiefgaragen - Steuerung**

Datum: **1. Dezember 1998**   Seite: **3**

Kommentar:

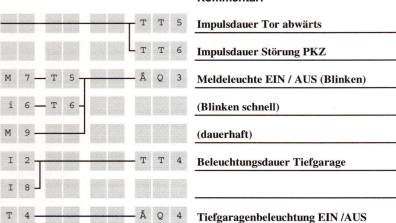

	Kommentar:
T T 5	**Impulsdauer Tor abwärts**
T T 6	**Impulsdauer Störung PKZ**
Ä Q 3	**Meldeleuchte EIN / AUS (Blinken)**
	(Blinken schnell)
	(dauerhaft)
T T 4	**Beleuchtungsdauer Tiefgarage**
Ä Q 4	**Tiefgaragenbeleuchtung EIN /AUS**

Steuerrelais easy - Parameter

Kunde: **Fa. Mustermann**   Programm: **Tiefgaragen - Steuerung**

Datum: **1. Dezember 1998**   Seite: **1**

Zeitrelais:

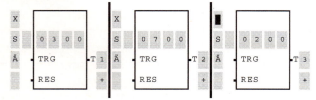

Zeitrelais:

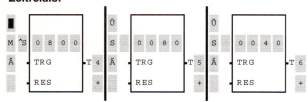

13.7 Heizung, Klima, Lüftung

13.7.1 Temperatursteuerung Gewächshaus

Aufgabe:

Mit EASY soll die Temperatur in einem Gewächshaus gesteuert und überwacht werden.

Über den Wahlschalter Sl kann die Anlage sowohl automatisch als auch per Hand (z. B. bei Servicearbeiten) betrieben werden.

Im Automatikbetrieb wird die Temperatur mittels Temperaturfühler (Messbereich: -35 bis +55°C) über den Analogeingang mit der Voreinstellung (+17°C) verglichen.

Ist die gemessene Temperatur oberhalb der gewünschten, dann werden die Rollos des Gewächshauses herunter gefahren.

Fällt die Temperatur unter den gewünschten Wert, dann werden die Rollos wieder aufwärts gefahren, damit sich das Gewächshaus durch Sonneneinstrahlung wieder aufheizen kann.

Hat nach Ablauf einer vorgegebenen Zeit (z. B. zehn Minuten) die Temperatur einen bestimmten Wert noch nicht wieder erreicht, so wird zusätzlich eine Elektroheizung eingeschaltet.

Die Elektroheizung wird sofort mit Erreichen der gewünschten Temperatur ausgeschaltet.

Ist die Temperatur wieder oberhalb des eingestellten Werts, fahren die Rollos wieder zu usw.

Die Rollos können im Automatikbetrieb nur in Verbindung mit der Zeitschaltuhr (Mo.-So. 8.00–18.00 Uhr) aufwärts fahren, um ein starkes Auskühlen während der Nacht zu verhindern.

Außerhalb der Schaltzeiten kann die Temperatur ausschließlich mit Hilfe der Elektroheizung geregelt werden.

Um eine Beschädigung der Rollos durch starken Wind zu verhindern, ist zusätzlich ein Messfühler für die Windgeschwindigkeit angeschlossen (S2).

Im Handbetrieb können die Rollos über die EASY-eigenen P-Tasten auf- und abwärts gefahren werden (Tipp-Betrieb). Durch die eingebauten Endschalter werden die Motoren der Rollos sowohl beim Aufwärts als auch beim Abwärtsfahren gestoppt.

Verdrahtung:

1. Eingänge:

P2 EASY- Taste (Tipp aufwärts)

P4 EASY- Taste (Tipp abwärts)

I1 Wahlschalter S 1 (Automatik EIN / AUS)
I2 Windgeschwindigkeitsfühler S2
I7 Analogeingang Temperatur (A 1, A2, A3).

2. Ausgänge:
Ql Motor MI (abwärts)
Q2 Motor M2 (aufwärts)
Q3 Elektroheizung EI.

3. Parameter:
T1 Einschaltverzögerung (10 Minuten)
Al I7 >= 6,0 V (190C / Rollos abwärts)
A2 I7 >= 5,8 V (170C / Heizung AUS)
A3 I7 <= 5,6 V (150C / RoUos aufwärts, Heizung EIN)
⊕1 Öffnungszeit Rollos.

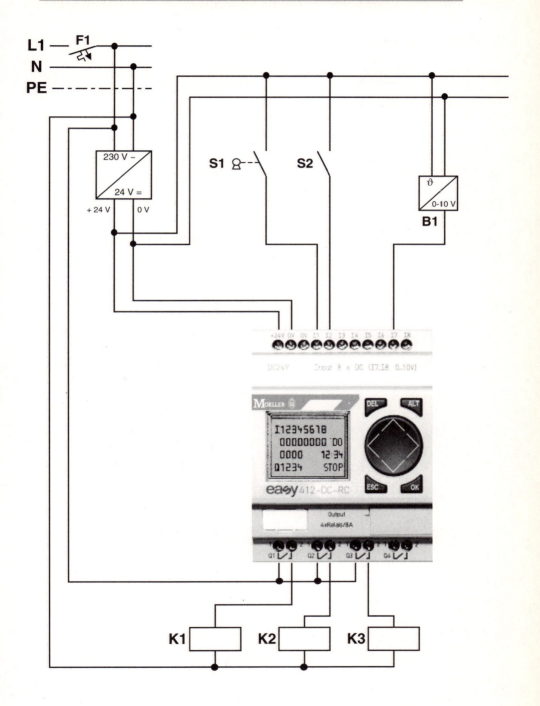

Steuerrelais easy - Schaltplan

Kunde: **Fa. Mustermann**   Programm: **Temperatursteuerung Gewächshaus**

Datum: **1. Dezember 1998**   Seite: **1**

Kommentar:

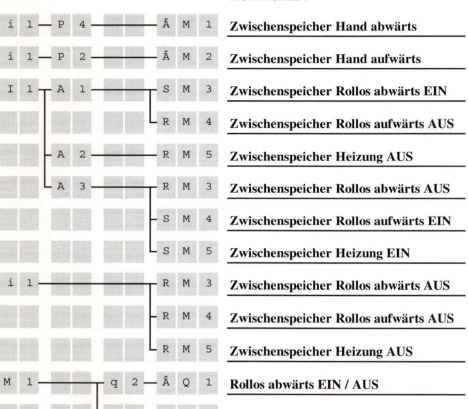

i 1 — P 4 ——— Ä M 1	**Zwischenspeicher Hand abwärts**
i 1 — P 2 ——— Ä M 2	**Zwischenspeicher Hand aufwärts**
I 1 — A 1 ——— S M 3	**Zwischenspeicher Rollos abwärts EIN**
└ R M 4	**Zwischenspeicher Rollos aufwärts AUS**
A 2 ——— R M 5	**Zwischenspeicher Heizung AUS**
A 3 ——— R M 3	**Zwischenspeicher Rollos abwärts AUS**
S M 4	**Zwischenspeicher Rollos aufwärts EIN**
S M 5	**Zwischenspeicher Heizung EIN**
i 1 ——— R M 3	**Zwischenspeicher Rollos abwärts AUS**
R M 4	**Zwischenspeicher Rollos aufwärts AUS**
R M 5	**Zwischenspeicher Heizung AUS**
M 1 ——— q 2 — Ä Q 1	**Rollos abwärts EIN / AUS**
M 3 — i 2	

Steuerrelais easy - Schaltplan

Kunde: **Fa. Mustermann**   Programm: **Temperatursteuerung Gewächshaus**

Datum: **1. Dezember 1998**   Seite: **2**

Kommentar:

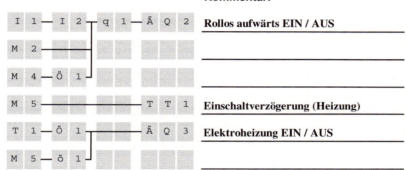

Rollos aufwärts EIN / AUS

Einschaltverzögerung (Heizung)

Elektroheizung EIN / AUS

Steuerrelais easy - Parameter

Kunde: **Fa. Mustermann**   Programm: **Temperatursteuerung Gewächshaus**

Datum: **1. Dezember 1998**   Seite: **1**

Zeitrelais:

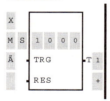

Analogwertvergleicher:

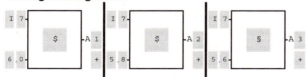

Zeitschaltuhren:

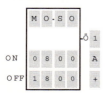

13.7.2 Gewächshaus-Belüftung

Aufgabe:

Mit EASY soll die Belüftung eines Gewächshauses durch automatisches Auf- und Zufahren von Dach- und Seitenfenstern gesteuert werden.

Über den Hauptschalter S1 kann die Anlage EIN / AUS geschaltet werden.

Mit dem Wahlschalter S2 wird festgelegt, ob die Fenster automatisch oder per Hand gefahren werden.

Im Automatikbetrieb werden die Fenster alle drei Stunden für 15 Minuten aufgefahren.

Um 06.00, 12.00 und 18.00 Uhr werden die Fenster nicht für 15 Minuten, sondern für 30 Minuten aufgefahren.

Wenn es regnet (Regenfühler S5), werden die Fenster mit einer kurzen Zeitverzögerung (10 Sekunden) geschlossen. Ein Öffnen der Fenster ist erst dann wieder möglich, wenn es aufgehört hat zu regnen.

Aus Sicherheitsgründen und um einen sehr starken Durchzug zu verhindern, fahren die Seitenfenster ab einer bestimmten Windgeschwindigkeit (Wind-Messfühler S6) zu.

Im Handbetrieb können alle Fenster gemeinsam über die Schalter S3 / S4 zeitunabhängig auf- / zugefahren werden.

Zu Servicezwecken ist es auch möglich, die Fenster einzeln mit Hilfe der EASY-eigenen P-Tasten auf- und zu zufahren (Tipp -Betrieb).

Durch die eingebauten Endschalter werden die Motoren der Fenster sowohl beim Auffahren, als auch beim Zufahren gestoppt.

Verdrahtung:

1. Eingänge:

Pl EASY-Taste(TippSeitenfensterzufahren)

P2 EASY-Taste(TippDachfensterauffahren)

P3 EASY- Taste(Tipp Seitenfenster auffahren)

P4 EASY-Taste(TippDachfensterzufahren)

I1 Hauptschalter S 1(Anlage EIN / AUS)

I2 Wahlsch41ter S2(Automatik EIN / AUS)

I3 Schalter S3(Handbetrieb: Alle Fenster auffahren)

I4 Schalter S4(Handbetrieb: Alle Fenster zufahren)

I5 Kontakt S5(Regensensor)

I6 Kontakt S6(Windgeschwindigkeitssensor).

2. Ausgänge:

Q1 Seitenfenster auffahren

Q3 Seitenfenster zufahren
Q4 Dachfenster zufahren.

3.Parameter:
TI Laufzeit der Seitenfenster(8 Sekunden)
T2 Laufzeit der Dachfenster(10 Sekunden)
T3 Zeitverzögerung des Zufahren bei Regen (10 Sekunden)
⊕1 Öffnungszeiten Fenster (00.00, 03.00, 06.00, 09.00 Uhr)
⊕2 Öffnungszeiten Fenster (12.00, 15.00, 18.00, 21.00 Uhr).

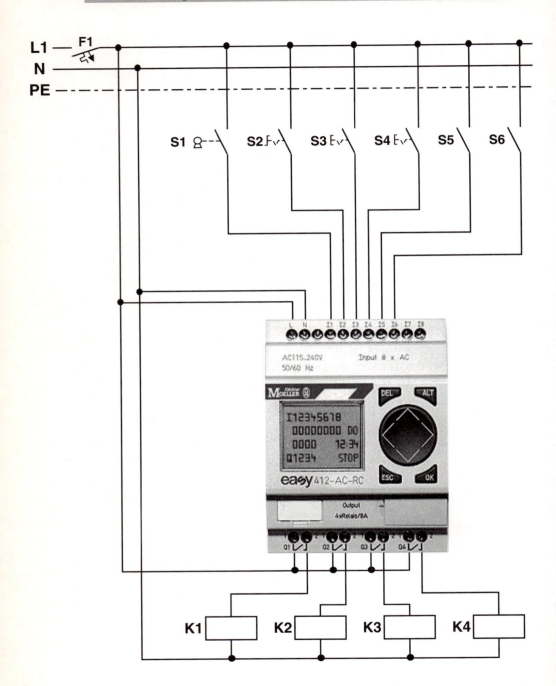

Steuerrelais easy - Schaltplan

Kunde: **Fa. Mustermann**   Programm: **Gewächshaus - Belüftung**

Datum: **1. Dezember 1998**   Seite: **1**

Kommentar:

Schaltung	Kommentar
I 1 — i 5 ⌐ I 2 — Ä M 1	**Anlage Automatik EIN / AUS**
└ i 2 — Ä M 2	**Anlage Hand EIN / AUS**
M 1 ⌐ Ö 1 ⌐ m 4 — Ä M 3	**Zwischenspeicher Fenster auffahren**
└ Ö 2 ┘	
M 2 — I 3 — i 4 ┘	
M 1 — ö 1 — ö 2 — Ä M 4	
M 4 — m 3 ———— Ä M 6	**Zwischenspeicher Fenster zufahren**
M 2 — I 4 — i 3 ┘	
M 3 — i 6 ———— T T 4	**Impulsrelais**
M 6 ————— T T 5	**Impulsrelais**
I 1 — i 5 — I 6 — Ä M 7	**Zwischenspeicher Hand vorwärts**
M 7 — m 6 ———— T T 1	**Laufzeit Seitenfenster (8 Sek.)**
T 4 ⌐ i 5 ———— T T 2	**Laufzeit Dachfenster (10 Sek.)**
T 5 ┘	
M 5 —————	

Steuerrelais easy - Schaltplan

Kunde: **Fa. Mustermann**   Programm: **Gewächshaus - Belüftung**

Datum: **1. Dezember 1998**   Seite: **2**

Kommentar:

Schaltplan	Kommentar
I 1 — I 5 ———— T T 3	**Zeitverzögerung Fenster zu bei Regen**
T 3 ————— Ä M 5	**Zwischenspeicher Fenster zu bei Regen**
i 5 ————— R T 3	**Zeitrelais zurücksetzen**
M 3 — T 1 ┐ i 6 — Ä M 8	**Zwischenspeicher Seitenfenster auf**
M 2 — P 3 ┘	
M 8 ————— q 3 — Ä Q 1	**Seitenfenster auffahren**
M 3 — T 2 ┐ q 4 — Ä Q 2	**Dachfenster auffahren**
M 2 — P 2 ┘	
M 5 ┬ T 1 ┬ q 1 — Ä Q 3	**Seitenfenster zufahren**
M 6 ┤	
I 6 ┘	
M 2 — P 1 ┘	
M 5 ┬ T 2 ┬ q 2 — Ä Q 4	**Dachfenster zufahren**
M 6 ┘	
M 2 — P 4 ┘	

Steuerrelais easy - Parameter

Kunde: **Fa. Mustermann**   Programm: **Gewächshaus - Belüftung**

Datum: **1. Dezember 1998**   Seite: **1**

Zeitrelais:

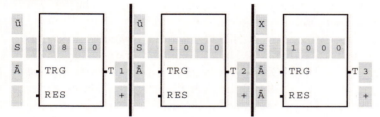

Zeitrelais:

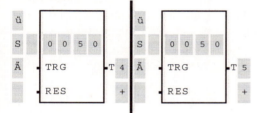

Zeitschaltuhren:

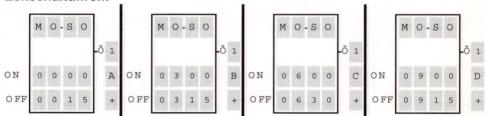

Zeitschaltuhren:

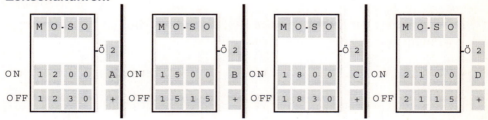

13.8 Sonstiges

13.8.1 Safe – Codeschloss – Steuerung

Aufgabe:
Mit EASY soll ein Codeschloss zur Zugangskontrolle realisiert werden. Die Codelänge ist auf maximal acht Stellen begrenzt. Der Code kann aus bis zu sieben verschiedenen Ziffern bestehen. Alle übrigen Ziffern, weiche für den Code nicht benötigt werden, müssen hardwareseitig parallel mit dem Eingang 18 verknüpft werden. Die Ziffernfolge des Codes kann frei gewählt werden, jedoch darf eine Ziffer nicht zweimal direkt hintereinander vorkommen (falsch: 471 1). Innerhalb einer bestimmten Zeit (Voreinstellung 8 Sekunden) muss die gesamte Codeeingabe erfolgen. Wird während der Eingabe eine falsche Ziffer betätigt (auch nicht belegte Ziffern = 18), so ist die bisherige Eingabe ungültig und wird gelöscht. Eine erneute Eingabe kann erst nach Ablauf einer Wartezeit von 10 Sekunden beginnen. Jedesmal, wenn innerhalb der Wartezeit eine Eingabe erfolgt, beginnen die 10 Sekunden der Eingabeunterbrechung wieder von vorne. Ist der Code nicht korrekt, so wird nach Ablauf der Eingabezeit (8 Sek.) eine Meldeleuchte eingeschaltet und erst mit Ablauf der Wartezeit ausgeschaltet. Bei richtiger Ziffernfolge erfolgt die Freigabe des Schlosses zeitverzögert (3 Sek.) für 5 Sekunden.

Beispiel: Gewünschter Code: 12135156

Belegungen: 10er-Block-Tastatur > Easy Eingangsbelegung:

1	>	11
2	>	12
3	>	13
5	>	15
6	>	16
4,7,8,9,0	>	18

Programmierung:
Code: maximal acht Stellen (MI-M8)
Die Verknüpfung der Merker mit den Easy-Eingängen wird im Ausdruck des Easy-Programms auf Blatt 115 aufgezeigt.

Verdrahtung
1. Eingänge:
I1-I7 Belegung der Eingabetastatur (1-7 verschiedene Ziffern)
(z. B.: I1 => 1, I2 => 2, I3 => 3...... I7=> 7)
I8 Restbelegung der Eingabetastatur (z. B. Ziffern 8,9,0).

2. Ausgänge:
Ql Codeschloss öffnen
2 Meldeleuchte HI (Codeeingabe abgebrochen).

3.Parameter:
TI Wartezeit bei Fehleingabe (10 Sek.)
T2 Zeitdauer der Codeeingabe (8 Sek.)
T3 Einschaltverzögerung Türöffner (3 Sek.)
T4 Einschaltdauer Türöffner (5 Sek.).

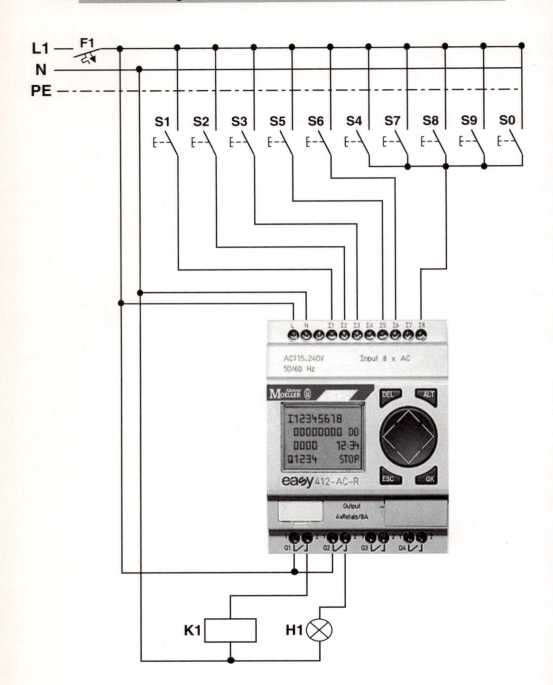

Steuerrelais easy - Schaltplan

Kunde: **Fa. Mustermann**   Programm: **9.1 Safe - Codeschloß - Steuerung**

Datum: **1. Dezember 1998**   Seite: **1**

Kommentar:

I	1	——	——	Ä	M	1	**1. Codestelle**
I	2	——	——	Ä	M	2	**2. Codestelle**
I	1	——	——	Ä	M	3	**3. Codestelle**
I	3	——	——	Ä	M	4	**4. Codestelle**
I	5	——	——	Ä	M	5	**5. Codestelle**
I	1	——	——	Ä	M	6	**6. Codestelle**
I	5	——	——	Ä	M	7	**7. Codestelle**
I	6	——	——	Ä	M	8	**8. Codestelle**
M	1	—— t	1 — S	M	9		**Zwischenspeicher Codestellen 1-8 EIN**
M	2	—— M	9 — S	M	10		
M	3	—— M	10 — S	M	11		
M	4	—— M	11 — S	M	12		
M	5	—— M	12 — S	M	13		
M	6	—— M	13 — S	M	14		
M	7	—— M	14 — S	M	15		

Steuerrelais easy - Schaltplan

Kunde: **Fa. Mustermann**　　Programm: **9.1 Safe - Codeschloß - Steuerung**

Datum: **1. Dezember 1998**　　Seite: **2**

Kommentar:

M 8 ——— M 15 — S M 16	
M 1 ——— m 1 — R M 9	**Zwischenspeicher Codestellen 1-8 AUS**
M 2 ——— m 2 — R M 10	
M 3 ——— m 3 — R M 11	
M 4 ——— m 4 — R M 12	
M 5 ——— m 5 — R M 13	
M 6 ——— m 6 — R M 14	
M 7 ——— m 7 — R M 15	
M 8 ——— m 8 — R M 16	
I 8 ——— T T 1	**Wartezeit bei falscher Codeeingabe**
t 1 — T T 2	**Zeitdauer der Codeeingabe**

Steuerrelais easy - Schaltplan

Kunde: **Fa. Mustermann**　　Programm: **9.1 Safe - Codeschloß - Steuerung**

Datum: **1. Dezember 1998**　　Seite: **3**

Kommentar:

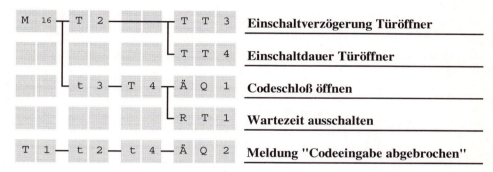

Einschaltverzögerung Türöffner

Einschaltdauer Türöffner

Codeschloß öffnen

Wartezeit ausschalten

Meldung "Codeeingabe abgebrochen"

Steuerrelais easy - Parameter

Kunde: **Fa. Mustermann**　　Programm: **9.1 Safe - Codeschloß - Steuerung**

Datum: **1. Dezember 1998**　　Seite: **1**

Zeitrelais:

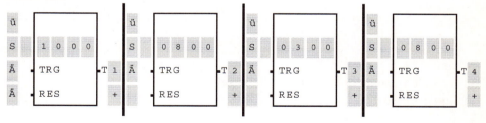

13.8.2 Lauflicht für Präsentationen

Aufgabe:

Mit EASY sollen vier Lampen der Reihe nach ein- und wieder ausgeschaltet werden.

Erst von der ersten Lampe bis zur vierten, danach umgekehrt von der vierten bis zur ersten usw.

Über den Hauptschalter Sl lässt sich die Anlage ein- und ausschalten.

Der Wahlschalter S2 legt fest, ob das Lauflicht permanent oder nur zu den vorgegebenen Zeiten (täglich 18.00 – 22.00 Uhr) eingeschaltet ist.

Es können drei verschiedene Geschwindigkeiten für das Lauflicht eingestellt werden:

Schalter S3 > Lauflichtgeschwindigkeit schnell (0,30 sek.),
Schalter S4 > Lauflichtgeschwindigkeit mittel (0,60 sek.),
Schalter S3+S4 gleichzeitig > Geschwindigkeit langsam (1 sek.).

Verdrahtung:

1. Eingänge:
I1 Hauptschalter S 1 (Anlage EIN / AUS)
I2 Wahlschalter S2 (Schaltuhr EIN / AUS)
I3 Schalter S3 (Lautlichtgeschwindigkeit)
I4 Schalter S4 (Lauflichtgeschwindigkeit).

2. Ausgänge:
Ql Lampe Hl
Q2 Lampe H2
Q3 Lampe H3
Q4 Lampe H4.

3. Parameter:
TI schnelle Impulsgeschwindigkeit (0,30 sek.)
T2 mittlere Impulsgeschwindigkeit (0,60 sek.)
T3 langsame Impulsgeschwindigkeit (1 sek.)
C1-C4 Anzahl der Impulse
🕘1 Einschaltzeiten Lauflicht.

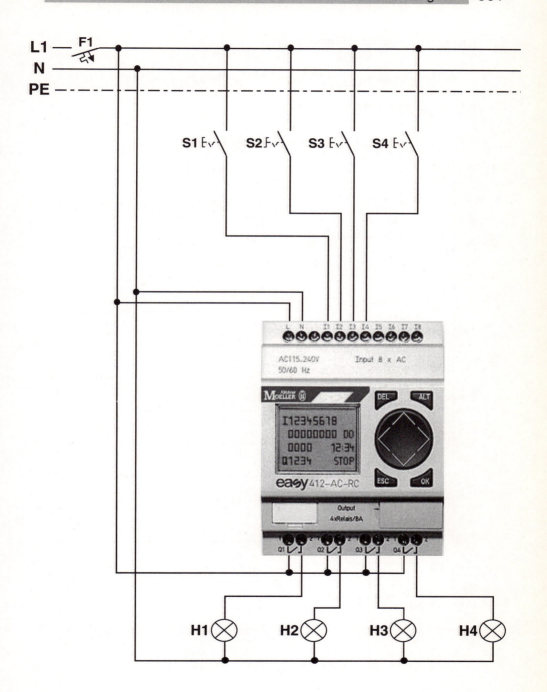

Steuerrelais easy - Schaltplan

Kunde: **Fa. Mustermann**   Programm: **Lauflicht für Präsentationen**

Datum: **1. Dezember 1998**   Seite: **1**

Kommentar:

I 1	Ö 1		Ä M 1	**Anlage EIN / AUS**
	I 2			**(Zeitschaltuhr oder permanent EIN)**
M 2			D C 1	**rückwärts zählen**
			D C 2	
			D C 3	
			D C 4	
M 7			C C 1	**zählen**
			C C 2	
			C C 3	
			C C 4	
m 1			R C 1	**Zähler zurücksetzen**
			R C 2	
			R C 3	
			R C 4	
C 4			S M 2	**Zwischenspeicher rückwärts zählen EIN**

Steuerrelais easy - Schaltplan

Kunde: **Fa. Mustermann**   Programm: **Lauflicht für Präsentationen**

Datum: **1. Dezember 1998**   Seite: **2**

Kommentar:

Schaltplan	Kommentar
C 2 ─────── R M 2	**Zwischenspeicher rückwärts zählen AUS**
C 1 ─ C 2 ─ C 3 ─ Ä M 3	**Zwischenspeicher (Wert 4)**
C 1 ─ C 2 ─ c 4 ─ Ä M 4	**Zwischenspeicher (Wert 3)**
C 1 ─ c 3 ─ c 4 ─ Ä M 5	**Zwischenspeicher (Wert 2)**
c 2 ─ c 3 ─ c 4 ─ Ä M 6	**Zwischenspeicher (Wert 1)**
M 6 ─ C 1 ─────── Ä Q 1	**Lampe H1 EIN / AUS**
M 5 ─ C 2 ─────── Ä Q 2	**Lampe H2 EIN / AUS**
M 4 ─ C 3 ─────── Ä Q 3	**Lampe H3 EIN / AUS**
M 3 ─ C 4 ─────── Ä Q 4	**Lampe H4 EIN / AUS**
M 1 ┬ I 3 ─ i 4 ─ T T 1	**schnelle Impulsgeschwindigkeit**
├ I 4 ─ i 3 ─ T T 2	**mittlere Impulsgeschwindigkeit**
└ I 3 ─ I 4 ─ T T 3	**langsame Impulsgeschwindigkeit**
T 1 ┬─────── Ä M 7	**Zwischenspeicher zählen EIN / AUS**
T 2 ┤	
T 3 ┘	

Steuerrelais easy - Parameter

Kunde: **Fa. Mustermann**   Programm: **Lauflicht für Präsentationen**

Datum: **1. Dezember 1998**   Seite: **1**

Zeitrelais:

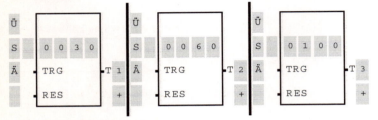

Vor- und Rückwärtszähler:

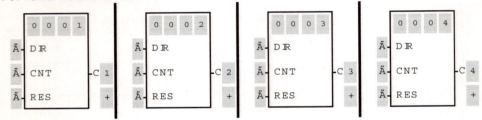

Zeitschaltuhren:

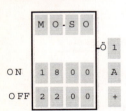

13.8.3 Filterbecken-Steuerung

Aufgabe:

Um eine zu hohe Verunreinigung eines Filterbeckens in einem Wasserwerk zu verhindern, soll das Becken mit Hilfe von EASY in regelmäßigen Abständen gespült werden.

Das Filterbecken wird einmal wöchentlich jeden Montag um 12.00 Uhr) für eine Viertelstunde gespült.

Zu Beginn des Spülvorgangs muss die Wasserzufuhr unterbrochen werden.

Danach wird eine Pumpe zeitverzögert eingeschaltet, um das leergelaufene Becken in entgegengesetzter Richtung zu fluten.

Nach einer 15-minütigen Laufzeit wird die Pumpe wieder abgeschaltet.

Mit einer weiteren Zeitverzögerung wird dann das Ventil für den Wasserzulauf wieder geöffnet.

Sobald der Spülvorgang beginnt, wird dies durch eine Meldeleuchte (H1) angezeigt.

Zusätzlich ertönt am Anfang und Ende jeder Spülung ein kurzes Hupsignal.

Verdrahtung:

1. Eingänge:

I1 Schalter S1 (Anlage EIN/ AUS).

2. Ausgänge:

Q1 Zulauf – Ventil Y1 (AUF / ZU)

Q2 Pumpe M 1 (Filterbecken fluten EIN / AUS)

Q3 Meldeleuchte H1 („Filterbecken Reinigung")

Q4 Hupe E1 („Spülung-Beginn/Ende")

3. Parameter:

T1 Einschaltverzögemng Pumpe M1 (Spülung)

T2 Einschaltverzögerung Wasserzulauf Ventil Y1 öffnen

T3 Impulsdauer für Hupe (Spülung)

⊕1 Wöchentliche Uhrzeit der Filterbecken-Spülung.

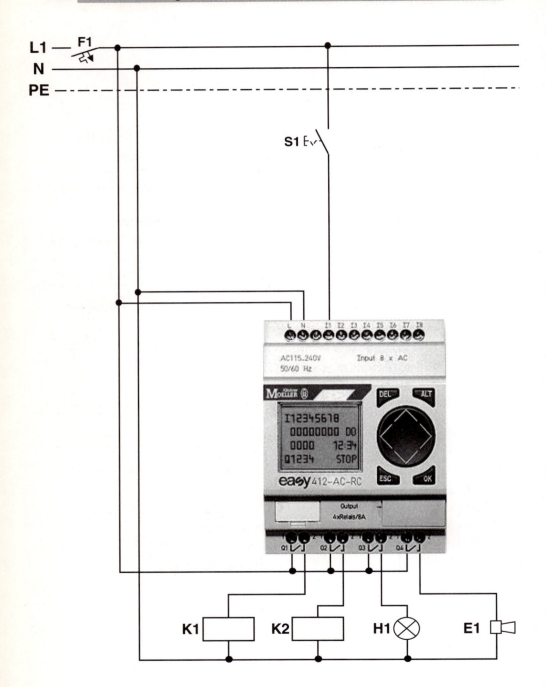

Steuerrelais easy - Schaltplan

Kunde: **Fa. Mustermann**   Programm: **Filterbecken - Steuerung**

Datum: **1. Dezember 1998**   Seite: **1**

Kommentar:

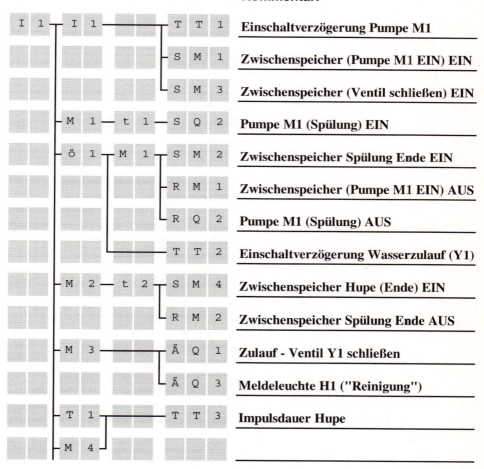

Einschaltverzögerung Pumpe M1

Zwischenspeicher (Pumpe M1 EIN) EIN

Zwischenspeicher (Ventil schließen) EIN

Pumpe M1 (Spülung) EIN

Zwischenspeicher Spülung Ende EIN

Zwischenspeicher (Pumpe M1 EIN) AUS

Pumpe M1 (Spülung) AUS

Einschaltverzögerung Wasserzulauf (Y1)

Zwischenspeicher Hupe (Ende) EIN

Zwischenspeicher Spülung Ende AUS

Zulauf - Ventil Y1 schließen

Meldeleuchte H1 ("Reinigung")

Impulsdauer Hupe

13.8.4 Betriebsstundenzähler mit Wartungsmeldung

Aufgabe:

Mit EASY sollen die Betriebsstunden eines allgemeinen Elektrogeräts (E1) gezählt und überwacht werden.

Das Elektrogerät wird mit dem Schalter Sl ein- und ausgeschaltet.

Eine Meldeleuchte (H1) zeigt den Betrieb des Geräts an.

Ab einer bestimmten Anzahl von Betriebsstunden (Voreinstellung: 240 Std.) beginnt die Meldeleuchte (H2) zu blinken um anzuzeigen, das eine Wartung erfolgen muss.

Wenn die Betriebsstundenanzahl für eine Wartung erreicht ist (Voreinstellung: 250 Std.), wird das Gerät abgeschaltet, die Meldeleuchte Hl erlischt und H2 leuchtet dauerhaft.

Ist die Wartung erfolgt, muss über den Taster S2 die Wartungsmeldung quittiert und der Betriebsstundenzähler zurückgesetzt werden (Bedingung: Schalter SI AUS).

Nun kann das Gerät über den Schalter Sl wieder eingeschaltet werden.

Verdrahtung:

1. Eingänge:

I1 Schalter S1 (Gerät E1 EIN/AUS)

I2 Taster

S2 (Quittierung der Wartung).

2. Ausgänge:

Q1 Gerät E1

Q2 Meldeleuchte H 1 (Gerät E1 in Betrieb)

Q3 Meldeleuchte H2 („Wartung von Gerät E1").

3. Parameter:

TI Takt für Sekunden-Impuls

T2 Impulstakt für Meldeleuchte („Wartung in 10 Stunden")

C1 Sekundenzähler

C2 Minutenzähler

C3 Stundenzähler

C4 Anzahl der Betriebsstunden gesamt

C5 Anzahl der Betriebstage gesamt

C6 Zähler für Voralarm „Wartung"

C7 Zähler für Alarm „Wartung" und Abschaltung.

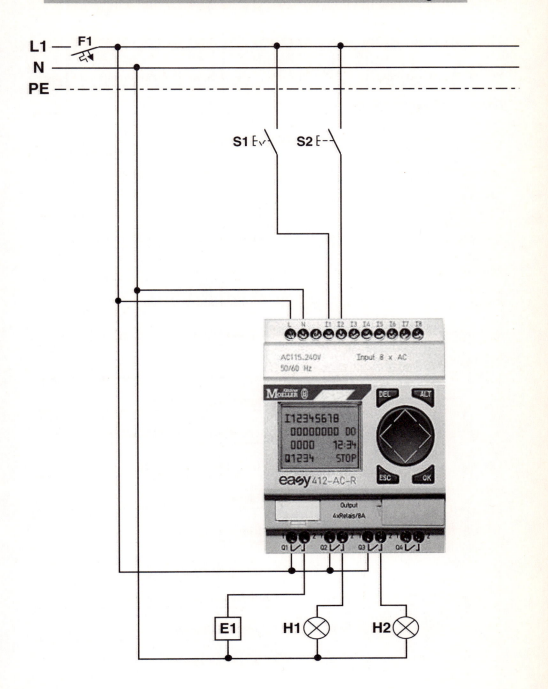

Steuerrelais easy - Schaltplan

Kunde: **Fa. Mustermann**   Programm: **Betriebsstundenzähler mit Meldung**

Datum: **1. Dezember 1998**   Seite: **1**

Kommentar:

Kontakt		Spule	Kommentar
I 1 — c 7		T T 1	**Takt für Sekunden - Impuls**
		Ä Q 1	**Gerät E1 EIN / AUS**
		Ä Q 2	**Meldeleuchte "Gerät E1 in Betrieb"**
T 1		C C 1	**Sekundenzähler zählen**
C 1		C C 2	**Minutenzähler zählen**
C 1		R C 1	**Sekundenzähler zurücksetzen**
i 1 — I 2			
C 2		C C 3	**Stundenzähler zählen**
		C C 4	**Betriebsstundenzähler zählen**
		C C 6	**Voralarmzähler zählen**
		C C 7	**Alarmzähler zählen**
C 2		R C 2	**Minutenzähler zurücksetzen**
i 1 — I 2			
C 3		C C 5	**Betriebstagezähler zählen**
		R C 3	**Stundenzähler zurücksetzen**

Steuerrelais easy - Schaltplan

Kunde: **Fa. Mustermann**   Programm: **Betriebsstundenzähler mit Meldung**

Datum: **1. Dezember 1998**   Seite: **2**

Kommentar:

C 4 ——————— R C 4			**Betriebsstundenzähler zurücksetzen**
C 5 ——————— R C 5			**Betriebstagezähler zurücksetzen**
C 6 ——————— T T 2			**Impulstakt für Meldeleuchte**
C 7 ——————— R C 6			**Voralarmzähler zurücksetzen**
i 1 — I 2 ┘			
T 2 ——————— Ä Q 3			**Meldeleuchte H2 "Wartung" blinkend**
C 7 ┘			**Meldeleuchte H2 "Wartung" dauerhaft**
i 1 — I 2 ——————— R C 7			**Alarmzähler zurücksetzen**

Steuerrelais easy - Parameter

Kunde: **Fa. Mustermann**　　　　Programm: **Betriebsstundenzähler mit Meldung**

Datum: **1. Dezember 1998**　　　　Seite: **1**

Zeitrelais:

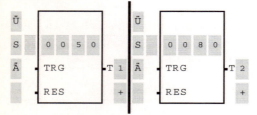

Vor- und Rückwärtszähler:

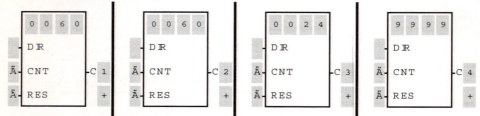

Vor- und Rückwärtszähler:

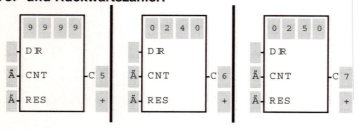

Steuerrelais easy - Parameter

Kunde: **Fa. Mustermann**   Programm: **Betriebsstundenzähler mit Meldung**

Datum: **1. Dezember 1998**   Seite: **1**

Zeitrelais:

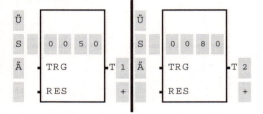

Vor- und Rückwärtszähler:

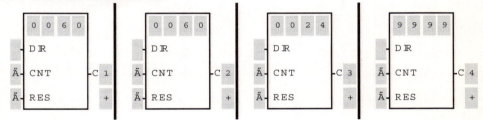

Vor- und Rückwärtszähler:

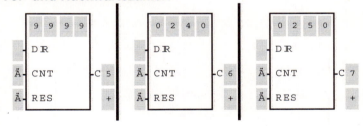

14 Technische Daten

14.1 Datenblätter

Allgemein   **EASY...**

	EASY 200-EASY	**EASY 412**	**EASY 600**
Abmessungen B × H × T [mm] [inches] Teilungseinheiten (TE)	35,5 × 90 × 53 1,4 × 3,54 × 2,08 2 TE breit	71,5 × 90 × 53 2,81 × 3,54 × 2,08 4 TE breit	107,5 × 90 × 53 4,23 × 3,54 × 2,08 6 TE breit
Gewicht [g] Gewicht [lb]	70 0,154	200 0,441	300 0,661
Montage	Hutschiene DIN 50 022, 35 mm oder Schraubmontage mit 3 Gerätefüßen ZB 4-101-GF1 (Zubehör); bei EASY 200-EASY sind nur 2 Gerätefüße nötig.		

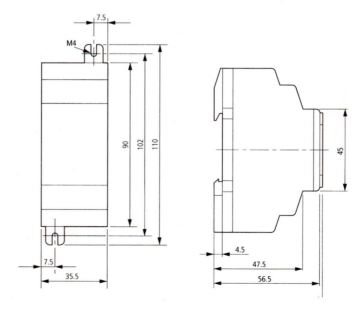

Abb. 14.1

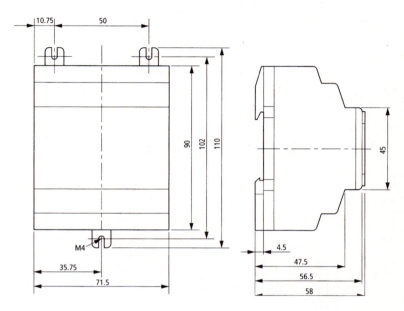

Abb. 14.2

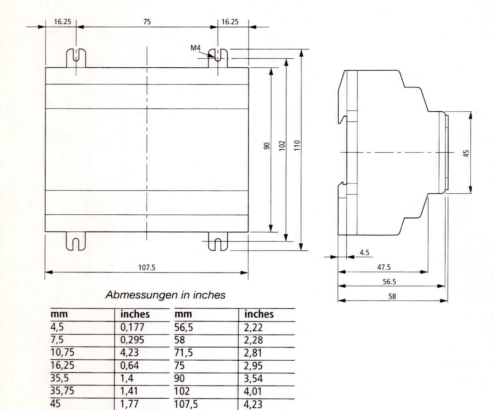

Abmessungen in inches

mm	inches	mm	inches
4,5	0,177	56,5	2,22
7,5	0,295	58	2,28
10,75	4,23	71,5	2,81
16,25	0,64	75	2,95
35,5	1,4	90	3,54
35,75	1,41	102	4,01
45	1,77	107,5	4,23
47,5	1,87	110	4,33
50	1,97		

Abb. 14.3

Klimatische Umgebungsbedingungen

Betriebsumgebungstemperatur waagerechter/senkrechter Einbau	−25 bis 55 °C −13 bis 131 °F	Kälte nach IEC 60 068-2-1, Wärme nach IEC 60 068-2-2
Betauung	Betauung durch geeignete Maßnahmen verhindern	
LCD-Anzeige	0 bis 55 °C 32 bis 131 °F	Sicher lesbar
Lager-/Transporttemperatur	−40 °C bis +70 °C −40 bis 158 °F	−
Relative Luftfeuchte	5 bis 95 %, keine Betauung	IEC 60 068-2-30
Luftdruck (Betrieb)	795 bis 1080 hPa	−
Korrosionsunempfindlichkeit	SO_2 10 cm^3/m^3, 4 Tage	IEC 60 068-2-42
	H_2S 1 cm^3/m^3, 4 Tage	IEC 60 068-2-43

Mechanische Umgebungsbedingungen

Verschmutzungsgrad	2	−
Schutzart	IP 20	EN 50 178, IEC 60 529, VBG4
Schwingungen	10 bis 57 Hz (konstante Amplitude 0,15 mm)	IEC 60 068-2-6
	57 bis 150 Hz (konstante Beschleunigung 2 g)	
Schocken	18 Schocks (Halbsinus 15 g/11 ms)	IEC 60 068-2-27
Kippfallen	Fallhöhe 50 mm	IEC 60 068-2-31
Freier Fall, verpackt	1 m	IEC 60 068-2-32

Elektromagnetische Verträglichkeit (EMV)

Elektrostatische Entladung	8 kV Luftentladung, 6 kV Kontaktentladung	IEC/EN 61 000-4-2, Schärfegrad 3
Elektromagnetische Felder	Feldstärke 10 V/m	IEC/EN 61 000-4-3
Funkentstörung	Grenzwertklasse B	EN 55 011, EN 55 022
Burst Impulse	2 kV Versorgungsleitungen, 2 kV Signalleitungen	IEC/EN 61 000-4-4, Schärfegrad 3
Energiereiche Impulse (Surge) „easy"-AC	2 kV Versorgungsleitung symmetrisch	IEC/EN 61 000-4-5
Energiereiche Impulse (Surge) „easy"-DC	0,5 kV Versorgungsleitung symmetrisch	IEC/EN 61 000-4-5, Schärfegrad 2

Abb. 14.4

Isolationsfestigkeit

Bemessung der Luft- und Kriechstrecken	EN 50 178, UL 508, CSA C22.2, No 142
Isolationsfestigkeit	EN 50 178

Werkzeug und Anschlußquerschnitte

eindrähtig	min. 0,2 mm^2, max. 4 mm^2/AWG: 28, 12
feindrähtig mit Aderendhülse	min. 0,2 mm^2, max. 2,5 mm^2/AWG: 28, 14
Schlitzschraubendreherbreite	3,5 × 0,8 mm 0,14 × 0,03"
Anzugsdrehmoment	0,6 Nm

Pufferung/Genauigkeit der Echtzeituhr (nur bei „easy"-C)

Pufferung der Uhr	
bei 25 °C/77 °F	typ. 64 h
bei 40 °C/104 °F	typ. 24 h
Genauigkeit der Echtzeituhr	typ. ± 5 s/Tag, ~ ± 0,5 h/Jahr

Wiederholgenauigkeit der Zeitrelais

Genauigkeit der Zeitrelais	± 1 % vom Wert
Auflösung	
Bereich „s"	10 ms
Bereich „M:S"	1 s
Bereich „H:M"	1 min.

Remanenzspeicher

Schreibzyklen Remanenzspeicher	≧ 100 000

Abb. 14.5

Stromversorgung   **EASY 412-AC-..., EASY 618/619-AC-R..**

	EASY 412-AC-...	EASY 618/619-AC-R..
Bemessungswert (sinusförmig)	115/120/230/240 V AC	100/110/115/120/230/240 V AC
Arbeitsbereich	+10/–15 % 90 bis 264 V AC	+10/–15 % 85 bis 264 V AC
Frequenz, Bemessungswert, Toleranz	50/60 Hz, $\pm$ 5 %	50/60 Hz, $\pm$ 5 %
EIngangsstromaufnahme		
bei 115/120 V AC 60 Hz	typ. 40 mA	typ. 70 mA
bei 230/240 V AC 50 Hz	typ. 20 mA	typ. 35 mA
Spannungseinbrüche	20 ms, IEC/EN 61 131-2	20 ms, IEC/EN 61 131-2
Verlustleistung		
bei 115/120 V AC	typ. 5 VA	typ. 10 VA
bei 230/240 V AC	typ. 5 VA	typ. 10 VA

**EASY 412-DC-..., EASY 620/621-DC-TC(X),
EASY 620-DC-TE**

	EASY 412-DC-...	EASY 620/621-DC-TC(X), EASY 620-DC-TE
Bemessungssspannung		
Nennwert	24 V DC, +20 %, –15 %	24 V DC, +20 %, –15 %
Zulässiger Bereich	20,4 bis 28,8	20,4 bis 28,8
Restwelligkeit	$\leqq$ 5 %	$\leqq$ 5 %
Eingangsstrom bei 24 V DC	typ. 80 mA	typ. 140 mA
Spannungseinbrüche	10 ms, IEC/EN 61 131-2	10 ms, IEC/EN 61 131-2
Verlustleistung bei 24 V DC	typ. 2 W	typ. 5 W

Abb. 14.6

Eingänge   **EASY-412-AC-...,**
                        EASY 618/619-AC-RC(X), EASY 619-AC-RE

	EASY-412-AC-...	EASY 618/619-AC-RC(X), EASY 619-AC-RE
Digital-Eingänge 115/230 V AC		
Anzahl	8	12
Anzeige des Zustandes	LCD (falls vorhanden)	LCD (falls vorhanden)
Potentialtrennung		
zur Spannungsversorgung	Nein	Nein
gegeneinander	Nein	Nein
zu den Ausgängen	Ja	Ja
Bemessungsspannung L (sinusförmig)		
bei Zustand „0"	0 bis 40 V AC	0 bis 40 V AC
bei Zustand „1"	79 bis 264 V AC	79 bis 264 V AC
Bemessungsfrequenz	50/60 Hz	50/60 Hz
Eingangsstrom bei Zustand „1" R1 bis R12, I1 bis I6 (EASY 618/619 auch I9 bis I12)	6 × 0,5 mA bei 230 V AC 50 Hz, 6 × 0,25 mA bei 115 V AC 60 Hz	10 (12) × 0,5 mA bei 230 V AC, 50 Hz 10 (12) × 0,25 mA bei 115 V AC, 60 Hz
Eingangsstrom bei Zustand „1" I7, I8	2 × 6 mA bei 230 V AC 50 Hz, 2 × 4 mA bei 115 V AC 60 Hz	2 × 6 mA bei 230 V AC 50 Hz, 2 × 4 mA bei 115 V AC 60 Hz
Verzögerungszeit von „0" nach „1" sowie von „1" nach „0" für I1 bis I6, I9 bis I12		
Entprellung EIN	80 ms (50 Hz), $66^2/_3$ ms (60 Hz)	80 ms (50 Hz), $66^2/_3$ ms (60 Hz)
Entprellung AUS (auch R1 bis R12)	20 ms (50 Hz), $16^2/_3$ ms (60 Hz)	20 ms (50 Hz), $16^2/_3$ ms (60 Hz)
Verzögerungszeit I7, I8 von „1" nach „0"		
Entprellung EIN	160 ms (50 Hz), 150 ms (60 Hz)	80 ms (50 Hz), $66^2/_3$ ms (60 Hz)
Entprellung AUS	100 ms (50 Hz/60 Hz)	20 ms (50 Hz), $16^2/_3$ ms (60 Hz)
Verzögerungszeit I7, I8 von „0" nach „1"		
Entprellung EIN	80 ms (50 Hz), $66^2/_3$ ms (60 Hz)	80 ms (50 Hz), $66^2/_3$ ms (60 Hz)
Entprellung AUS	20 ms (50 Hz), $16^2/_3$ ms (60 Hz)	20 ms (50 Hz), $16^2/_3$ ms (60 Hz)
Max. zulässige Leitungslänge (pro Eingang)		
I1 bis I6, R1 bis R12 (bei EASY 618/619 auch I9 bis I12)	typ. 40 m	typ. 40 m
I7, I8	typ. 100 m	typ. 100 m

Abb. 14.7

Eingänge **EASY 412-DC-..., EASY 6..-DC-..., EASY ...-DC-.E**

	EASY 412-DC-...	EASY 6..-DC-..., EASY...-DC-.E
Digital-Eingänge 24 V DC		
Anzahl	8, 2 Eingänge (I7, I8) als Analog-Eingänge nutzbar	12, 2 Eingänge (I7, I8) als Analog-Eingänge nutzbar
Anzeige des Zustandes	LCD, falls vorhanden	LCD, falls vorhanden
Potentialtrennung		
zur Spannungsversorgung	Nein	Nein
gegeneinander	Nein	Nein
zu den Ausgängen	Ja	Ja
Bemessungsspannung 24 V DC		
Nennwert	24 V DC	24 V DC
bei Zustand „0"	< 5,0 V DC I1 bis I8	< 5,0 V DC I1 bis I12, R1 bis R12
bei Zustand „1"	> 15,0 V DC I1 bis I8	> 15,0 V DC I1 bis I12, R1 bis R12
Eingangsstrom bei Zustand „1"		
I1 bis I6, R1 bis R12 (bei EASY 620 auch I9 bis I12)	3,3 mA bei 24 V DC	3,3 mA bei 24 V DC
I7, I8	2,2 mA bei 24 V DC	2,2 mA bei 24 V DC
Verzögerungszeit von „0" nach „1"		
Entprellung EIN	20 ms	20 ms
Entprellung AUS (I1 bis I6, I9 bis I12)	typ. 0,25 ms	typ. 0,25 ms
Verzögerungszeit von „1" nach „0"		
Entprellung EIN (I1 bis I6, I9 bis I12)	20 ms	20 ms
Entprellung AUS (auch R1 bis R12)	typ. 0,4 ms I1 bis I6 typ. 0,2 ms I7, I8	typ. 0,4 ms I1 bis I6, I9 bs I12 typ. 0,2 ms I7, I8
Leitungslänge (ungeschirmt)	100 m	100 m

Abb. 14.8

	EASY 412-DC-...	EASY 6..-DC-...
Analog-Eingänge		
Anzahl	2	2
Potentialtrennung		
zur Spannungsversorgung	Nein	Nein
zu den Digital-Eingängen	Nein	Nein
zu den Ausgängen	Ja	Ja
Eingangsart	DC-Spannung	DC-Spannung
Signalbereich	0 bis 10 V DC	0 bis 10 V DC
Auflösung analog	0,1 V	0,1 V
Auflösung digital	0,1	0,1
Eingangsimpedanz	11,2 kΩ	11,2 kΩ
Genauigkeit		
zwei „easy"-Geräte	± 3 % vom Istwert	± 3 % vom Istwert
innerhalb eines Gerätes	± 2 % vom Istwert (I7, I8), ± 0,12 V	
Konvertierungszeit analog/digital	Eingangsverzögerung EIN: 20 ms Eingangsverzögerung AUS: Jede Zykluszeit	
Eingangsstrom	< 1 mA	< 1 mA
Leitungslänge (geschirmt)	30 m	30 m

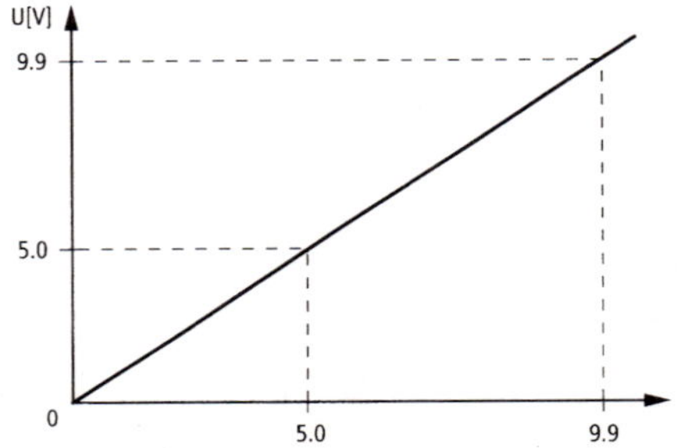

Abb. 14.9

Relais-Ausgänge   **EASY 412-...-R..., EASY 618/619...**

	EASY 412-...-R...	EASY 618/619...
Anzahl	4	6
Typ der Ausgänge	Relais	Relais
In Gruppen zu	1	1
Parallelschaltung von Ausgängen zur Leistungserhöhung	nicht zulässig	nicht zulässig
Absicherung eines Ausgangsrelais	Leitungsschutzschalter B16 oder Sicherung 8 A (T)	
Potentialtrennung zur Netzstromversorgung, Eingänge	Ja 300 V $_{eff}$ AC (sichere Trennung) 600 V $_{eff}$ AC (Basisisolierung)	Ja 300 V $_{eff}$ AC (sichere Trennung) 600 V $_{eff}$ AC (Basisisolierung)
Mechanische Lebensdauer (Schaltspiele)	10×10^6	10×10^6
Strombahnen Relais		
Konventioneller therm. Strom	8 A (10 A UL)	8 A (10 A UL)
Empfohlen für Last	> 500 mA, 12 V AC/DC	> 500 mA, 12 V AC/DC
Kurzschlußfest cos 1	16 A Charakteristik B (B16) bei 600 A	
Kurzschlußfest cos 0,5 bis 0,7	16 A Charakteristik B (B16) bei 900 A	
Bemessungsstoßspannungsfestigkeit U_{imp} Kontakt-Spule	6 kV	6 kV
Bemessungsisolationsspannung U_i		
Bemessungsbetriebsspannung U_e	250 V AC	250 V AC
Sicherer Trennung nach EN 50 178 zwischen Spule und Kontakt	250 V AC	250 V AC
Sichere Trennung nach EN 50 178 zwischen zwei Kontakten	250 V_{eff}	250 V_{eff}
Einschaltvermögen		
AC-15 250 V AC, 3 A (600 S/h)	300 000 Schaltspiele	300 000 Schaltspiele
DC-13 L/R $\leq$ 150 ms 24 V DC, 1 A (500 S/h)	200 000 Schaltspiele	200 000 Schaltspiele
Ausschaltvermögen		
AC-15 250 V AC, 3 A (600 S/h)	300 000 Schaltspiele	300 000 Schaltspiele
DC-13 L/R $\leq$ 150 ms 24 V DC, 1 A (500 S/h)	200 000 Schaltspiele	200 000 Schaltspiele

Abb. 14.10

	EASY 412-...-R...	EASY 618/619...
Glühlampenlast	1000 W bei 230/240 V AC/25000 Schaltspiele 500 W bei 115/120 V AC/25000 Schaltspiele	
Leuchtstoffröhren mit elektrischen Vorschaltgerät	10 × 58 W bei 230/240 V AC/25000 Schaltspiele	
Leuchtstoffröhre konventionell kompensiert	1 × 58 W bei 230/240 V AC/25000 Schaltspiele	
Leuchtstoffröhre unkompensiert	10 × 58 W bei 230/240 V AC/25000 Schaltspiele	
Schaltfrequenzen Relais		
Mechanische Schaltspiele	10 Mio (10^7)	10 Mio (10^7)
mechanische Schaltfrequenz	10 Hz	10 Hz
ohmsche/Lampenlast	2 Hz	2 Hz
induktive Last	0,5 Hz	0,5 Hz

UL/CSA

Dauerstrom bei 240 V AC/240 V DC		10/8 A
AC	Control Circuit Rating Codes (Gebrauchskategorie)	8300 Light Pilot Duty
	Max. Bemessungsbetriebsspannung	300 V AC
	Max. thermischer Dauerstrom	5 A
	Maximum Ein-/Ausschaltscheinleistung	3600/360 VA
DC	Control Circuit Rating Codes (Gebrauchskategorie)	8300 Light Pilot Duty
	Max. Bemessungsbetriebsspannung	300 V DC
	Max. thermischer Dauerstrom	1 A
	Maximum Ein-/Ausschaltscheinleistung	28/28 VA

Abb. 14.11

Transistor-Ausgänge   EASY-412-DC-T..., EASY 620/621...

	EASY 412-DC-T...	EASY 620/621...
Anzahl der Ausgänge	4	8
Kontakte	Halbleiter	Halbleiter
Bemessungsspannung U_e	24 V DC	24 V DC
zulässiger Bereich	20,4 bis 28,8 V DC	20,4 bis 28,8 V DC
Restwelligkeit	$\leq 5\ \%$	$\leq 5\ \%$
Versorgungsstrom		
bei Zustand „0"	typ. 9 mA, max. 16 mA	typ. 18 mA, max. 32 mA
bei Zustand „1"	typ. 12 mA, max. 22 mA	typ. 24 mA, max. 44 mA
Verpolungsschutz	ja, Achtung! Wird bei verpolter Versorgungsspannung Spannung an die Ausgänge gelegt, entsteht Kurzschluß	
Potentialtrennung zu den Eingängen, Spannungsversorgung	ja	ja
Bemessungsstrom I_e bei Zustand „1"	max. 0,5 A DC	max. 0,5 A DC
Lampenlast	5 Watt ohne R_V	5 Watt ohne R_V
Reststrom bei Zustand „0" pro Kanal	< 0,1 mA	< 0,1 mA
max. Ausgangsspannung		
bei Zustand „0" mit ext. Last < 10 MΩ	2,5 V	2,5 V
bei Zustand „1", $I_e = 0,5$ A	$U = U_e-1$ V	$U = U_e-1$ V
Kurzschlußschutz	ja, thermisch (Auswertung erfolgt mit Diagnose-Eingang I16, I15; R15; R16)	
Kurzschlußauslösestrom für $R_a \leq 10$ mΩ	$0,7$ A $\leq I_e \leq 2$ A (abhängig von der Anzahl der aktiven Kanäle und deren Belastung)	
max. gesamter Kurzschlußstrom	8 A	16 A
Spitzenkurzschlußstrom	16 A	32 A
thermische Abschaltung	ja	ja
max. Schaltfrequenz bei konst. ohmscher Belastung RL < 100 kΩ : Schaltspiele pro Stunde	40000 (abhängig vom Programm und Belastung)	
Parallelschaltbarkeit der Ausgänge bei ohmscher Belastung; induktiver Belastung mit externer Schutzbeschaltung (s. Seite 43) Kombination innerhalb einer Gruppe	Gruppe 1: Q1 bis Q4	Gruppe 1: Q1 – Q4, S1 – S4 Gruppe 2: Q5 – Q8, S5 – S8
Anzahl der Ausgänge	max. 4	max. 4
gesamter Maximalstrom	2,0 A, Achtung! Ausgänge müssen gleichzeitig und von gleicher Zeitlänge angesteuert werden.	
Zustandsanzeige der Ausgänge	LCD-Display (falls vorhanden)	

Abb. 14.12

Induktive Belastung **(ohne äußere Schutzbeschaltung)**

Allgemeine Erläuterungen:
$T_{0,95}$ = Zeit in msec., bis 95 % des stationären Stromes erreicht sind

$$T_{0,95} \approx 3 \times T_{0,65} = 3 \times \frac{L}{R}$$

Gebrauchskategorien Q1 bis Q4

$T_{0,95}$ = 1 ms R = 48 Ω L = 16 mH	Gleichzeitigkeitsfaktor	g = 0,25
	rel. Einschaltdauer	100 %
	max. Schaltfrequenz max. Einschaltdauer => Schaltspiele pro Stunde	f = 0,5 Hz ED = 50 % 1500
DC13 $T_{0,95}$ = 72 ms R = 48 Ω L = 1,15 H	Gleichzeitigkeitsfaktor	g = 0,25
	rel. Einschaltdauer	100 %
	max. Schaltfrequenz max. Einschaltdauer => Schaltspiele pro Stunde	f = 0,5 Hz ED = 50 % 1500

andere induktive Lasten:

$T_{0,95}$ = 15 ms R = 48 Ω L = 0,24 H	Gleichzeitigkeitsfaktor	g = 0,25
	rel. Einschaltdauer	100 %
	max. Schaltfrequenz max. Einschaltdauer => Schaltspiele pro Stunde	f = 0,5 Hz ED = 50 % 1500

Induktive Belastung mit äußerer Schutzbeschaltung bei jeder Last
(siehe Abschnitt „Transistor-Ausgänge anschließen" auf Seite 41)

	Gleichzeitigkeitsfaktor	g = 1
	rel. Einschaltdauer	100 %
	max. Schaltfrequenz max. Einschaltdauer => Schaltspiele pro Stunde	In Abhängig- keit von der Schutz- beschaltung

Abb. 14.13

EASY 412-... Zykluszeitermittlung

	Anzahl	Zeitdauer in µs	Summe
Grundtakt	1	210	
Refresh	1	3500	
Kontakte und überbrückte Kontaktfelder		20	
Spulen		20	
Strompfade vom ersten bis letzten, auch leere dazwischen		50	
Verbinder (nur ⌐, L, ⊦)		20	
Zeitrelais (s. Tabelle 4)		–	
Zähler (s. Tabelle 4)		–	
Analogwertverarbeiter (s. Tabelle 4)		–	
Summe			

Liste der Zeitdauer für die Bearbeitung von Funktionsrelais

Anzahl	1	2	3	4	5	6	7	8
Zeitrelais in µs	20	40	80	120	160	200	240	280
Zähler in µs	20	50	90	130	170	210	260	310
Analogwert-vergleicher in µs	80	100	120	140	160	180	220	260

Abb. 14.14: Zykluszeitermittlung E1S7412

EASY 600 Zykluszeitermittlung

	Anzahl	Zeitdauer in μs	Summe
Grundtakt	1	520	
Refresh		5700	
Kontakte und überbrückte Kontaktfelder		40	
Spulen		20	
Strompfade vom ersten bis letzten, auch leere dazwischen		70	
Verbinder (nur ⌐, L, ⊢)		40	
Zeitrelais (s. Tabelle 5)		–	
Zähler (s. Tabelle 5)		–	
Analogwertverarbeiter (s. Tabelle 5)		–	
Summe			

Tabelle 5: Liste der Zeitdauer für die Bearbeitung von Funktionsrelais

Anzahl	1	2	3	4	5	6	7	8
Zeitrelais in μs	40	120	160	220	300	370	440	540
Zähler in μs	40	100	160	230	300	380	460	560
Analogwert-vergleicher in μs	120	180	220	260	300	360	420	500

Abb. 14.15: Zykluszeitermittlung EASY 600

Pico Controller Geräte 1760-

Type	Versorgungs-spannung	Eingänge	Re-lais	Anzeige und Bedienfeld	Uhr	Text
L12 BWB-NC	24V DC	8 digitale, davon 2 analog nutzbar	4	ja	ja	nein
L12 BWB	24V DC	8 digitale, davon 2 analog nutzbar	4	ja	ja	nein
-L12 AWA-NC	120 / 240V 50/60 Hz	8 digitale 120 /240V AC	4	ja	ja	nein
-L12 AWA	120 / 240V 50/60 Hz	8 digitale 120 /240V AC	4	ja	ja	nein
-L12 AWA-ND	120 / 240V 50/60 Hz	8 digitale 120 /240V AC	4	nein		nein
-L18 AWA	120 / 240V 50/60 Hz	12 digitale 120 /240V AC	6	ja	ja	ja

Abb. 14.16: Technische Daten pico Controller Allen-Bradley

Logotron Basisgeräte, stand alone, nicht erweiterbar

Type	Versorgungs-spannung	Eingänge	Ausgänge	Anzeige und Bedienfeld	Echtzeit-Uhr
LGR 12 DC	24V DC	8 digitale, davon 2 analog nutzbar	4 Relais 250V / 8A	ja	nein
LGR 12C DC	24V DC	8 digitale, davon 2 analog nutzbar	4 Relais 250V / 8A	ja	ja
LGT 12C DC	24V DC	8 digitale, davon 2 analog nutzbar	4 Transistor 24V DC / 0,5A	ja	ja
LGT 12CX DC	24V DC	8 digitale, davon 2 analog nutzbar	4 Transistor 24V DC / 0,5A	nein	ja
LGR 12 AC	115-240V AC 50/60 Hz	8 digitale	4 Relais 250V / 8A	ja	nein
LGR 12C AC	115-240V AC 50/60 Hz	8 digitale	4 Relais 250V / 8A	ja	ja
LGR 12CX AC	115-240V AC 50/60 Hz	8 digitale	4 Relais 250V / 8A	nein	ja
LGT 20C DC	24V DC	12 digitale, davon 2 analog nutzbar	8 Transistor 24V DC / 0,5A	ja	ja
LGR 18C AC	115-240V AC 50/60 Hz	12 digitale	6 Relais 250V / 8A	ja	ja

Logotron Basisgeräte, zentral und dezentral erweiterbar

Type	Versorgungs-spannung	Eingänge	Ausgänge	Anzeige und Bedienfeld	Echtzeit-Uhr
LGR 12 DC	24V DC	8 digitale, davon 2 analog nutzbar	4 Relais 250V / 8A	ja	nein

LGR 12C DC	24V DC	8 digitale, davon 2 analog nutzbar	4 Relais 250V / 8A	ja	ja
LGT 12C DC	24V DC	8 digitale, davon 2 analog nutzbar	4 Transistor 24V DC / 0,5A	ja	ja
LGT 12CX DC	24V DC	8 digitale, davon 2 analog nutzbar	4 Transistor 24V DC / 0,5A	nein	ja
LGR 12 AC	115-240V AC 50/60 Hz	8 digitale	4 Relais 250V / 8A	ja	nein
LGR 12C AC	115-240V AC 50/60 Hz	8 digitale	4 Relais 250V / 8A	ja	ja
LGR 12CX AC	115-240V AC 50/60 Hz	8 digitale	4 Relais 250V / 8A	nein	ja
LGT 20C DC	24V DC	12 digitale, davon 2 analog nutzbar	8 Transistor 24V DC / 0,5A	ja	ja
LGR 18C AC	115-240V AC 50/60 Hz	12 digitale	6 Relais 250V / 8A	ja	ja

Logotron Basisgeräte, zentral und dezentral erweiterbar

LGT 20CE DC	24V DC	12 digitale, davon 2 analog nutzbar	8 Transistor 24V DC / 0,5A	ja	ja
LGT 20CXE DC	24V DC	12 digitale, davon 2 analog nutzbar	8 Transistor 24V DC / 0,5A	nein	ja
LGR 18CE AC	115-240V AC 50/60 Hz	12 digitale	6 Relais 250V / 8A	ja	ja
LGR 18CXE AC	115-240V AC 50/60 Hz	12 digitale	6 Relais 250V / 8A	nein	ja

**Erweiterungsgeräte und Remote Extension
Koppler für erweiterbare Basisgeräte**

LGT 20EX DC	24V DC	12 digitale, davon 2 analog nutzbar	8 Transistor 24V DC / 0,5A	nein	nein
LGR 18EX AC	115-240V AC 50/60 Hz	12 digitale	6 Relais 250V / 8A	nein	nein
LGX REC	-	-	-	nein	nein

Abb. 14.17 Technische Daten logotron entrelec schiele

14.2 Glossar

Analog-Eingang. Die DC-Typen des „ easy" sind mit den zwei Analog-Eingängen „ I7" und „ I8" ausgerüstet.
Die Eingangsspannungen liegen zwischen 0 V und 10 V.
Die Messdaten werden mit den integrierten Funktionsrelais „ Analogwertvergleicher" ausgewertet.

Ausgang. Über die vier Ausgänge von „easy" können Lasten wie Schütze, Lampen oder Motoren angesteuert werden.
Die Ausgänge werden im Schaltplan über die Ausgangsrelaisspulen „Q1" bis „Q8" bzw. „S1" bis „S8" angesteuert.

Bedientasten. „EASY" hat acht Bedientasten, mit denen die Menüfunktionen gewählt und der Schaltplan erstellt wird.
Mit dem zentral angeordneten Tastenelement wird der Cursor in der Anzeige bewegt.
DEL, ALT, ESC und **OK** sind Tasten mit zusätzlichen Bedienfunktionen.

Betriebszustand. „easy" lässt sich in die Betriebszustände „Run" und „Stop" schalten.
Im „Run" wird der „EASY"-Schaltplan kontinuierlich abgearbeitet, die Steuerung ist aktiv.
Im Betriebszustand „ Stop" erstellen Sie den Schaltplan.

Dezentrale Erweiterung. E/A-Erweiterung, bei der das Erweiterungsgerät (z. B. EASY620-DC-TE) bis 30 m entfernt vom Basisgerät installiert ist. Das Basisgerät erhält zentral den Koppler EASY200-EASY. Mittels Zweidrahtleitung werden die Ein- und Ausgangsdaten zwischen Erweiterungsgerät und Basisgerät ausgetauscht.

Eingabemodus. Im Eingabemodus wird ein Wert eingegeben oder geändert. Das ist z. B. bei der Schaltplanerstellung oder einer Parametereingabe erforderlich.

Eingang. An die Eingänge schließen Sie externe Kontakte an.
Eingänge werden im Schaltplan über die Schaltkontakte „I1" bis „I 12" bzw. „R1" bis „R12" ausgewertet.
„EASY"-24 V-DC kann über die Eingänge „I7" und „I8" zusätzlich Analogdaten empfangen.

Funktionsrelais. Funktionsrelais stehen zur Lösung komplexer Schaltaufgaben zur Verfügung.
„EASY" kennt die folgenden Funktionsrelais:
Zeitrelais
Zeitschaltuhr
Zähler
Analogwertvergleicher
Text.

Kontaktverhalten. Jedes Schaltplanelement kann vom Kontaktverhalten als Öffner oder Schließer definiert werden. Öffnerelemente werden mit einem Querstrich über dem Bezeichner dargestellt (Ausnahme: Sprung).

Parameter. Funktionsrelais werden vom Anwender über Parameter eingestellt. Einstellwerte sind z. B. Schaltzeiten oder Zählersollwerte. Sie werden in der Parameteranzeige eingestellt.

P-Tasten. Mit den P-Tasten können vier zusätzliche Eingänge simuliert werden, die statt über externe Kontakte direkt mit den vier Cursortasten geschaltet werden. Die Schaltkontakte der P-Tasten werden im EASY-Schaltplan verdrahtet.

Remanenz. Daten bleiben auch nach dem Abschalten der Versorgungsspannung des EASY erhalten. Remanente Daten sind:
EASY-Schaltplan
Parameter, Sollwerte
Texte
Systemeinstellungen
Paßwort
Istwerte von Hilfsrelais (Merker), Zeitrelais,

Zählern

Schaltplanelemente. Der Schaltplan wird wie aus der herkömmlichen Verdrahtungstechnik bekannt aus Schaltplanelementen zusammengestellt. Dazu zählen Eingangs-, Ausgangs- und Hilfsrelais sowie die Funktionsrelais und die P-Tasten.

Schnittstelle. Die EASY-Schnittstelle ermöglicht den Austausch und das Auslagern von Schaltplänen auf eine Speicherkarte oder auf einen PC. Eine Speicherkarte sichert einen Schaltplan und die EASY-Einstellungen. Mit der PC-Software EASY-SOFT läßt sich EASY vom PC aus steuern. Verbunden werden PC undEASY mit dem Kabel „EASY-PC-CAB".

Spannungsversorgung. EASY-AC wird mit Wechselspannung 115 bis 240 V AC, 50/60 Hz versorgt. Die Klemmenbezeichnungen heißen „L" und „N".
EASY-DC wird mit Gleichspannung 24 V DC versorgt. Die Klemmenbezeichnungen heißen „+24 V" und „0 V".
Die Anschlüsse zur Spannungsversorgung liegen auf der Eingangsseite an den ersten drei Klemmen.

Speicherkarte. Auf der Speicherkarte kann ein EASY-Schaltplan mit den Parameter- und EASY-Einstellungen gesichert werden. Die Daten auf der Speicherkarte bleiben ohne externe Stromversorung erhalten. Sie stecken die Speicherkarte auf die dafür vorgesehene Schnittstelle.

Strompfad. Jede Zeile in der Schaltplananzeige ist ein Strompfad (EASY412: 41 Strompfade, EASY600: 121 Strom-pfade).

Stromstoßschalter. Ein Stromstoßschalter ist ein Relais, das seinen Schaltzustand wechselt und statisch beibehält, wenn an die Relaisspule kurzzeitig eine Spannung angelegt wird.

Verbindungsmodus. Im Verbindungsmodus werden die Schaltplan-elemente im EASY-Schaltplan funktionsfähig miteinander verdrahtet.

Zentrale Erweiterung. E/A-Erweiterung bei der das Erweiterungsgerät (z. B. EASY620-DC-TE) direkt an das Basisgerät installiert wird. Der Verbindungsstecker liegt immer dem Erweiterungsgerät bei.

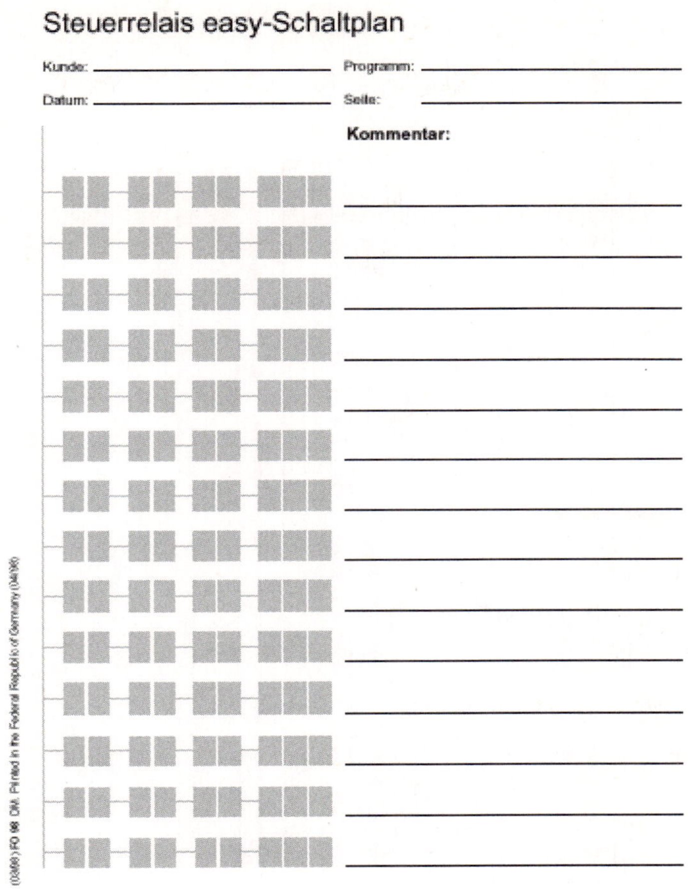
Steuerrelais easy-Schaltplan

Kunde: ________ Programm: ________

Datum: ________ Seite: ________

Kommentar:

Printed in the Federal Republic of Germany

Abb. 14.18: Vordruck Schaltplan

Steuerrelais easy-Parameter

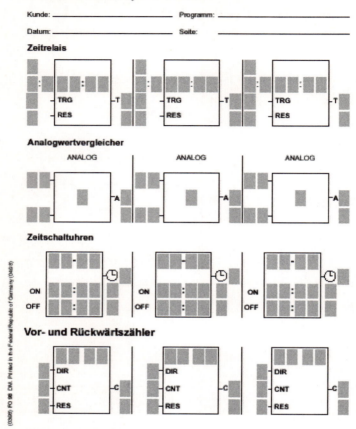

Abb. 14.19: Vordruck Parameter

Sachverzeichnis